한국의 뜰집

조성기 유재우 김경희 김미나 박윤금 권영민 공저

*뜰집이란 한국의 대표적인 반가(班家)주택이다. 조선시대 유교문화의 산물이며, 전승해야 할 한국의 자랑스런 문화유산인 뜰집이 갖는 독특한 조형적 아름다움을 국내외에 널리 알리기 위해 저술하였다.

이 도서의 국립중앙도서관 출판시도서목록(CIP)은 서지정보유통지원시스템 홈페이지
(http://seoji.nl.go.kr)와 국가자료공동목록시스템(http://www.nl.go.kr/kolisnet)에서
이용하실 수 있습니다.(CIP제어번호: CIP2013022792)

머 리 말

옛날 우리 선조들은 어떤 집을 짓고 살았을까? 분명한 것은, 요즘 우리의 집들과는 많이 달랐을 것이라는 점이다. 누가 집을 짓고 사느냐에 따라 집의 크기뿐만 아니라 형태와 내용이 현저하게 달라진다. 왜냐하면 인간의 생활상과 문화의 가치는 개인과 지역 또는 나라에 따라 특별한 주거의 모습으로 나타나고 발전했기 때문이다. 또 지역의 지형, 기후와 같은 자연환경, 사회구성원들의 이념과 가치, 생활 · 제도와 같은 인문 · 사회적 환경에 따라 주거는 차별화된 모습으로 형성되었다. 따라서 역사적인 주거는 당시의 구체적 생활상을 보유하는 문화유산이며 생활문화의 종합적인 산물이 되는 것이다.

그러면 조선시대 지배층이었던 양반들은 어떤 집을 짓고 살았을까?

어느 나라를 막론하고 지배층과 피지배층의 주거문화는 크게 다르다. 가령 반가(班家)는 지배층에 집중된 권력과 이에 따른 경제력, 그리고 그 시대를 이끌었던 정치이념과 가치를 나름대로 주거 속에 반영시켜 왔기 때문에 피지배층의 주거와 다르다. 그리하여 이러한 지배층이라는 배경 때문에 그 당시의 건축가인 기능공(工匠)들은 반가(班家) 조영을 담당하여 훌륭한 건축문화로 발전시켰다. 하지만 지배층과 피지배층의 주거문화는 독자적이면서 서로 교류하여 영향을 주고받은 부분도 있다는 사실이다.

문화는 주변 상황에 따라 여러 모습으로 생성 · 발전해왔다. 전통주거와 취락의 형태는 정주(定住)환경을 구성하는 여러 환경요소와 선택 · 적응의 관계에 있다. 그 중에서도 자연과의 관계는 선택보다 어떻게 적응해 가느냐가 중심이 된다. 그 뿐만 아니라 당시 사회의 문화적 가치는 주거 구성에 미치는 영향이 크다. 따라서 주거의 형태는 주어진 풍토에서 오랜 세월에 걸쳐 형성된 사회 · 문화적 요소의 총체적인 힘에 의해 결정되었다고 할 수 있다.

뜰집(향단)의 안마당

이처럼 주거형태와 문화요소들의 관계에서 볼 때 조선시대 반가 중 안동지역을 중심으로 독자적인 주거문화를 가진 뜰집이 등장하기까지 여러 형성요인이 작용했을 것이다. 이 책에서는 모든 형성요인에 대하여 답할 수는 없으나 주요 요인에 대한 답을 제시하고자 한다.

본서는 전체를 7장으로 구성하였다.

머리말은 주거문화사의 의미를 설명하고, 우리 고유의 상류주택인 뜰집에 대한 주거문화적 의의와 그 건축체계에 대한 연구 배경을 제시하였다.

1장은 전통주택의 일반적 이해를 목적으로 한다. 반가의 계층성과 민가의 지역성에 대해 실례를 통하여 설명하여 민가와 반가의 공통성과 차별성에 대한 이해를 돕고자 하였다.

2장은 한 · 중 · 일의 상류주택에 대해 비교 · 논증하는 장으로서 자연환경 및 인문환경을 비롯하여 한 · 중 · 일 상류주택의 배치, 평면, 그리고 공간구성으로 정리하였고, 한 · 중 · 일 전통 상류주택의 동질성과 함께 뜰과 공간의 개념 인식 등 차별성에 대해 기술하였다. 다른 문화와의 비교를 통해 전반적인 우리나라 상류주거문화의 독자성을 이해할 수 있다.

3장은 우리 상류주택인 뜰집에 대한 전반적인 이해를 돕고자 구조적으로 완결된 뜰집의 모습이 갖추어져 가는 과정적 형태의 뜰집을 살펴보고, 안마당에 대한 건축 공간적 소고, 뜰집의 완결과정 등을 내 · 외부 사진과 설명 중심으로 정리하였다.

4장은 다른 지역의 분포빈도에 대비하여 안동지역을 중심으로 발달된 뜰집의 건축계획적 특성을 좀 더 심도 있게 분석하고자 하였다. 다양한 사료를 체계적으로 분석하여 유형별 특성을 밝히고 그 내재적 주거공간의 구성원리를 밝힘으로써 우리의 상류주택이 지니는 주(住)의식적 우수성을 밝히고자 하였다.

5장은 상류주택인 뜰집에서도 그 지역의 지형 · 기후적 한계를 극복하려는 건축계획적 특성을 발견하고, 영동문화권을 중심으로 지역의 뜰집에 대한 체계적 형태분석과 다양한 운용적 변화를 분석한 내용이다. 이를 통해 우리 조상들의 주거건축에 대한 기술적 창의력과 지혜를 엿볼 수 있다.

6장은 뜰집은 전형적인 상류주택이지만 주생활적 요구에 의해 민가와 계층 간의 교류를 시도하고 그 결과로 남아 있는 유구를 주문화적으로 분석한 내용이다. 주거문화적 관점에서 뜰집의 주거문화 접변현상을 볼 수 있는 부분으로 주생활적 합리성이 강점인 민가와 건축계획적 교류를 통하여 실리를 추구해가던 조선 후기 양반들의 모습을 발견할 수 있다.

7장은 뜰집이 갖는 건축계획적 합리성을 살펴보고자 하였다. 일조와 조망에 대해 일조환경 개선, 경사지 적응력, 전망 확보 등의 요소를 조합해 뜰집을 이룬 조상들의 지혜를 조명하였다. 뜰집은 음양의 조화, 하늘과 땅의 기운을 담고, 소통하며 내외와 안팎의 경계구조를 실현한 품격 높은 주거문화적 생산물이며 조상들의 지혜와 풍경이 담긴 최선의 수공예품으로서 세계에서도 독특하고 자랑스러운 한국의 문화유산임을 선언한다.

목 차

1장 한국의 상류주택

양반이란 조선시대의 지배층으로 기본적으로는 유학을 공부하는 사대부계층이다. 그들이 갖춘 지배층으로서의 권위, 유학자로서 성리학적 규범, 그리고 그들의 경제력에 따른 생활방식 등은 사대부 주거를 특징짓는 배경이 된다. 반가(班家)의 건축적 특징은 우선 사대부로서 성리학적 규범들을 준수하기 위한 생활공간이 구분되어야 하므로 이에 따라 가옥과 공간은 여러 채로 분화된다.

뜰집은 기와집으로, 이는 뜰집의 집주인이 조선시대 상류계층인 양반이었음을 의미한다. 그러므로 뜰집은 조선시대 상류주택인 반가(班家)의 계층적 특징을 담고 있다. 그리고 특이한 것은 뜰집은 안동문화권을 중심으로 한 경북 일대에 집중분포된 주거형으로서 반가이지만 민가(民家)와 같이 지역적 특성을 나타낸다.

따라서 뜰집을 이해하기 위해서는 조선시대 상류계층인 반가의 계층성과 각 지역별 민가의 지역성을 동시에 고찰하는 것이 필요하다.

1.1 한국의 주거문화

우리나라 민가는 흔히 초가와 와가, 민가와 반가, 서민주택과 상류주택 등의 대위법에 따라 표현된 경향이 있다. 이러한 표현에는 부분적으로 지붕재료에 따라 분류가 있기는 하나 결국 권력 · 재산 · 위세와 같은 요소로 표현되는 지배계급과 피지배계급 사이의 구분으로 해석된다고 볼 때, 이 당시의 사회 신분 구조는 우리나라 민가의 개념을 해석하는데 큰 의미가 있다. 말하자면 민가의 주인들이 역사 속에서 어떤 위치에 있었고, 어떤 의미를 지니는가를 성찰하지 않고는 한국 민가를 올바르게 이해하기 어렵다는 것이다.

알려진 바와 같이 조선시대 사회는 유교적 신념에 따라 조직되고 지배되었다. 따라서 농업을 산업의 근본으로 삼았다. 조선사회를 통치한 상급지배 신분인 양반은 여러 대를 걸친 결합가족 또는 직계확대가족을 이상으로 했고, 형통과 가계 계승을 중요시 했다. 양반은 농업사회의 기본 생산 수단인 토지를 소유했고, 정치적 지배력을 이용하여 부를 축적하고 영위했다. 그러나 농민을 주축으로 하는 평민들은 농업이나 가내수공업에 종사하면서 서로 힘을 모아야 살 수 있었던 생산단위였다. 그들은 대부분 토지에 묶여 있었고 항상 지배계급의 수탈 대상이 되어 불안과 가난에 찌들어 있었으므로 무속적 신앙을 가진 숙명론적 인생관을 가지고 있었다.

이처럼 지배계급으로서의 양반과 피지배계급으로서의 평민은 그 분포상황에 있어서 소수의 양반과 다수의 상민, 그리고 노비로 되어 있었다. 그러나 조선 말기에 와서는 신분구조가 크게 변화되었는데, 그 이유로는 특히, 상민의 양반화와 노비의 상민화를 들 수 있다. 그러나 그 당시 대부분의 신분구조를 보면, 지배계급으로서의 양반은 전체의 5% 내외이고, 중간계급이 전체의 20% 정도이며, 나머지는 하층계급에 속했다.[1] 아무튼 대다수가 농민이었던 평민이 민가의 어려운 주생활을 영위한 것은 사실이다.

'평민', '민중', '민간' 등에서 말하는 '민'의 개념은 공적 입장을 띠지 않은 자연인으로서 민족의 다수, 기층으로서 민족의 개념을 포괄하는 것이 된다. 따라서 이들의 살림집은 "국민생활의 구체적인 내용을 포유하고 있는 중요한 문화유산이며, 민족문화의 가장 구체적인 실상이며, 조부 대를 이어 발전시켜 온 생활문화의 결정체" 라고 표현되고 있다.

우리나라의 전통주택은 흔히 서민 · 중류 · 상류 주택 등으로 분류되고 민가는 서민주택으로 보는 견해가 많다. 이러한 분류는 사회적 신분과 경제적 수준에 따라 포괄적으로 나타낸 것인데, 주택의 내용이나 양식 수준이 반드시 이러한 분류법과 일치하지 않으므로 전통주택을 분류할 때 그 경계를 밝히는 일은 매우 어려운 문제이다. 그러나 일반 민가는 지역별 특성이 현저하게 나타나고 상류주택은 동질적인 규범 때문에 아주 넓은 범위에서 표준적인 요소가 강하게 나타나므로 이 점은 전통주택의 분류 기준으로써 유용하게 적용될 수 있다. 여기에서 민가의 으뜸가는 특성을 지역성에 둔다면 민가는 서민주택뿐 아니라 중류주택의 영역까지 포함할 수 있는 개념이며, 중류주택이 설령 상류주택과 같은 점경물을 일부 갖췄다 하더라도 지역적 특성이 더 우세하게 표현되었다면, 결국 민가계의 주택유형으로 보는 것이 타당하다. 그러므로 일반 민가와 상류주택의 영역 개념은 주택 건축을 일정 수준 이상의 전문가가 담당했는가, 혹은 농민 기술자와 같은 비전문가가 담당했는가 하는 차이로 해석할 수도 있다.

조선시대 공장은 사장과 관장으로 나누어진다. 사장은 대개가 지방에 거주했던 수준이 낮은 공장이었거나 비전문가였으며, 관장은 모든 부가 집결된 중앙에서 전업적인 기술자로

1) 김영모, 「조선 후기의 신분개념과 신분구조의 변화」, 《현상과 인식》, 제2권, 제1호(1978), p.37~38

활동하면서, 주로 궁궐건축이나 불사건축과 같은 국가적 기념조영물을 담당했고, 비번시에는 민간의 건축공사에도 자유롭게 종사했다. 그러므로 당시 공장들의 수준은 중앙과 지방, 관장과 사장에 따라 기술적 격차가 심했으리라 생각된다. 그러나 16세기경에 나라의 재정이 어려워 중앙의 조영공사가 한산해지자 공장들의 세계에 커다란 변화가 생겼다. 관장들이 관의 예속에서 벗어나 사장으로 전환하기 시작했고, 당시 경향 각지에서 성행했던 사대부 주택의 조영에 전업하게 된 것이다. 그리하여 이후 서울과 지방의 주택양식이나 공법은 서로 교류가 빈번해져 상당 부분이 일반화되기도 했다.

전통사회의 주택은 대체로 가부장이 가지고 있었던 문화적 규범에 따라 크게 좌우되었다. 특히, 조선시대 상류계급을 형성했던 사대부, 향반, 세도가들은 주거에 대한 규범을 일정 수준 이상으로 유지하고자 하였다. 물론 그 수준은 그들이 확보했던 경제적 기반과 기술적 수준에 따라 차이가 있겠으나 유교적 덕목이 반영된 표준적인 주거가 일차적인 목표였을 것이다. 이를 통해 그들은 지배계급인 상류사회의 성원임을 과시할 수 있었으므로 경쟁적으로 심혈을 기울여 조영하려고 했다. 여기에서 그들의 사회적 신분이나 경쟁력에 어울리는 규범을 수준 높게 건축에 반영시키려면 우선 우수한 공장들의 솜씨가 절대적으로 필요했다.

이에 비해 일반 민가의 건축행위는 공동체적 집단 안에서 그들의 주거 가치에 적합한 규범으로 이루어져 왔다. 그들은 오랫동안 함께 체험한 삶의 역사를 통해 공동체적 생존의 가치관을 지속적으로 구현해왔고, 이러한 바탕 위에서 해석된 규범만이 집단적 무의식으로 공유될 수 있었다. 다시 말하면 공동체적 집단 안에서 민가의 계획과정을 보면, 하나의 원형이 있고 여기에 세부적으로 첨가한 요소 때문에 원형에 대한 수정과 변형이 다소 가해진 것이다. 그러므로 바뀌는 것은 민가의 부분적 요소이며 유형의 틀에서 벗어나는 것은 아니다. 사실, 그 지방 민가의 원형이나 형태에 대한 지식은 누구나 갖고 있었고, 전통적인 것으로서 대대로 전수되었다. 이러한 전통은 부락민 간의 동의에 의해 누구나 지켜야 할 일종의 규율이었고 집단적인 규제 형태로 작용했으므로 쉽게 전통으로 받아들여졌다. 따라서 일반 민가의 건축행위는 상류주택의 경우와 본질적인 차이가 있는 것이다.

1.2 반가의 계층성

1.2.1 신분제도와 양반[2]

조선시대 신분제도는 양반 · 중인 · 이교(吏校) · 양인(良人) · 천민의 다섯 계급이 일반적인 분류법이다. 이 가운데 양반이 조선왕조에서 정치적으로 지배층이였으며, 사회조직도 이들의 이익을 보장해 주는 방향으로 조직되어 있었다. 따라서 양반은 조선시대 신분제와 분리해서는 이해할 수 없다. 양반이란 용어는 처음 문과(文科)와 무과(武科)의 개념이었으나 단순히 상급지배 신분층을 나타내는 용어로 변질되어 갔다. 또한 상급 신분층을 나타내는 데는 양반이란 용어 이외에도 사대부(士大夫)나 사족(士族)과 같은 명칭이 함께 사용되었다. 사대부란 독서하는 선비[士]와 전 · 현직 관료[大夫]를 일컫는다. 전 · 현직 관료라 하더라도 선비에서 출발하였고, 또 신분이 개인적인 문제가 아니라 가문을 단위로 결정되는 이유로 이들을 사족이라 하

2) 이 부분은 다음의 연구결과를 참고하여 서술하였다. 이성우, 「양반」, 『한국사』10, 1977 이수근, 『영남사림파의 형성』, 영남대 민족문화연구소, 1980

였다. 선비가 관료가 되는 일반적인 방법은 과거를 통해서였다. 양반이 참여하는 과거에는 문 · 무과가 있고, 또 여기에 대과(大科)와 소과(小科)가 있었다.

문무의 대과 합격자를 급제(及第)라 하고, 소과 합격자를 생원(生員) · 진사(進士) 또는 출신(出身)이라 하였다. 생원이나 진사는 비록 중앙에서 관직을 얻기가 어려웠으나 이들은 향리(鄕里)에서 당당한 양반으로 대우받았고, 지방의 수령과 협력하여 지방사업을 수행하기도 하였다. 이러했음에도 모든 양반이 관직이나 품계를 가질 수 있었던 것은 아니었다. 관직이나 품계를 가지지 않은 이들을 통칭하여 유학(幼學)이라 하였다. 말하자면 양반이란 크게는 유학층을 기반으로 하여 전 · 현직 관료와 품계를 가진 사람들이라고 할 수 있다. 이들은 농업 등의 생산 활동에는 참여하지 않았고, 국가에 대한 군역(軍役)의 부담을 지지 않는 특권층이었다.

한편 지방의 양반층은 양반의 신분을 지키기 위해 관직과 일정한 관계를 가지고 있어야 했다. 따라서 자신의 가문과 관직과의 관계를 나타내기 위해 문집 · 족보 · 패각(碑閣) · 서원(書院) · 누정(樓亭) 등을 만들었고, 이러한 일을 효과적으로 추진하기 위하여 종계(宗契) · 종회(宗會)를 만들었다. 이들에게 조상의 업적 못지않게 중요한 것은 자손이 과거에 합격하여 관직에 나가는 일이었다. 그리하여 양반들은 자제에게 과거의 합격을 요구하게 되었고, 문과에 합격하여 관직을 얻는 것을 가문의 영광으로 생각하기에 이르렀다.

조선 초기에 확립된 신분체계는 임진왜란과 병자호란을 겪고 난 조선 후기에 이르러 크게 무너졌다. 종전에 상급 지배신분층이었던 양반의 경우, 계층분화가 일어나서 계속 집권층의 대열에 참여할 수만은 없게 되었다. 또한 중간계층이나 양인에 속했던 사람들은 급격히 그 신분을 양반층으로 상승시켜 나갔다. 이러한 기존 신분계층의 붕괴와 변화는 양반 수(數)의 급속한 증가와 노비의 감소를 가져왔다. 결과적으로 전란 이후 양반의 경제적 기반은 크게 흔들렸는데, 그것은 농지의 황폐화와 도망노비의 증가 때문이었다. 결국 기존의 양반지배층은 집권 양반과 몰락양반으로 분화하게 된 것이다. 더욱이 집권 양반층은 자신의 정치적 권위를 계속 유지하기 위하여 세도가문(勢道家門)과 같은 폐쇄적인 집단을 형성하였지만 양반수의 급격한 증가로 관직을 얻기는 더욱 어려웠다.

조선 후기 몰락 양반 중에는 비록 관직에서 물러나 정권에 참여하지는 못했다 하더라도 토호적인 경제기반을 확보하고 있었던 부류가 있었다. 이들은 향반(鄕班)으로 그 지위가 전락한 것이다. 그러나 이 토호적인 향반들은 그들의 거주지에서 지배층 같은 지위와 체면을 어느 정도 유지할 수 있었다. 이들 가운데 영남지방의 양반은 향반으로 존재한 사례가 많았던 반면에 기호지방의 양반은 몰락한 경우가 많았다.

양반의 특권 중에는 토지에 대한 지배권이 있음을 지적하지 않을 수 없다. 농업 중심 사회였던 조선왕조에 있어서 사회계층간의 지배 · 예속관계는 토지를 매개로 하여 집중적으로 표현된다. 즉 양반은 지주(地主)였고 양반의 토지는 지주 – 전호(佃戶)관계에 의해 경작되었다. 그리고 양반은 이러한 지주 – 전호관계를 강화하기 위하여 국가권력을 필요로 하였고, 국가권력에 힘입어 농민을 신분적으로 지배하고 있었다. 양반은 자기 소유의 토지를 경영할 때 자신이 소유하고 있던 노비(奴婢)의 노동력을 이용하여 직접 경작하는 경우도 있었다. 그러나 양반 지주들은 일반적으로 소작(小作)전호의 경작에 의존하고 있었으며, 소작전호는 병작반수(竝作半收, 半打作)의 원칙에 의하여 지주인 양반에게 지조(地租)를 납부하였다. 양반의 소작전호는 대개 외거(外居)노비나 무전(無田)양인 등이 담당하였다. 외거노비는 어디에 가서 살든지 간에 노비소유자는 일정한 신공(身貢)을 받을 수 있었고, 그 신공(身貢)은 소유주의 경제적 기반에 큰 몫을 차지하였다. 양반 지주층은 이들 소작전호에게 지조를 받아 낼 뿐 아니라 소작전호에 대하여 경제 외적(外的)인 강제력을 행사하는 경우도 있었다.

1) 신분에 따른 대지와 주택의 규모 규정

조선시대는 신분에 따라 대지와 건물의 규모에서 규제를 받았다. 그러나 양반은 어느 계층보다 크게 잡을 수 있었고, 이는 하나의 특권이었다.

먼저 대지의 규모를 제한하는 가대(家垈)제한은 조선이 도읍을 한양으로 옮긴 후 한정된 땅을 나누는 과정에서 제정되었다. 한양에 거주하는 인구가 차츰 늘어나 택지가 부족해지자 한 사람이 차지하는 면적이 크지 않도록 품계에 따라 규제한 것이다. 태조(太祖)실록에 의하면 대군(大君)·공주(公主)(二品)의 경우 30頁(1,170여 평)이며, 6품까지 내려오면서 5부씩 줄게 되고, 6품에서 서민까지는 2부씩 줄어 서민의 경우 2부(약 78평)만 가질 수 있게 법으로 정하였다. 그러나 대지의 규모를 보면 아무리 상한(上限)이라 해도 결코 적지 않은 면적임을 알 수 있다.

다음으로 조선시대 가사(家舍)규제를 보면, 주택의 규모를 신분에 따라 규제하는 논의가 처음 있었던 것이 세조 12년(1430)이다. 이때는 한양으로 천도한 수 삼십여 년이 지났으므로 어느 정도 수도건설이 끝난 즈음인데, 당시 사치스러운 주택이 세워지는 경향을 보이자 가사제한을 강구하게 되었고, 이후 법이 지켜지지 않아 여러 차례 개정되었다.

주택규모를 규제한 기본적인 사항은 다음과 같다. 즉 대군은 60칸(間), 군과 옹주는 50칸, 종친과 2품 이상은 40칸, 3품 이하는 30칸, 일반 서민은 10칸 등이었다. 그 후 주택의 규모는 칸수의 제한으로 규제하겠다는 처음 의도대로 유지되었으나 세력가들은 칸수는 지키면서 부재(部材)를 키우거나 칸수를 지키지 않아 사실상 주택의 규모를 규제하기는 어려웠다. 가사규제의 위반은 지방에 있던 부호들의 경우도 마찬가지였다.

영조 52년(1776)에 지은 구례 운조루(雲鳥樓)의 경우를 보자.

건축 당시 78칸의 규모를 아들에게 물려주었다는 기록이 있으나 구전(口傳)으로 규모가 99칸 집, 100여 칸 집으로 전해지고 있다. 현재 남아 있는 규모는 약 73칸(129평)이고, 여기에 없어진 부분인 26칸을 더하면 가장 번창했을 때의 규모는 약 99칸이 넘고, 다시 누다락까지 합하면 100칸이 훨씬 넘었을 것으로 추측된다.

이밖에도 순조 28년(1828)에 세자의 청으로 사대부들의 생활을 알게 하기 위해 지었다는 창덕궁 내의 연경당(演慶堂)은 대지 1500평에 99칸으로 되어 있다. 그러나 재상 가운데서도 선조 때의 정승 이원익은 벼슬을 한 지 사십여 년이 지나서도 불과 몇 칸의 조그만 집에 살았다는 것을 보면, 나라의 법은 상한선으로 존재하지만 경제력과 개인의 철학에 따라 규제법이 제약으로 작용하기도 하고, 다른 한편으로는 그러한 규제와 무관하게 청빈한 사대부들도 있었음을 알게 된다.[3]

2) 양반과 유학[4]

우리나라에 신유학(新儒學)이 도입된 시기는 14세기를 전후한 시기인데, 고려말 신흥관인(官人) 지배층 – 사대부 계급의 정립과 밀접한 관련이 있다. 당시 사대부 계급의 출현과 신유학의 관계를 파악하는 일은 이후 조선시대의 본격적인 흐름을 이해하는데 중요하다. 한국 유교가 사상사적(思想史的)으로 결정적 의미를 가지게 된 것은 성리학(性理學) – 신유학시대(고려말~조선 중기)로부터이다. 이 시기에 와서야 유교는 불교세력을 물리치고 그 스스로 국교적(國敎的) 지위를 확립하게 된 것이다.

한국역사를 거시적으로 볼 때 우리는 고려시대를 귀족사회, 조선시대를 사대부 사회

3) 박영순(외)『우리옛집이야기』, 열화당, 1998, p.39
4) 이 부분은 다음의 연구결과를 참고로 하여 서술하였다. 이우성, 「한국 유교에 한 단장」, 『한국의 선비문화』, 시사영어사, 1982/ 유동식, 『민족종교과 한국문화』, 현대사상사, 1978/ 김윤제(외)『안동의 선비문화』, 아세아 문화사, 1997

(양반사회)라고 부르고 있거니와 귀족과 사대부의 세력교체는 이미 고려 후기로부터 진행되고 있었다. 그 직접적인 계기는 12세기 초 무신(武臣) 일당의 쿠데타에서부터로 보고 있다. 고려 후기 약 80년간의 무신집권 기간 동안 문신(文臣) 귀족들은 철저하게 탄압당했으나, 그 후 정국의 상대적 안정과 국정의 필요에 따라 차츰 '독서인(讀書人)[사림파(士林派)]' 들을 과거에 의해 채용하기 시작하였다. 문신집권 하에서 등장한 이 새로운 독서인들은 무신세력의 퇴조와 더불어 활발하게 정계에 진출하여 14세기 후반에는 이미 정치적 세력으로 성장하여 역사를 주도할 수 있게 되었다. 이들 신(新)관료들은 "글을 읽으면서 사(士)가 되고 행정에 참여하면 대부(大夫)가 된다"라는 사대부 계층을 형성하게 되었고, 이로부터 600년 동안 조선왕조가 끝날 때까지 '양반' 이라고 불리는 한국사회의 지배층이 된 것이다. 그런데 당시 신흥사대부들은 지난날의 문신과는 물론 무신들과도 아무런 연결이 닿지 않았고 그들의 계보는 당시의 지방 향리(鄕吏)층에서 찾을 수밖에 없다. 그 이유는 양반이 존재하지 않았던 고려시대의 지방사회에 있어서 향리는 강력한 유력자이며 대표적 토착세력이었기 때문이다. 고려 후기에 이들 향리층은 중소(中小)지주(地主)로서 생활기반을 향촌사회에 두고 있었고 이러한 경제기반 위에 학문과 행정실무를 쌓아오던 사림(士林)이 신관료로서 중앙으로 진출하게 된 것이다.

그러면 신흥사대부들이 어떻게 하여 유학을 받아들이게 되었는가?

신흥사대부들은 지방 중소지주로서, 그리고 신진관료로서 그들의 정치적 · 사회적 세력을 도모하기 위해 대(大)지주인 중앙권력층과의 대립에서 승리해야만 했다. 이때 신흥사대부들은 새로운 이데올로기로써 신유학을 강력히 내세웠던 것이다. 원래 고려는 불교의 오랜 전통과 권위를 앞세워 민심을 지배하고 있었는데, 당시 왕실과 지배층의 파격적인 지원에 힘입어 그 위세가 대단하였다. 그러나 일부 승려들의 부패 · 타락과 신도들의 전횡은 온갖 사회적 폐해를 끼치고 있었다. 신유학은 먼저 이들 어용(御用)불교와 부패 승려들을 배격하면서 자신들의 신유학을 내세우며 강조한 것이 현실적 사회윤리였다. 그들의 주장은 신유학의 형이상학적 내용이 아니라 신유학의 명분론과 의리론이었다.

즉 동양적 자연법(自然法) 사상의 종합적 체계의 '깨우침'을 전개한 것이다. "자식이 되어서는 효(孝)를 해야 하고, 신하가 되어서는 충(忠)을 해야 한다"는 것은 인간의 선택이 아니라 주어진 전제이며, 천리(天理)인 것이다. 인륜(人倫)은 곧 천리의 구현이다. 이러한 명분론과 의리론은 신흥사대부들의 이론적 무장으로서 강력한 힘을 발휘하였다. 그들이 내세운 인륜 - 효 · 충 · 예 · 신의 문제는 신흥사대부들의 정치도덕이었고 사회도덕이었다. 그리하여 신유학은 불교에 대한 이론적 승리를 이끌어 내었으며 이는 신흥사대부들의 정치적 승리로 이어져 결국 이씨 왕조를 세웠다.

조선시대는 재래 토착적 문화가치와 더불어 여러 종교적 유산이 혼재되어 있었음에도 불구하고 유학적 신념에 의해 강력하게 지배되고 철저하게 짜여져 있었다. 유교의 주안점은 도덕을 기초로 하여 민중을 교화시킴으로써 사회질서를 유지하려고 하였다. 이때 도덕의 내용은 곧 '인(仁)'이라는 말로 요약된다. 유교는 가부장적 가족제도를 지도윤리로 삼고 있었으므로 유교도덕의 출발은 자연히 '효'에 있었다. 가족제도에서 부자(父子)간의 종적인 효심은 횡적으로 다른 사람에게도 퍼져 나가는 것이 곧 '인'의 근본이다. 효도는 생존하고 있는 부모에게 국한하지 않고 죽은 후에도 계속 되어야 한다. 따라서 민중이 받아들인 유교는 바로 제사종교였다. 조상에 대한 제사의례는 단순한 추효(追孝)사상이 아니라 여기에는 형식과 함께 기복(祈福)에 연결되고 후손들의 길흉과 운명을 좌우하는 보편적 신앙으로 발전하였다. 그 단적인 표상이 조상의 묘지풍수에 대한 신앙이다.

요컨대 조선시대의 유교가 삼강오륜(三綱五倫)을 통해 민중교화에 이바지한 것은 사실이다. 이것이 집 안팎으로 직접적인 관계가 있었던 것은 부자유친(父子有親)의 '효(孝)', 부부유별(夫婦有別)의 '내외(內外)' 장유유서(長幼有序)의 '예(禮)' 이었고, 이들은 조선시대의 가옥구조에 그대로 영향을 미쳤다. 이러한 인간관계가 종적인 불평등한 차별적 인간관계를 본 것은 또 다른 면이다. 즉 반상(班常) 간의 인간관계, 남녀 간의 신분적 계급관계, 장유 간의 엄한 상하관계, 부자 간의 복종관계가 그것이다. 특히 부부유별의 내외관습과 남존여비 사상은 넓은 의미에서 남녀의 내외이고, 이를 지키기 위해 남녀 생활공간의 구분, 즉 안채와 사랑채로 구분한다든지 집안행동반경까지도 공간적으로 제한하였다. 또 가계의 계승권이 주어졌던 장자 우대사상은 사랑채에 장자를 위한 공간 배려가 있었고 엄정한 상하관계 의식은 가옥구조에까지 그대로 반영되었다.

또 우리나라의 가족제도는 부모와 장자(長子), 혹은 부부 및 미혼자녀를 중심으로 한 대가족 단위로 일가(一家)를 형성하였고, 차자(次子) 이하 다른 형제들은 결혼 후 생전분재(生前分財)가 있을 뿐이었다. 또 본가(本家-宗家)를 중심으로 하여 본가와 분가(分家), 대가(大家)와 소가(小家)로 칭하고 제사 혹은 길흉행사가 이루어졌다. 기제(忌祭) 때에는 고조부(高祖父)를 한도로 하고 선조의 분묘를 중심으로 하는 묘제(墓祭)를 지내며, 문중(門中) · 종중(宗中), 혹은 종가(宗家) · 종약(宗約)을 중심으로 넓은 의미의 친족관계를 유지하였다. 가묘(家廟)의 시작은 고려말기부터 비롯되었지만 조선시대에 와서는 점차 일반화되어 가문과 친족조직의 구체적인 상징물이 되어 적어도 중인계급 이상은 사당(祠堂)을 지었다. 사당을 지을 수 없는 경우는 벽감(壁龕)을 두거나 그 밖에 봉제사(奉祭祀)를 위해 정성들여 제청(祭廳)을 마련하는 것 등을 보면 강한 조상숭배 의식과 가묘의 상징성을 통해 자신의 가문을 높이려는 의식을 엿볼 수 있다.

이상과 같이 조선시대 유교는 사대부를 중심으로 국민생활을 규범하는 윤리도덕으로 널리 보급되었다. 아울러 유교의 여러 가지 덕목(德目)은 주거공간의 곳곳에 반영되어, 주거공간은 그야말로 유교의 실천 도장(道場)과 다름없었다.

3) 내외(內外)사상과 생활공간의 구분

조선왕조는 국시에 따라 유교적인 예제의 행용을 장려하였으며, 이는 왕실이나 사대부가(士大夫家)를 중심으로 나타나기 시작하였다. 『예기(禮記)』에는 '예(禮)는 부부간에 서로 삼가는 데에서 시작된다. 집을 지을 때는 내외(內外)를 구분하여 남자는 바깥에 거처하며 문단속을 철저히 한다. 남자는 함부로 내당에 들지 않고, 여자는 밖에 나가지 아니한다.' 라는 기록과 함께 남녀유별을 많이 언급하고 있다. 아녀자가 외출할 때는 장옷(長衣)으로 얼굴을 가리고, 주부가 방문객과 인사할 때는 중간에 가상의 하인을 세워서 인사를 나누는 등 집안생활에서도 남녀 간의 갖가지 금기(禁忌)를 엄격히 지켜야 했다.

주거공간에서 남녀의 공간분화, 다시 말해서 안채와 사랑채가 언제부터 사용되었는지는 확실하지 않다. 다만, 조선시대는 유교이념에 입각한 생활을 장려하였으므로 내외사상에 따라 남녀공간의 분리는 원칙적으로 고려하였던 것 같다. 또 『예기』에 따르면 '정침(正寢)' 은 밖에서 활동하는 남성들이 거처하는 공간이고 '연침(燕寢)' 은 안에서 여성들이 생활하는 공간으로 생각되는데, 이는 '전조후침(前祖後寢)' 의 구성과도 맥을 같이 하는 것이다.

조선시대 가족제도는 부자 중심의 부계가족이며 가족과 사회질서를 위해서는 가부장의 권위가 확립되어야만 했다. 유교이념을 생활화하고자 했던 사대부들은 조상숭배와 장자우대를 지향하는 가계계승 방식을 사랑(舍廊)의 형태로 나타냈다. 조선시대 전반기만 해도 사랑채에 해당되는 것으로 추정되는 '사랑(斜廊)' 이 있었다. 이는 작은 문간방과도 같이 손님을 접대하던 방으로 보인다. 그러나 조선 후반기에 와서는 가부장권의 강화와 내외사상의 영향으로 사랑채는 독립된 채의 모습으로 등장하게 된다. 이에 대한 배경은 여러 가지로 설명될 수 있다. 여기에는 무엇보다 15세기 이후 향촌사회에서 유교적 이상향을 구현하고자 했던 사람들의 기여가 컸다. 한때 재경관인(在京官人)이었던 사림들은 향촌에서 활동하기 위해 그들의 사회적 공간이 반드시 필요하였다. 이것이 사대부 주택의 사회적 공간인 '사랑'으로 추정되고 있다.[5] 이렇게 하여 당시 내외사상이 엄격하였던 반가(班家)에서 사회적 기능의 공간(사랑채)과 가정적 기능의 공간(안채)이 분화되었고, 16~17세기를 거치는 동안 오늘날과 같은 상류주택의 형태로 정착된 것이다.

사랑채는 가문과 가부장의 권위를 상징하고 가계계승의 당사자를 위한 공간으로 철저하게 남성 위주의 생활공간이다. 따라서 사랑채의 기본은 큰사랑과 사랑대청, 여기에 작은사랑으로 구성되고 학문 · 취미, 응접 · 사교, 교육 · 수련을 위한 공간이 된 것이다. 그러므로 사랑채는 안채와의 관계에서 '외부'로부터 '내부'를 보호하고 안채에의 출입을 살피기 위해서도 적합한 위치를 차지해야 했다. 더욱이 부녀자의 활동중심인 안방 · 부엌과 남성들의 공간인 사랑방과의 관계는 대각선방향으로 거리를 두는 사례가 많았다.

이에 비해 안채는 외부사람의 접근과 시선을 차단하기 위해 내외담 · 차면벽을 두어 방어하였고 때로는 폐쇄적인 중문을 두어 경계를 조절하였다.

5) 김종헌 · 주남 철, 「한국전통주거에 있어서 안채와 사랑채의 분화과정에 대한 연구」, 대한건축학회논문집, 12권 2호, 1996. 2.

1.2.2 선비문화

1) 조선시대 선비의 의식구조

인간은 자신이 거주하는 환경에서 자신의 감정 · 가치 · 욕구를 표현하는데 적합하다고 생각되는 요소들, 상징물들을 적절히 사용함으로써 자아(自我)의 발달과 환경에의 점진적인 적응을 성취해 나간다. 나아가서 인간은 의식적으로 자신이 추구하는 바, 목표하는 바를 달성하기 위해 자신이 선택한 환경을 통해 자신의 고유성, 개성, 그리고 열망을 표현하고자 한다. 이와 같은 주거는 거주자의 세계관, 가치관, 열망, 욕구 등이 상징화되어 있는 소우주(小宇宙)와 같다.

인간은 주거에서 생물적 욕구뿐만 아니라 사회적 인정, 자아실현 등의 보다 상위 차원의 정신적 욕구충족을 추구한다. 다시 말해서 거주한다는 것은 단순히 집이나 방과 같은 물리적 환경을 점유한다는 실용적 의미를 뛰어 넘는 것으로써 자신의 존재를 세계 속에 확인하고 정립하려는 인간의 기본적 욕망과 행위를 의미한다. 이렇게 보면 행위의 주체인 인간의 자아는 주거 속에 삶의 질을 부여하는 중요한 요소가 된다. 그러므로 주거를 사회적 지위나 계층이라는 집합적 측면에서만이 아니라 개인의 반영체로서의 측면도 동시에 고려되어야 한다.

사실 조선시대의 중 · 상류주택, 특히 재지양반의 주거는 씨족사회와 선비사회의 집합적 단위이기도 하고, 개인의 고유성이나 가치관 또는 열망이 표현된 신체의 일부가 된다. 그렇다면 조선시대 선비들의 가치관과 의식구조는 어떠했는가를 관련문헌[6]을 통해 정리해 본다.

6) 국제문화재단 편, 「한국의 선비문화」, 시사영어사, 1982

가. 선비의 범주와 요건

유교이념이 중심이었던 조선시대에 선비로 쓰인 사(士)의 용어는 매우 다양하다. 그 가운데서 벼슬과 관계된 용어로는 사족(士族), 사대부(士大夫), 경사(卿士) 등이 있다. 조선 후기의 실학자 박지원(朴趾源)은 “독서하는 사람을 선비(士)라 하고, 정치에 종사하는 사람을 대부(大夫)라 한다.”고 하였다. 우리는 이 말을 통해 조선시대 양반층의 신분 속성을 뚜렷이 이해할 수 있다. 선비가 관직을 얻어 정치일선에 나서면 대부가 되고, 여의치 못해 향리에 돌아오면 다시 독서하는 선비의 처지가 된다는 것이다. 이는 곧 선비와 정치인은 갈래가 다른 신분층이 아니라 서로 계기적 관계에 놓여 있는 지식인이라는 것이다.

위와 같이 보면 조선시대의 선비는 재야(在野)에 있으면서 도(道)를 배우고 도를 실천하는 사람뿐만 아니라 벼슬에 나아가 도를 실천하고 은택을 베풀어 공업(功業)을 크게 일으키는 사람 일체를 말한다. 그러나 신분이 아무리 사족에 속하더라도 선비가 될 수는 없다. 다시 말하면 선비는 사족이나 양반에 포함될 수는 있지만, 사족이나 양반이라고 하여 모두 선비가 되는 것은 아니다. 사족이나 양반은 문벌이나 관료를 갖고 있는 신분적 의미가 주가 되지만, 선비는 그 사람의 교양, 품격, 지조 등을 주로 말하기 때문이다. 그러므로 선비는 학문과 덕성을 갖춘 하나의 인격체라 할 수 있다. 고결한 인격을 바탕으로 행동과 예절을 올바르게 실천하며, 강인한 의지를 갖고 불의에 타협하지 않고 사회의 정도(正道)를 구현하는 것이 선비정신이라 할 수 있다.

선비는 농업에 종사하는 사람 중에서 나올 수는 있었으나 공(工) · 상(商)업에 종사하는 사람들과는 함께 하지 않았다. 선비들이 농업에는 관대하여 선비 스스로가 농업에 종사하였으나 공 · 상업에 종사한다는 것은 도저히 있을 수 없었다. 선비가 영리를 추구하는 공 · 상업에 종사한다는 것은 자신도 자신이거니와 우선 주위 사회가 받아들이지 않았다. 선비가 경제활동에는 관여하지 않는 것이 사대부 최고의 미덕이었다. 심지어는 돈에 직접 손을 대는 것을 수치로 여겨 접시에 얹어 온 동전을 젓가락으로 집어주었다는 기록도 있다. 뿐만 아니라 사족으로서 활쏘기와 말타는 재주를 익혀 무직(武職)에 종사하는 것을 경시하기도 했으나, 임진왜란 전후로 많은 변화가 있었다. 이런 유형에 속하는 선비들은 주로 실학(實學)계열에 속하는 선비 중에서 찾아볼 수 있다.

이상과 같이 선비는 신분이 높고 낮음이나 계급을 초월하여 학덕을 갖춘 하나의 인격체로 보았음이 틀림없다. 서출(庶出)이기 때문에 벼슬을 하지 못했으나 학덕 하나만으로 선비 대열에 끼여 이이(李珥), 성휘(成揮)와 같은 높은 선비들과 교류한 송익필(宋翼弼) 같은 분은 그 좋은 본보기라 할 수 있다.

나. 선비의 행도와 거취

선비가 벼슬을 구하는 것은 그의 도(道)를 행하고자 하는 것이며, 익힌 학문과 닦은 덕을 나라와 백성을 위해 실행하는데 있다. 그러므로 도를 행하지 않고 한갓 영리만을 탐하게 되면 이미 선비가 아니다. 선비는 궁해도 자신을 지키기 위해 의(義)를 저버리지 않고 벼슬에 나가서 선비의 도를 이탈하지 않는다. 선비는 벼슬을 하되 벼슬에 나가는 목표가 뚜렷해야 한다. 이이(李珥)는 선비가 벼슬에 나가는 것은 '치군택민(治君澤民)'을 바라는 것이기 때문에 이를 실천에 옮기기 위함이라 했다. 그런데 막상 벼슬자리에 앉아 자기의 뜻을 전하려 해도 여의치 못하고, 도가 행해지지 않는데도 계속 그 자리를 지키는 것은 옳지 못하며 물러나는 것이 도리이다. 그러한 결단은 어디까지나 자기 스스로가 결정할 문제이며, 남의 말을 들어 물러서는 것은 아니다. 위와 같이 선비는 출처거취(出處去就)가 분명해야 하며, 이것이 불분명하면 선비로서 신의를 잃게 되고 지탄의 대상이 된다.

선비는 때를 만나지 못하면 은거하는 길 밖에 없다. 때를 만나지 못한다는 것은 두 가지 뜻이 있다. 하나는 자신이 벼슬에 나갈만한 학덕을 쌓았음에도 과거에 낙방했거나 기회가 주어지지 않은 타의적인 경우이며, 다른 하나는 벼슬에 나갈 수 있는 충분한 자격 요건은 갖추고 있으나 시세의 돌아가는 상황이 벼슬에 나가기에는 부적합하다고 생각되는 자의적인 판단이다. 이와 같이 선비의 출처와 거취에는 반드시 목표와 명분이 있어야 한다. 선비의 출처와 거취에 대한 공통적인 현상은 벼슬에 나가기 위해서는 학덕 이외에도 수기(修己) 등의 기초적 소양을 쌓아야 하며, 벼슬에 나갈 때라고 판단되면 소명에 응하는 것이다. 그러나 일단 벼슬에 나가서 옳다고 생각되는 주장이 받아들여지지 않으면 벼슬을 그만두고 물러나야 한다. 그러나 은퇴한 뒤에도 조정으로부터 마음이 멀어질 수 없는 것이며, 직접 정치에 참여하지 못하지만 세상 돌아가는 형편을 살핌은 물론 후세에 수범이 될 만한 가르침을 남기는데 게을리해서는 안 된다.

평생 벼슬을 거절한 처사(處士)형의 선비들이라 해서 행도(行道)의 실현을 못 보는 것은 아니다. 비록 현실 정치에 영향을 주지 못해도 그들의 높은 지조와 고결한 인품은 저절로 사범이 되어 후학에게 밝게 비춰져 먼 훗날까지 교훈을 준다. 조선 중기의 큰 선비인 서경덕(徐敬德), 성수침(成守琛), 조식(曺植) 등이 이에 해당되는 인물들이다. 이들은 벼슬을 끝내 거절하였으나 나라를 위하는 근심은 잠시도 마음에서 떠나지 않았다. 그들은 도를 다른 사람에게 전하여 자기들이 당대에 이루지 못한 것을 펼치도록 온갖 정성을 다해 문하 육성에 전념함으로써 후일을 기약한 것이다.

다. 선비의 정신

선비의 행동거지는 다른 사람들에게 모범이 되어야 하므로 선비는 마음 내키는 대로 처신할 수 없다. 선비는 거동할 때 반드시 예(禮)를 생각해야 하고, 어떤 일을 행하든 꼭 먼저

의(義)를 생각해야 한다. 이것은 선비가 덕의(德義)를 그만큼 중시해야 한다는 말이다. 선비의 정신은 먼저 입지(立志)에서 비롯된다. 선비가 뜻을 바르게 세우지 못하면 올바른 방향을 잃게 된다. 공자(孔子)는 선비가 뜻을 굽히지 않고 몸을 욕되게 하지 않는 것은 선비가 지켜야 할 철칙이며, 뜻을 굽히는 것은 그 몸을 욕되게 하는 것으로서 사회로부터 지탄의 대상된다고 하였다. 선비는 입지가 확고하면 정의를 위하여 두려울 것이 없으며 공론(公論)을 그르칠 염려가 없다. 여기에서 선비정신은 발휘되며, 따라서 의리의 명분은 생명보다 중요시된다. 선비가 위급함을 당하면 목숨을 바치며, 덕(德)을 보면 의(義)를 먼저 생각한다는 것은 바로 선비의 정신인 것이다.

또 선비는 자신을 알아주는 윗사람을 위해 자기 몸을 버릴 수도 있다. 『사기(史記)』에 "사위지기자사(士爲知己者死)"라 한 것은 바로 그런 뜻이다. 그러므로 선비는 정의를 위해 싸우다 죽음을 당할지언정 몸을 욕되게 하지는 말아야 하며, 의관(衣冠)을 욕되게 하는 것은 그 아픔이 국가에 있는 것이다. 위에서 보듯이 선비는 의를 생명보다 더 소중히 여겼으며, 죽음을 택하는 것은 후대에 그러한 사실이 알려져 그 이름이 빛날 것을 확신할 수 있기 때문이었다. 의는 비굴하게 사는 것보다 영광된 죽음을 바라며, 선비들이 그 길을 택하는 것을 세상 사람들은 당연한 것으로 받아들였다.

조선시대는 유교이념에 의해 통치되었던 만큼 성리학을 중심에 두고 시문(詩文)을 그 다음으로 여겼던 것은 선비들의 통념이기도 했다. 그럼에도 선비의 등용문인 문과에 급제하려면 문장학이 더 소용되어 시문을 가벼이 넘길 수 없었다. 결국 일부 선비들이 문장학에 주안점을 두고 성리학에 힘쓰지 않으니 이론에 밝고 덕을 갖춘 선비보다는 사풍(士風)을 더럽히는 속된 선비가 많이 나와 정치를 혼탁하게 하기도 했다.

라. 선비의 몸가짐

선비는 몸가짐에 있어서 사유(四維), 즉 예(禮) · 의(義) · 염(廉) · 치(恥)를 숭상하였다. 사유는 『관자(管子)』에 나오는 말로서 나라를 지키기 위한 4가지 수칙을 말한다. 이 수칙은 중국에서 뿐 아니라 우리나라에서는 옛부터 강조되어 왔으며, 특히 조선시대에는 더욱 그러했다. 예 · 의 · 염 · 치는 선비로 하여금 명절(名節)을 닦게 하고 물욕(物慾)을 방지하고 비위를 억제하여 세도(世道)에 유익하고 국체(國体)를 부지하는 것이기 때문에 선비라면 누구나 이를 지켜야 한다는 것이 선비들의 공통된 마음가짐이었다.

선비는 사유 중에서 예 · 의 보다 염 · 치를 더욱 소중히 여겼다. 염치는 선비의 절개(節介)와 같은 것이며, 선비된 자가 염치가 없으면 그 나머지는 볼 것도 없을 뿐 아니라, 시골 농사꾼과 다를 바 없다고 할 만큼 중시했다. 또 염치는 선비들의 검약과 일맥상통하는 것이기도 하였다. 그러므로 선비의 평생 업(業)은 따뜻하게 입고 배불리 먹는 것이 아니라 세교(世教)를 정갈하게 하고 풍속(風俗)을 두텁게 하기 위해서는 염치를 알아야 하는 것이었다.

가끔 선비의 청렴이 여인의 정결과도 동일시되는 것은 선비가 작은 오점이라도 있게 되면 정결하지 못한 여인과 마찬가지로 평생 흠이 되어 선비구실을 할 수 없음을 말하는 것이다. 선비가 중시하는 사유 가운데 예의는 오늘날 모두 수용하기는 어려울 것이다. 그러나 선비의 염치만은 오늘날 우리가 본받아야 할 정신적 유산이다.

선비가 벼슬에 나가서 도를 행함은 능력이 미칠 때 한한 것이며, 자신의 능력이 미치지 못하면 재야에서 생업에 종사하는 것이 당연하다. 그러므로 선비는 항상 자기의 덕이 닦아지지 않음을 걱정하며, 이름이 세상에 알려지지 않음을 염두에 두지 않고 배움이 넓지 못함을 탓할 뿐이지 맡은 일이 없음을 근심하지 않는다. 선비의 마음가짐은 가식(假飾)이 용납될 수 없으며, 순정을 귀감으로 삼아야 했다. 또한 선비는 지키는 것이 있어 거처하되 이해득실에 따라 자리를 옮기지 않는다. 따라서 선비가 벼슬을 못 얻어 극도로 가난하더라도 그 세운 뜻은 더욱 엄격하며, 그 절개 또한 뛰어나서 자기의 지킴에 손상을 입히지 않는다.

마. 선비의 가거지(可居地)

선비는 몸소 익힌 학문과 경륜을 현실에 반영하여 요순(堯舜)의 치세를 재현하는 것이 궁극적인 목표이지만 그 뜻을 펼 수 없을 때는 초야에 묻혀 있기 마련이다. 이중환(李重煥)이 "사대부(선비)가 벼슬을 못하면 갈 곳은 산림(山林)이 있을 뿐"이라 한 것은 이를 가르키는 말이다. 선비가 벼슬을 구하지 못했거나 벼슬을 떠났어도 계속 그 지위를 지키려면 무엇보다 최소한의 경제적 기반이 없으면 어렵다. 그러므로 선비는 가거처(可居處), 즉 살기 좋은 곳을 머리에 그리며, 그러한 조건을 제시하기도 했다. 그러나 가거처를 보는 눈도 같을 수는 없다. 그러면서 거기에는 일치된 면면들이 있어 몇 가지 예를 들어보기로 한다.

먼저 이중환은 "대저 살 곳을 택할 때는 처음에는 지리(地理)를 살펴보고, 다음에 생리(生理)를 보며, 다음은 인심(人心)이고, 또 산수(山水)를 살펴본다. 이 넷 가운데 하나라도 빠지면 낙토(樂土)라 할 수 없다.……"고 하였고,

이익(李瀷)은 "초야에 묻혀 자중하는 선비지만 향리 사람들로부터 선비의 학덕을 존경받아 문벌과 같은 대접을 받는 곳이 선비가 살기 좋은 낙토"라 하였다.

그런가 하면 정약용(丁若鏞)은 이중환이 말한 가거지에 대한 견해를 "물 길어 먹기 좋고, 나무해 때기 좋은 곳, 오곡(五穀)이 풍성한 곳, 풍속(風俗)이 아름다운 곳, 산천(山川)이 청수(淸秀)한 곳" 등을 들고 있다.

또 육회경(陸會敬)은 "벼슬에서 물러나면 이름난 도시나 큰 읍(邑), 아름다운 산수(山水)에서 사귈 벗과 친척이 모여 있는 곳에 사는 것이 적당하다."하였다.

위의 네 사람의 '가거지'를 종합해 보면 많은 공통점이 있음을 본다. 이중환이 택한 가거지, 즉 지리, 생리, 인심, 산수를 기준으로 그 외 세 사람의 견해를 이와 비교해 보자. 이익이 말한 '경전이나 읽으면서 향민들로부터 대접받을 수 있는 곳'이라 한 것은 이중환의 '인심'에 속할 수 있으며, 정약용이 지적한 '물길어 먹기 좋고, 나무해 때기 좋은 곳'은 '지리'에 관계있는 것이며, '오곡'은 '생리'에 '풍숙'은 '인심'에 속하는 것이다. 또 육회경의 '도시와 큰 읍'은 '지리'에 속하는 것이며, 그 역시 '인심'과 '산수'가 좋아야 한다고 한 것은 이중환의 견해와 일치한다.

이상에서 보면, 선비의 가거지로 가장 중요시 된 것은 경제적인 면과 인심, 산수 등을 빼놓을 수 없다. 경제적인 면을 중시한 것은 먹고 살아야 하니 어쩔 수 없으며, 인심이 순박한 곳은 이웃과 사이좋게 지내야 마음이 편할 수 있지만, 산수가 좋아야 하는 것은 모두 택한 것은 무슨 까닭일까. 이것은 산수가 맑고 빼어나야 인물이 배출된다는 공통된 생각을 갖고 있었던 것 때문으로 보인다. 앞서 말한 선비들의 가거지는 어디까지나 그들이 벼슬에 오르지 못했거나 벼슬에서 물러났을 때 살기를 바라는 곳을 말한 것이지, 결코 누구나 그러한 조건을 갖춘 곳에서 살기를 바랄 수는 없다. 거기에는 여러 조건 가운데 한두 가지만 구비되는 경우가 허다하다. 다만, 선비가 살아가는데 있어서 최소한의 경제적 기반을 갖추고 있어야 된다는 점은 삶의 기본적인 조건이다.

2) 안동의 선비

가. 안동의 지형적 특성과 토착세력

흔히 안동은 '전통의 고장이요 선비의 고장이다'라고 할 만큼 전국에서도 우수한 '문화고을'로 평가되어 왔다. 우선 안동에는 문화유산이 많다. 1994년도 통계를 보면 경주시의 문화재가 183점인데 비하여 안동시의 문화재는 186점이나 된다. 그런데 경주시와 안동시의 문화재 비교는 수적인 비교에서도 그렇지만 내용면에서 다르다. 경주에는 사찰과 석탑, 고분, 첨성대, 포석정 등 유형적이고 규모가 크며 시민들의 일상적인 삶과는 좀 거리가 있는 문화유산인데 반하여, 안동에는 많은 문화재가 있어도 주거건축과 고문서, 동채싸움, 안동소주, 안동포, 하회 별신굿탈놀이 등 무형적인 것이면서 일상생활 속에 갈무리되어 있는 삶 그 자체여서 눈에 쉽게 드러나지 않는다. 신라 때의 수도였던 경주에 비해 당시 고창군(古昌郡)이라는 신라 변방의 작은 고을이었던 안동의 문화재가 이처럼 많다는 것은 그야말로 대단한 문화 창출의 주인공들이 살았다는 증거이다. 그럼 이들은 과연 누구였는지, 관련문헌[7]을 통해 정리해보자.

안동은 후삼국(後三國)시대부터 재지(在地)세력이 강하였다. 왕건(王建)이 견훤과 대치하고 있을 때 안동의 권(權) · 김(金) · 장(張)씨의 삼성(三性) 시조(始祖)격인 삼태사(三太師; 權幸, 金宣平, 張吉)가 고려에 귀순하면서 세 성씨는 안동의 향직(鄕職)을 세습하면서 사족(士族)과 이족(吏族)으로 분화되어 갔다.

안동의 삼태사는 자신들이 고려에 귀순하여 공신호(功臣號)를 받고도 그대로 출신지에 눌러 앉아 본읍(本邑)을 실질적으로 지배하는 자리를 맡았었다. 이들은 토착적 기반으로 고려 중기 이래 많은 인사가 상경종사(上京從事)하였다. 이들 가운데 일부는 고려 후기에 이르러 중앙의 권문세족 또는 명문 가문(家門)으로 성장하면서 인근 토착세력을 대거 중앙정계로 끌어

7) 宮島博史, 노영구(역),『양반』, 도서출판 강, 1996
안동문화연구소,『안동문화의 수수께끼』, 지식산업사, 1997

들였다. 이렇게 하여 안동과 인근의 토착세력들은 조선시대 초기에 이르기까지 끊임없이 중앙 정계로 진출하게 되어 마침내 조정에 두루 포진할 수 있게 되었다. 그들은 여기에 중앙의 명문 귀족 또는 타도 출신의 재경관인(在京官人)과 광범위한 혼인관계를 형성해 나갔다. 고려말 조선초의 이 같은 사정은 왕조(王朝) 교체와 이후의 빈번한 정치적 혼란기에 중앙의 명문 사족(士族)들을 대거 안동으로 유인하는 직접적인 계기가 되었다. 고성(高城) 이(李)씨, 의성(義城) 김(金)씨, 흥해(興海) 배(裵)씨, 청주(淸州) 정(鄭)씨, 영양(英陽) 남(南)씨 등은 바로 이러한 과정에서 처가의 고향 또는 모친의 고향인 안동에 정착하게 된 씨족들이다.

조선시대 각 고을의 양반(兩班)은 어느 곳 할 것 없이 대부분 타지에서 이주해 온 성씨들로 구성되어 있다. 그리고 이들의 이주는 대부분 15~16세기에 이루어졌고 안동도 예외가 아니다. 안동에 양반이 많다는 것은 고려말 조선초에 많은 양반들이 다른 곳에서 안동으로 이주해 와 이들이 크게 번창하였음을 의미한다. 이는 고종(高宗) 중기부터 시작해서 고려말까지 북방 이민족의 침략이 계속되었다.

이와 함께 왜침(倭侵)은 충정왕(忠定王) 2년부터 본격화되어 화왕(禑王)시대(1375~1388)에 가장 피해가 심하였다. 이에 따라 지역간의 인구이동이 격심하였는데, 영남지방은 소백(小白)산맥이 병풍처럼 둘러싸여 있어 상주목(尙州牧)과 안동부(安東府)의 영하(嶺下) 지역에 사족(士族)의 왕래가 가장 많았다.[8]

이에 비해 재지양반은 재경양반과는 크게 다르다. 재지양반으로 판정하는 객관적인

8) 이수건, 앞책, 150쪽

기준을 말하기는 어렵지만, 충족되어야 할 몇 가지 조건은 제시할 수 있다.

첫째, 과거 합격자 또는 합격하지 않았지만 당대를 대표하는 저명한 학자를 조상으로 모시고 있을 것.

둘째, 여러 대에 걸쳐 동일한 마을에 집단적으로 거주하고 있을 것.

셋째, 봉제사 · 접빈객 이 외에 일상적으로 학문에 힘쓰고 자기 수양을 쌓는, 소위 양반의 생활양식을 보존하고 있을 것 등이다.

위와 같이 재지양반으로서 사회적 인지를 받기 위해서는 단순히 저명한 관료와 학자를 조상으로 모시는 것만 아니라 계속 거주하며 양반생활을 유지하는 것이 필요하다. 그리고 재지양반으로서의 위세를 유지하기 위해서는 동족집단을 형성하여 동족으로서의 결합을 강화해 가지 않으면 안됐다. 위와 같은 요건 때문에 안동지역의 재지양반층은 전국적으로 그 세거지의 분포가 탁월했던 것이다.

그러면 안동은 각지의 양반이 모여들 정도로 당시 정주(定住)환경의 조건이 갖추어져 있었던가. 안동은 고려말에 홍건적의 침입으로 공민왕이 몽진(蒙塵)해 왔을 때 약 3개월 동안 임시수도였다. 전란시 왕의 몽진 대상지 선정에는 여러 가지 조건이 고려되어야 하나, 그 가운데 가장 큰 조건은 적의 침공을 막기에 적절한 지형적 조건이 갖추어져야 한다. 안동지방의 지형적 조건을 살펴보면, 북서쪽에는 소백산맥이 질주하는 가운데 특히 죽령과 조령이 병풍처럼 울타리 구실을 하고, 동쪽으로는 태백산맥이 남쪽으로 달리면서 호위하는 형세이다.

당시 홍건적은 북쪽에서 내려오고 있었으므로 죽령과 조령은 이곳을 지키는 든든한 방패막이 구실을 수행할 수 있었으며, 남쪽으로는 낙동강이 굽이쳐 흐르고 있어서 외적을 방어하기에 적당하였다. 이러한 안동의 지형적 특성은 일찍부터 여러 사람에게 공감되어 "오랫동안 전란의 재앙이 들어올 수 없는 안전한 곳"으로 단정되어 있었다. 이에 덧붙여 고려말 동남쪽

해안지방은 왜구들이 한참 고려를 괴롭히고 있었기 때문에 그들이 출몰하기에 적당한 해안지방은 제외될 수밖에 없었다. 사실 안동은 산간지대이므로 넓은 평야는 없다. 안동의 농경지는 풍산(豊山)들을 제외하면 넓은 들조차 없는 형편이며, 그나마 농경지라면 겨우 산곳간에 산재하고 있을 뿐이다. 그러나 고려말 조선초의 연이은 외침(外侵) 속에서 살아 남아야 한다는 것은 그 무엇보다 중요한 것이었다.

이와 같이 안동은 외적의 침입을 막을 수 있는 유리한 지형적 특성 때문에 흔히 피병지(避兵地)로 꼽히는 동시에 학문하는 곳으로도 주목받았다. 학문하는 곳은 안정되고 조용한 장소라야 한다. 이러한 바탕 위에 일정한 경제력이 뒷받침된다면 더욱 좋을 것이다. 소백산맥이 서북쪽을 가리어 아늑한 터가 조성되고 그 안에 여러 갈래로 감돌고 있는 낙동강은 이 고장 곳곳에 넓지는 않지만 계곡 평야를 형성시켜 경제적 안정에도 기여하였다. 이러한 지형적 특성은 그만그만한 동성(同姓)부락이 들어섬으로써 동족(同族) · 동성(同姓)간의 결집을 더욱 강화하였다.

나. 안동 선비문화의 형성

원래 불교의 고장이었던 안동은 불교문화를 유지하면서 조선 초 당시의 새 정치이념인 유교의 중심지로 새로운 위상을 확보하게 된다. 역동(易東) 우탁(禹倬) 선생이 일찍이 예안(禮安)에 주자학(朱子學)의 뿌리를 박았으며, 이어서 퇴계 선생이 도산서당을 중심으로 성리학을 꽃피우게 된 것이다.

이후 퇴계의 제자들이 도산서원을 거점으로 성리학의 이념을 발전시킨 결과 "조선의 인물 반(半)이 영남에서 나고, 영남의 인물 반(半)이 안동에서 났다"는 말을 들을 정도로 많은 인재가 배출되었다.

그러나 조선 중엽을 넘어서면서 선비들의 사풍(士風)은 크게 변화되기 시작했다. 학문을 닦은 선비가 과거에 합격하여 벼슬에 나설 경우, 조선 전기와 같이 '유자(儒者)'의 대우를 받기 어려웠다. 그래서 학덕이 고매한 선비는 과거를 외면하여 '사림(士林)'으로 돌아서버렸다. 이는 조선 전기와 비교할 때 큰 변화임에 틀림없다.

선비의 학습(學習)이 변하게 된 원인은 크게 두 측면으로 설명될 수 있다. 하나는 명당(明堂)으로 인하여 정론(政論)이 편파적으로 운영된 점이며, 또 하나는 임진 · 병자 양란으로 학교교육과 교화(敎化)가 정상 궤도를 벗어나버린 점이다. 당쟁이 일어나 조정이 동 · 서(東 · 西)로 갈라지고, 또 동인(東人)이 남 · 북(南 · 北)으로 분열되면서부터 조정은 더욱 혼란하였고, 인재의 선악을 보지 않고 세(勢)를 얻으면 자기 파(派)의 사람을 기용하는데 급급하여 기강이 실추됐다. 이로 말미암아 뜻있는 선비는 벼슬에서 물러날 것을 생각하게 되고, 사의(私意)가 치열하여 공도(公道)가 사라지고 그러한 폐단은 계속 이어져갔다.

퇴계는 기묘사화(己卯士禍) 이후 정치일선에서 물러나는데 적극적이었다. 그리하여 정치보다는 산림처사(山林處士)로서의 은거생활을 지향하였고, 중앙관료적인 문화생활보다는 지방 사림(士林)의 처사적인 문화생활을 더욱 동경하였다. 따라서 평소에 그의 영향력을 절대적으로 받아 온 안동 선비들도 과거를 통한 출세의 길보다는 산림에 묻혀 학문 정진과 후진 강학(講學)에 매진함으로써 자신들의 도(道)를 실천하는 학자적 삶의 방식을 택하였다. 위와 같이 퇴계 이후 안동지방의 특징은 한결같이 정계에 나가기를 꺼리고 산림에 은둔하여 내성(內省)과 덕행에 힘쓴 선비들이 많았다는 사실이다.

이들은 조정에 나가 유교의 이념을 제시하기보다는 향리에 은거하여 산림처사로서 도학(道學)의 실천에만 주력하게 되어 안동지방 특유의 선비사회가 정착하게 된 것이다. 안동은 타 지방과 비교가 되지 않을 정도로 학자들의 저술결과인 문집(文集)의 수도 많았고, 많은 서당과 정사(精舍)를 보유하고 있다. 이와 같은 결과는 대부분 16~17세기경에 주로 퇴계 선생의 급

문제자들에 의해 이루어진 것들이며, 이들은 향리의 자제들에게 유교 경전(經典)을 강학하여 성리학적인 실천윤리를 교육한 결과이다.

16세기 전반의 거듭된 사화로 중앙정계에서 밀려난 사림(士林)세력은 향촌사회에 정착해 재지사족으로 꾸준히 성장해 갔으며, 16세기 후반에 이르면 향촌사회에서 확고한 지배집단으로 자리잡게 된다. 사실 선비에게 벼슬길이 끊긴다는 것은 머지않아 경제적으로 몰락한다는 예고와 같은 것이다. 그런데 벼슬하지 않으면서 양반의 신분적 특권을 누릴 수 있는 경우는 어떤 길이 있을까. 여기에는 대체로 두 가지 중요한 필수조건이 있었다.

하나는 먼저 선비로서의 교양을 갖추는 일이다. 즉 독서를 통해 선비로서의 교양만 지니고 있으면 사대부의 일원으로 존재할 수 있었다. 다시 말해서 안동을 중심으로 한 지역의 많은 가문들이 벼슬과는 관계없이 세족(世族)의 지위를 유지할 수 있었던 것은 벼슬보다는 학문과 덕행을 중요시한 정신적 풍토 때문이었다. 더욱이 이와 같은 정신적 풍토가 적어도 3백 년 가까운 시간을 지속할 수 있었던 것은 견고한 사회 · 경제적 토대가 뒷받침 돼 있었기에 가능했다. 둘째는 선비로서의 생활을 영위할 수 있는 경제적 기반을 갖추는 일이다. 안동의 재지사족들은 대부분이 분배받은 재산을 바탕으로 약간의 노비를 거느리며 병작반수제(竝作半收制)[9]에 기초한 지주전호제(地主佃戶制)[10] 사회의 지주계층이었다. 이들은 튼튼한 재지적 기반을 갖고 있었으며, 상호간에는 학연과 통혼권으로 서로 얽혀 있어 하나의 집단의식으로 연대(連帶)되어

9) 조선 전기의 지대법(地貸法). 지대법이란 전호(소작인)가 지주에게 세금을 내는 제도를 말하며, 조세 제도는 농민(자영농)이 국가에 세금을 내는 제도를 말한다. 병작반수제는 조선 전기의 지대법으로, 지주 전호제 또는 타조법이라고도 한다. 국가가 관리에게 토지를 지급하면 관리는 직접 논과 밭에 나가 일을 하지 않고 농민에게 빌려준다. 따라서 관리는 지주가 되고, 농민은 전호 또는 소작인이 되는 것이다. 전호는 지주에게 토지를 빌려 경작한 대가로 수확량의 1/2을 세금으로 바친다.

10) 토지 소유주인 지주와 이를 임대받아 경작하는 전호(田戶)가 있는 형식의 토지 소유 형태를 지주전호제라 한다.

있었다. 또 이들은 부재지주(不在地主)가 많았던 기호(畿湖)지방과 달리 재지지주(在地地主)였으므로 농업에 대한 관심은 좀더 구체적이었고, 적극적이었다. 뿐만 아니라 그들은 노비를 동원하여 자기 땅의 일부 혹은 전부를 직접 경작하는 농장 경영주였다.

다. 안동 재지사족의 경제적 기반

안동지방에 많은 사족(士族)이 운집하게 되고, 그들이 여기에서 성장할 수 있었던 것은 많은 임내(任內)의 존재와 무관하지 않다. 임내란, 지방관이 파견되지 않은 속현(屬縣)과 향·소·부곡을 말한다. 15세기는 전국에서 경상도에 임내가 가장 많았고, 이 가운데 안동이 가장 많은 임내지역을 가지고 있었다. 임내지역은 읍치(邑治)지역과는 달리 고려말 조선초에는 거의 미개발상태였고, 관부(官府)로부터 멀리 떨어져 있어 사족(士族)에 의한 개발이 쉬웠다. 읍치지역은 이미 개발되어 있었고, 기존의 향리(鄕吏)들이 모두 장악하고 있었기 때문이다. 말하자면 안동의 이러한 넓은 임내지역은 많은 양반들을 포용할 수 있는 터전이 된 셈이다. 당시 안동의 사족들은 이들 지역을 개발할 수 있는 좋은 조건을 갖추고 있었다.

관청으로부터 개간 허가권인 입안(立案)을 쉽게 확보할 수 있었고, 풍부한 노동력을 소유하고 있었으며, 지식인으로서 새로운 농법을 수용하고 있었기 때문이다. 안동의 재지사족들은 당시 최신 농법이었던 강남농법, 즉 이앙법(移秧法)을 앞장서서 수용하고 있었는데 여비법(旅肥法)·종자(種子)개량 등에도 많은 관심을 가지고 있었다. 이앙(移秧)(모내기)은 기존의 직파(直播)법에 비해 더 많은 수확을 가능하게 하면서도 노동력을 절감시킬 수 있었다. 이앙에 가장 중요한 것은 관개(灌漑), 즉 물대기였다.

안동의 농경지는 산 곳간에 산재해 있기 때문에 안동의 농업조건은 이앙에 최적기였던 것이다. 우리나라는 예부터 저수지가 축조되어 관개시설의 중심을 이루고 있었는데, 조선 전기에 관개시설로서 급속히 보급된 것은 하천을 막아 수위를 높임으로써 하천수를 논에 끌어들이는 보(洑)라고 불리는 시설이었다. 저수지공사는 규모가 크기 때문에 국가가 맡아서 시설하였으나 보는 민간에서도 충분히 축조가 가능하였다.

당시 재지사족층은 새로 정착한 지역에 적극적으로 보를 축조한 것이다. 조선초, 중기의 농업용수는 큰 하천의 물이 아니었다. 평야지대가 농업의 중심지로 자리잡은 것은 대체로 조선 후기라 할 수 있다. 이런 점에서 조선 전기 안동의 농지 규모에 비해 생산성이 높은 쌀농사를 지을 수 있었다.

이앙은 쌀농사뿐 아니라 보리농사도 가능하였다. 즉 벼농사와 이모작(二毛作)이 가능하였다. 논에서 쌀과 보리를 함께 수확할 수 있다는 것은 큰 행운이었다. 이렇게 하여 안동은 쌀 생산과 함께 당시의 주곡이었던 보리를 통해 자급자족할 수 있었을 뿐 아니라 어느 정도의 부(富)를 축적할 수 있었으므로 이는 안동 사족들이 성장할 수 있었던 경제적 기반이었다.

15~16세기 안동의 경제적 위치는 18세기 이후 크게 달라지고 있었다. 그것은 이앙법의 전면적인 보급과 저지대 평야지대의 개발에 따라 논농사의 비중은 더욱 높이는 반면, 농업의 중심지를 이동시키고 있었다. 더욱이 상업의 발달은 이를 더욱 가속화시키고 있었다. 조선 후기 안동 사족들의 정치적 몰락은 바로 이와 같은 경제적 조건의 변화와 일치하고 있었다. 17세기 말엽 이후 남인(南人)의 지지기반이었던 안동 유림은 중앙정계로부터 차츰 소외됨과 동시에 당시 집권세력이었던 서인(西人)의 노론(老論)으로부터 의도적으로 압력을 받는 처지가 되었다. 안동 유림에 대한 압력은 위로부터 주어지는 것만은 아니었고, 아래로부터의 도전도 만만치 않았다. 즉 남인들의 정치적 몰락과 더불어 안동유림의 지지기반이 약화되자 양민들이 양반으로 신분적 상승을 시도하는 경향이 생겨났다.

중앙정계로부터 소외되었다는 점에서 같은 처지를 보였던 호남지방의 경우는 사회적 신분과 정치적 권력을 확보하지 못해도 경제적 기반은 이와 상관없이 확보할 수 있었다. 호남지방은 광활한 평야를 끼고 있어서 상당한 수탈이 없었던 것은 아니지만 경제적 곤란은 심각하지 않게 어느 정도 유지할 수 있었다. 이에 비해 안동지방은 낙동강의 중 · 상류에 위치하고 있어 넓은 평야는 찾아보기 어려운 사정이었고, 한정된 토지로는 양반신분을 유지하고 체통을 지켜나가려면 남다른 대책과 노력이 있어야 했다.

이러한 상황을 맞으면서 호남사람들은 이 시기를 기점으로 판소리와 같은 창조적 민중예술을 새롭게 생성해내는 풍류를 보이는데 반하여, 안동사람들은 유교적 도덕률과 반상(班常)의 신분체계를 더욱 다져나가기에 이른다. 그리고 한학(漢學)에 남다른 정열을 쏟았던 것이다. 조선조와 같은 신분사회에서 위로부터의 압력과 아래로부터의 도전을 감당하면서 양반으로서의 지체를 유지하려면 그럴 수밖에 없었던 것 같다. 우선 무엇보다 양반으로서 사회적 신분을 계속 유지해 나가려면 벼슬자리가 끊겨서는 안 된다. 이것은 3대(代)에 이르도록 벼슬이 없으면 양반으로 인정받기가 어렵기 때문이다. 결국 글, 학문, 지체가 그들 안동사람들의 최고 가치로 의식되기에 이른 것이다. 한편 밑으로부터 중인들의 도전도 막아야 유림의 체통을 유지할 수 있었다.

서리를 중심으로 한 중인들과 17, 18세기 이후 형성된 자본가들의 신분상승에 대처하기 위해서도 반상(班常)의 신분체계를 엄격히 다지고 지켜나가야 했다. 결국 이를 위해서는 어릴 때부터 한학을 열심히 익히게 함으로써 지식과 학문으로서 이들의 '양반 넘보기'를 제압하는 한편 까다로운 예법과 윤리적 도덕률을 엄격히 지킴으로써 새 양반의 도전을 막고자 했다.

1.2.3 반가의 사례

일반적으로 민가는 전통 사회를 구성하고 있던 대다수 민중, 즉 사회기층을 이루고 있던 사람들의 살림집이다. 이에 비해 상류주택은 조선시대 상류층을 형성하였던 사대부, 향반, 그리고 세도가들의 살림집이다.

일반민가는 농토에 얽매여 살아가는 기층민들의 주거이므로 지역별로 주어진 환경에 적응하고 때로는 선택하면서 공동체적 삶의 가치에 따라 지혜를 축적시켜 온 결과이다. 그러므로 민가는 지역에 따라 풍토적 특성이 반영된 특징적인 정형을 유지하고 있어, 이는 민가의 지역성으로 설명된다. 반면에 상류주택은 유교적인 가치가 반영된 표준적 주거규범을 지향하였다. 그들은 이를 통해 그들이 지배층인 상류사회의 성원임을 과시하고, 그들의 존재가치를 나타낼 수 있다고 생각하였다. 상류주택은 경제적 기반과 기술적 수준에 따라 차이가 있으나 사대부층의 표준적 주거규범에 따라 조영하고자 하였다. 이것이 상류주택이 가지고 있는 계층성이다. 이러한 기층민과 상류지배층의 주거는 시간이 흐름에 따라 서로 영향을 주고받아 교류하게 된다. 상류주거는 지역의 뿌리 깊은 주거양식을 무시하고 뛰어 넘을 수 없으므로 주거공간에 어떤 형태든 지역성이 묻어난다. 한편 기층민의 주거는 생활의 향상에 따라 항상 상류주거의 계층성을 모방하려는 상향 의지에 차 있다.

여기에서 우리나라에 현존하는 반가 가운데 사대부, 향반의 가옥을 대상으로 하여 그들은 어떻게 집을 지었는가를 분석해 보기로 한다. 다시 말해서 조영(造營) 의지를 비롯하여 공간구획 방식, 건축양식 등에 관한 일반적인 계층성을 알아보고자 한다. 다만, 반가의 지역성을 고려하여 사례 연구대상 가옥을 영남지방에 산재하는 반가로 한정하였다. 그것은 반가의 지역성이라는 측면에서 뜰집이 영남지방에 자생하고 있음을 고려하여, 이러한 사례 연구를 통해 뜰집과의 상관관계뿐만 아니라 각각의 위상을 서로 비교해 보아도 보탬이 되기 때문이다.

[사례 1] 백불고택(百弗古宅)

– 대구시 동구 둔산동, 옻골 경주 최씨 종가 –

백불고택이 있는 옻골마을은 경주 최씨의 집성촌(集成村)이다. 마을의 뒤쪽으로는 팔공산(八空山)이 병풍처럼 둘러쳐 있고 먼 남쪽으로는 금호강이 흐른다. 이 마을의 종가인 백불고택은 조선시대 전형적인 사대부가(士大夫家)로 현재 입향조(入鄕祖)의 13대손인 최병찬 씨가 살고 있다. 백불고택은 ㄷ자형의 안채와 一자형의 사랑채가 튼 ㅁ자의 살림채를 이루고 그 밖에 백불암 선생의 불천위 사당인 가묘(안사당)와 입향조 태암(台巖) 선생의 불천위 사당인 별묘(別廟), 그리고 보본당(報本堂) 등이 최씨 종가를 구성하고 있다.

종가의 안채는 숙종 20년(1694)에 창건하였고, 150여 년 전에 중수하고 76여 년 전에 재건하였다고 한다. 사랑채는 고종 42년(1905)에 중건된 것이고, 가묘는 안채와 함께 숙종 20년에, 그리고 별묘는 보본당과 함께 영조 8년(1742)에 각각 건립되었다. 이후 가묘와 별묘는 고종 33년(1896)에 중건되었으며, 백불고택(百弗古宅)은 현재 대구광역시 민속자료 제1호로 지정 · 보존되고 있다. 종가의 가옥배치는 철저하게 담장으로 구획되어 엄격하게 분리시키고 있다. 가옥의 배치기법을 보면, 가묘와 별묘, 보본당으로 이어지는 일곽(一廓)의 경(敬)의 공간은 양(陽)의 상징적 의미를 동(東)쪽에 배치되었고 이에 비해 세속적(世俗的)인 생활공간은 음(陰)의 상징적 의미로 서(西)쪽에 배치되었다.

솟을 대문을 들어서면 넓은 사랑마당을 앞에 두고 사랑채가 정면으로 앉아 있으며 '백불고택' 이라는 편액(扁額)이 사랑대청에 걸려 있다. 사랑채 구성은 사랑대청, 사랑방이 4칸 사랑채를 이루고 있으며, 사랑부엌 1칸 띄어서 2칸 중사랑채가 一자형으로 연이어 있다. 중사랑채는 헛간을 개조하여(1913경) 작은 사랑방을 들인 것인데, 사랑채와는 툇마루로 연결하여

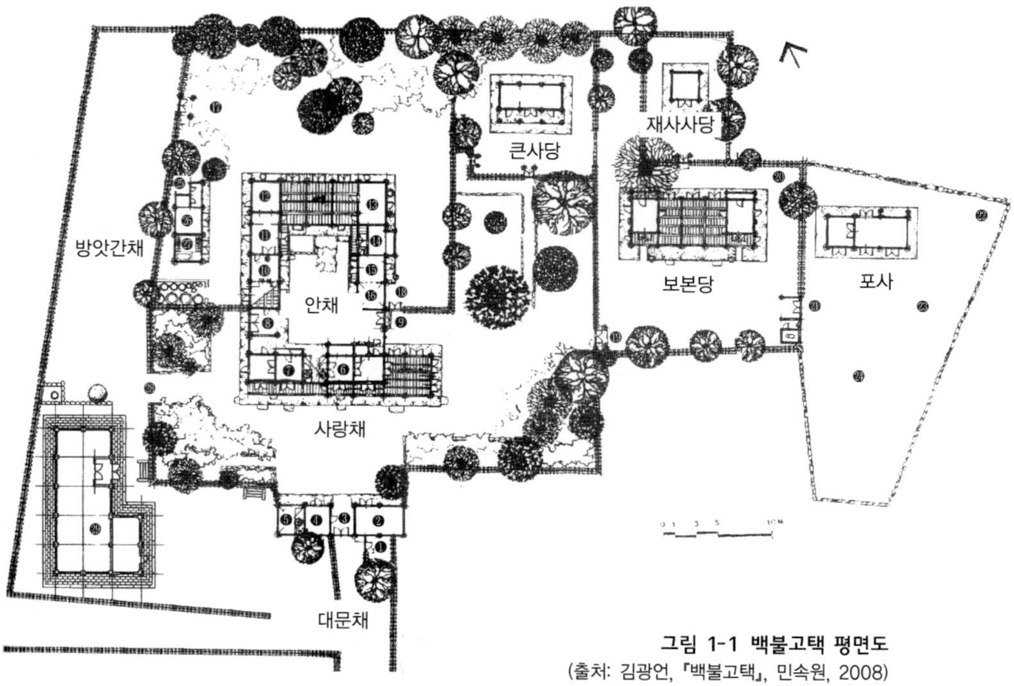

그림 1-1 백불고택 평면도
(출처: 김광언, 『백불고택』, 민속원, 2008)

조석으로 어른께 문안을 드렸으며, 평소에는 판장문을 닫아 사용하였다. 사랑채의 지붕가구는 안채와 더불어 3량 구조이며, 사랑대청과 사랑방을 들어열개문으로 모두 통합하였다.

안채로의 출입은 사랑채 서쪽 단부에 있는 중문을 통해서만 가능하다. 그러므로 안채의 출입문은 외부에 노출되지 않고 안마당은 완전히 은폐된 형태이다. 안채의 구성은 전면 3칸 대청을 중심으로 서쪽 익사(翼舍)에 정지 · 안방 · 웃방(세간방)이 배치되고, 동쪽 익사에 작은방 · 고방 · 상방이 배열된다. 안채 익사와 사랑채 사이는 담장을 쌓았고, 양쪽 담장에는 각각

그림 1-2 거북 바위에서 내려다 본 옻골
(출처: 김광언, 『백불고택』, 민속원, 2008, p.60)

중문이 설치되었다.

백불고택은 옻골 최 씨의 종가로서 옛날에는 특징적인 의례의 연속이었다. 즉 불천위 조상에게 제사지내는 일(봉제사, 奉祭祀)), 불천위 조상을 기리고 배향하여 오는 문중사람들을 대접하는 일(접빈객, 接賓客) 때문이다. 불천위 제사에는 친척들뿐 아니라 전국 유자(儒者)들이 참석하여 종가의 대문은 평상시에도 늘 열려 있었다. 그러므로 백불고택의 안채에는 정지 뒤에 고방채가 있지만 큰방 위의 웃방(세간방), 작은방(여막방) 밑의 뒤주, 정지와 연결된 뒤주 등 수장 공간의 비중이 매우 크다. 특히 세간방과 큰방 사이, 상방과 고방 사이의 수장 공간은 눈에 띄는 공간 사용법이다.

백불고택의 제례는 안채가 아니라 사랑채에서 행해지며, 안대청은 제례를 제외한 의례공간으로 사용된다. 그리고 불천위 등 큰 제사는 안사당과 별묘사당에서 행해진다. 일반적으로 사대부들은 4대(四代)봉사를 하므로 종가의 경우 제례는 일상적인 의례이다. 백불고택의 사랑채는 일상적인 제례를 수행하기에는 너무 협소하여, 이를 해결하고 제실의 기능을 할 수 있도록 보본당이 건립되었다. 이 건물은 전면 5칸 측면 2칸의 5량집인데, 입향조의 제사와 문중회의를 중요기능으로 하였다. 보본당은 특히 대청 전면 기둥주두에 초각된 보아지와 공포를 만들어 장식하고 있다. 이는 대외적으로 많은 사람이 모이는 장소이므로 건물의 장식성을 크게 부각시키고, 또 이를 과시하려는 의도로 볼 수 있다.

끝으로 안채의 특징을 보면, 안방과 대청의 배치법이 서울 · 중부지방 살림채의 틀을 따르고 있다. 그러나 ㄷ자형의 안채와 一자형의 사랑채로 구성된 튼 口자형태는 경북 안동지방 상류주택에서 보는 형태이다. 또한 백불고택의 중사랑채가 헛간채를 개조한 결과라는 것을 감안하면, 백불고택의 대문간은 원래 헛간채의 전면에 있었던 것으로 추정된다. 그러므로 백불고택은 사랑채에 대문간이 있었던 튼 口자형으로서 가례(家禮)와 내외사상에 의한 공간분할이 돋보이는 사대부주택이다.

참고문헌

- 이왕기 · 박명덕, [동족부락 옻골마을과 백불고택에 관한 연구], 대한건축학회논문집, 제5권제3호, 1989
- 김택규 · 김일진, 『옻골』, 대구광역시, 1996
- 김광언, 『백불고택』, 민속원, 2008
- 김미령, [조선후기 상류주거의 계층성 및 지역성에 관한 연구], 부산대박사학위논문, 2001. 8
- 도면은 [백불고택]에 수록된 것을 옮겼다.

[사례 2] 독락당(獨樂堂) 및 주거일곽(住居一廓)

- 경북 월성군 안강읍 옥산리(安康邑 玉山里) 1600번지 -

독락당은 회재 이언적(晦齋 李彦迪, 1491~1553)이 뜻하지 않게 정계에서 파직된 후 낙향하여 자신의 은둔생활을 위해 1532년에 조영한 별업(別業)이다. 현재의 안채와 숨방채(행랑채)는 1515년에 소실인 양주(楊州) 석(石)씨의 재력으로 건축되었다는 말이 있다. 또 독락당 터에는 회재의 부친 소유의 정자(亭子)가 있었는데, 이를 회재가 계정(溪亭)으로 개수·명명하였다.

회재는 1537년(47세), 정계에 복귀할 때까지 독락당에 은거했으며, 복귀 후 경상도 관찰사로 재직하던 53세 때 고향 본가(本家)에 무첨당(無添堂)을 짓고, 동생을 위해 향단(香壇)을 신축하여 독락당과 더불어 그의 건축을 남기고 있다.

독락당의 집터는 안강읍 자옥산(紫玉山) 계곡 중간 지점에 위치하여 특별한 주산(主山)이나 안산(案山)이 없는 평탄한 지형이다. 회재는 독락당 주변의 자연환경을 그냥 두지 않고 산과 계곡에 의미와 질서를 부여하기 시작하였다. 독락당 주변의 여러 봉우리 중 북쪽 봉우리를 도덕산(道德山)이라 하여 주산으로, 멀리 남쪽 봉우리를 무학산(舞鶴山)이라 하여 안산으로 삼았다. 그리고 동쪽과 서쪽 봉우리를 각각 菶蓋山과 紫玉山이라 이름지었다. 그는 또 계곡의 숱한 바위 가운데 5개를 골라 시어대(視漁台)·영귀대(詠歸台)·탁영대(濯纓台)·징심대(澄心台) 등으로 이름을 붙여 각각 그 기능에 따라 표현하였다. 그는 이들을 4山5台라 하여 독락당의 영역을 자연 속으로 확장하였으며 장소성을 부여하였다. 그리고 4산5대를 관통하는 계곡을 자계(紫溪)라 이름지었고, 그 스스로를 자계옹(紫溪翁)이라 자처했다. 이렇게 함으로써 회재의 독락당은 비로소 살아 있는 은신처로서 의미를 갖게 된 것이다.

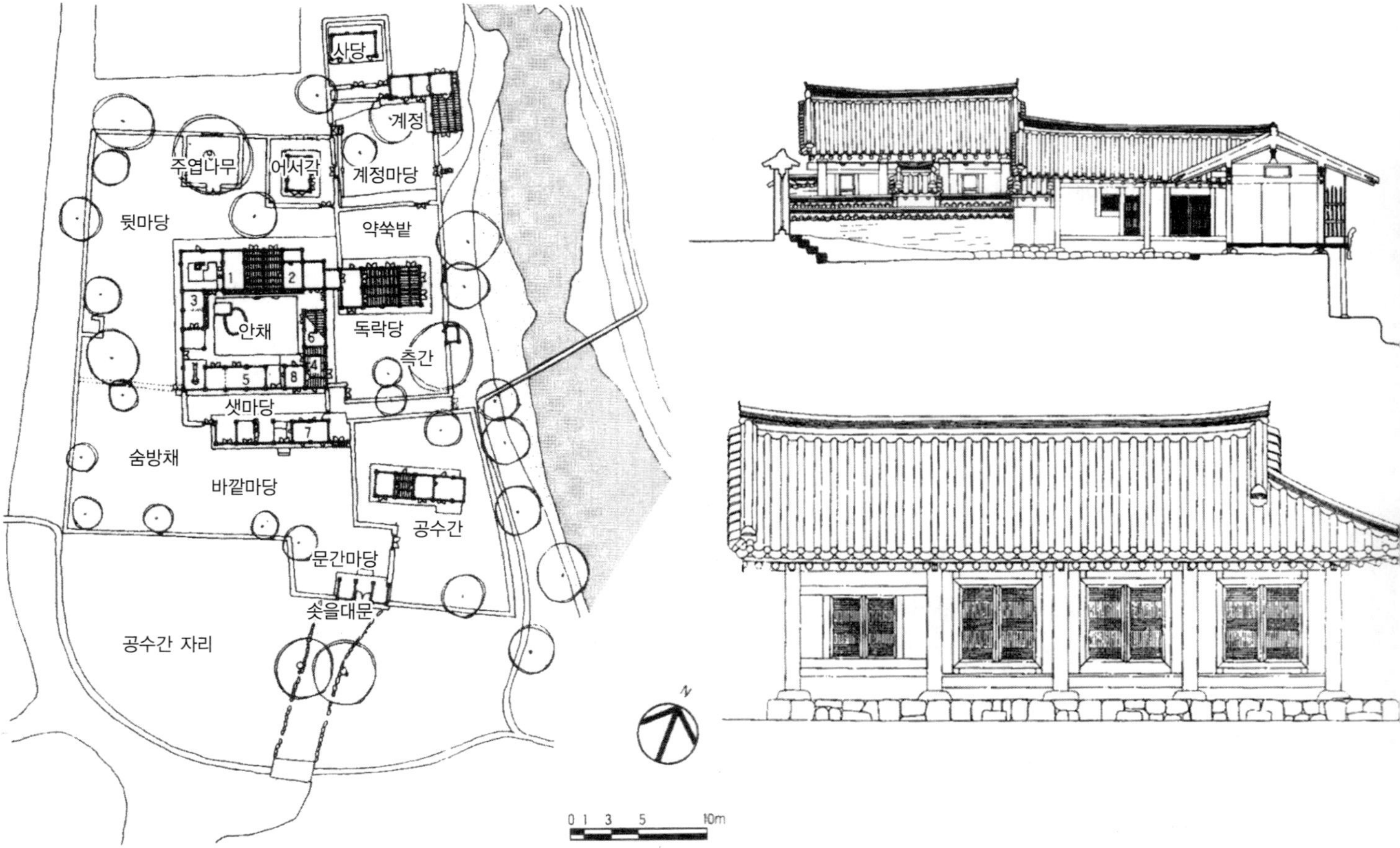

그림 1-3 독락당 일곽 배치 평면도(왼쪽)와 계정 부분 단면도(오른쪽 위), 독락당 정면도(오른쪽 아래)
(출처 : 김봉렬, 『김봉렬의 한국건축 이야기 2』, 돌베개, 2006, p.109, 114, 117)

독락당 일곽의 건축적 이해를 위해 남쪽으로부터 동선을 따라 가보면 먼저 솟을대문을 만난다. 지금도 오른쪽에 노비들이 거처하던 공수간(供需間)이 있으며 대문 밖 서쪽에도 공수간이 있었다 한다. 다음에 만나는 건물은 청지기들이 거처하던 숨방채(행랑채)가 가로 막는다. 숨방채 중앙에는 대문간이 있으나 특별한 의례 때만 사용하고 보통은 동쪽 끝의 대문간을 이용했다. 대문을 들어서면 안채와 독락당으로 통하는 문을 만난다. 왼쪽의 일각문을 열면 숨방채와 안채 사이에 샛마당과 안채 대문간이 나온다. 또 독락당 중문 오른쪽에 난 골목을 따라가면 자계의 냇가에 이른다. 독락당 마당에서는 계정의 존재를 인지할 수 없다. 계정으로 가기 위해서는 독락당 동쪽 샛길을 이용할 수밖에 없기 때문이다. 그런데 독락당 일곽의 가옥들은 누가 어떤 목적으로 사용하느냐에 따라 담장과 가옥으로 철저하게 구획되고 분절시키고 있다.

이러한 구획법에 따르면 독락당 일곽의 영역은 3개 영역으로 크게 나누어진다. 첫째는 노비와 청기기들의 생활공간, 즉 공수간 · 숨방채를 중심으로 문간마당과 바깥마당이 여기에 포함된다. 둘째는 안주인이 거처하는 口자형의 안채와 뒷마당이다. 셋째는 독락당과 계정을 중심으로 하는 남성들의 공간이다. 여기에는 넓은 의미로 자계를 포함한 주변의 자연이 포함될 수 있다.

첫 번째의 공수간과 숨방채는 어떤 위엄이나 격식이 없어 자연스럽게 독락당의 첫 만남을 유도하고 있다. 물론 이 밖에도 많은 노비들과 소작인들의 살림집이 있었을 것이다.

두 번째의 안채로 가기 위해서는 안채 대문간 앞에 폐쇄적인 사이마당을 거쳐야 한다. 이곳은 노비들의 작업과 생활공간이면서 안채를 위한 어떤 과정적 공간이 되고 있다. 따라서 안채에서 보면 두터운 보호막이 전면에 형성된 셈이다. 안채의 형태는 지붕 용마루가 연속된 일체형 뜰집이다. 안채부분의 구성을 보면, 왼쪽에서부터 정지 · 안방 · 안대청 · 머리방의 순서로 배열되고, 특히 2칸 안대청의 전면은 쌍여닫이 띠살문과 빈지 널벽으로 처리되고 있다.

그림 1-4 독락당(왼쪽)과 계정(오른쪽)의 모습
(출처 : 김봉렬, 『김봉렬의 한국건축 이야기 2』, 돌베개, 2006, p.115, 118)

이러한 방의 배열과 안대청의 전면 처리법은 경북 영천지방의 지역성에 뿌리를 두고 있다. 즉 '남동해안형'[11] 민가의 분포지역은 경북 영천지방에까지 문화영역을 확장하고 있기 때문이다. 또 안채의 구조는 뒷퇴 때문에 2고주 4량 구조를 보여주고, 양쪽 익사의 처마도리 보다 60㎝가 높다. 따라서 뜰집의 지붕은 안채 용마루에서 양쪽 익사 용마루로 흐르는 내림마루

11) 민가를 분포지역에 따라 유형을 구분한 것으로 영남지방의 남동해안가부 터 호남에 이르는 지역에 분포하는 민가형이다.

가 안채 부분의 위계를 잘 표현하고 있다. 그러나 양 익사와 대문간채의 도리 높이는 거의 같기 때문에 뜰집의 전면 모서리에 회첨이 생기고 있다. 정지에서 대각선 방향에는 마루 깐 빈소방과 숨방(안사랑)이 있다. 이 방은 원래 사랑대청과 사랑방으로 쓰던 것인데, 독락당이 신축되면서 작은사랑으로 쓰이다가 용도가 다시 바뀐 것이다.

아무튼 안채의 뜰집은 안마당이 5×4칸이라면 결코 작지 않은 규모이며, 더욱이 남동해안 지역에서의 뜰집 사례로는 극히 드문 일이다.

다음은 자계에 면한 사랑채 공간이다. 여기에는 독락당영역과 계정영역으로 나누어진다. 독락당은 안채 동쪽 끝에 인접하여 자리잡았지만, 앞쪽에 독락당 마당, 뒤쪽에 약쑥밭이 들

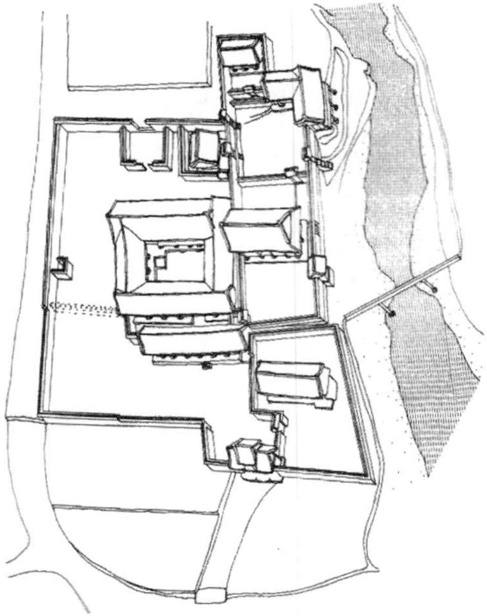

그림 1-5 독락당(獨樂堂) 조감도
(출처: 김봉렬, 『앎과 삶의 공간』, p.93)

어오도록 담장으로 구획된 영역이다. 독락당은 전면 4칸, 측면 2칸 규모로 된 사랑채이며, 5량 가구에 원주를 사용하였고, 초익공식 공포로 짜여져 보물 413호로 지정돼 있다. 독락당은 2칸 사랑방과 6칸 대청으로 구성되었으며, 사랑방에서 안채쪽으로 책방이 부속돼 있다. 대청의 전면은 정면성을 위해 개방되었지만 북쪽과 동쪽은 창문을 내어 뒷마당의 약쑥밭을 볼 수 있고, 자계에 면한 담장을 볼 수 있도록 했다. 특히 동쪽 창에서 보는 담장에는 살창이 설치되어, 이를 통해 계곡에 흐르는 물과 자연을 즐길 수 있도록 한 것이다. 다음으로 북쪽 약쑥밭을 지나면 중문을 통해 계정에 이른다.

계정은 ㄱ자형 평면으로 2칸 마루와 3칸 방으로 짜여져 있으며 동쪽 담장을 따라 관어대 위에 몸채를 밖으로 내밀었다. 독락당에서는 측면으로 살창을 통해 계곡물을 감상하였으나 계정에서는 마루 정면에서 계곡과 자연을 몸에 받을 수 있다.

더욱이 계정마당과 마루바닥은 거의 수평을 이루기 때문에 자계의 자연이 그대로 고스란히 유입된다. 그 밖에도 계정의 영역에는 사당과 어서각이 인접되어 있어, 독락당 영역이 표면적이고 일상적인 성격의 공간이라면 계정의 영역은 이면적(裏面的)이고 비일상적인 공간으로 차별화된다. 여기에 계정의 좌향이 자계쪽에 있음을 보면 다분히 사대부의 풍류가 진하게 느껴진다.

참고문헌

- 김관석, [조선시대 주거「독락당」일곽에 관한 연구(1)], 대한건축학회지, 28권 121호, 1984. 12
- 김관석, [조선시대 주거「독락당」일곽에 관한 연구(2)], 대한건축학회지, 29권 122호, 1985. 2
- 김봉렬, [은둔을 위한 미로들 · 독락당과 옥산서원(1)], 「이상건축」, 1996/8
- 김봉렬, 『김봉렬의 한국건축 이야기2』, 돌배게, 2006

[사례 3] 구례 운조루(雲鳥樓)

- 전남 구례군 土旨면 오미(五美)리 103번지 -

운조루의 창건은 문화 류(柳)씨 유이주(1726~1797)로부터 시작된다. 그는 본래 이 곳이 아닌 경북 안동군 해안(解顔)면 입석(立石)리 태생이며, 46세(1771) 때 낙안(樂安)군수를 역임한 경력과 각종 축조(築造)공사에 참여한 경력 등으로 이 지방과 인연을 맺었다. 운조루는 그 후 아들 유덕호의 감독 아래 7년간에 걸쳐(1776) 100칸의 규모로 완성시킨 것으로 알려져 있다. 가옥의 규모에 관한 자료는 창건주 유이주가 아들 유덕호에게 재산을 물려줄 때(1793)의 기록이 총 78칸이며 현재의 규모는 약 73칸(건평 127평)이다. 여기에서 그 동안 소실된 부분과 중복 가능성이 있는 부분을 제외하면 줄잡아 26칸이다. 그러므로 운조루의 전체 규모는 대략 99칸 이상으로 추정되고, 누다락까지 포함하면 100칸을 훨씬 넘을 것으로 보인다.[12]

운조루가 입지한 오미동은 풍수로 보아 금환낙지(金環落地)로 알려진, 이 지역 최고의 명당터로 지목된다. 마을 뒷산은 지리산 노고단(1,506m)의 남쪽 능선들이 이루어 놓은 포근한 계곡들과 마을 앞에는 이들 사이로 흐르는 계천과 충적평야가 펼쳐져 실로 배산임수(背山臨水)의 전형적인 길지(吉地)의 형국(形局)이다. 운조루의 조영에 있어서 배치개념은 조선시대 사대부 가옥의 사고체계에 따라 이루어졌다. 운조루의 경역은 남향으로 자리한 평탄한 4각 형태로서 약 710평이며, 남향의 건물군이 동서 · 남북축을 주방향으로 하여 서로 직교방향으로 배치

12) 국립민속박물관,「求禮雲鳥樓」, 전라남도, 1988, p.11

그림 1-6 구례 운조루 (출처 : http://ckh1640.blog.me/)

된다. 이 건물군은 성격상 5개 영역으로 구분된다. 즉 대문간 행랑채, 바깥사랑채와 마당, 안채와 안마당 및 부엌마당, 안사랑채(소실됨)와 마당, 그리고 사당영역 등이다. 좀더 구체적으로 가옥의 구성을 살펴보자.

먼저 행랑채는 사랑채와 안채가 나란히 마주보며 일(一)자형으로 줄행랑을 이룬다. 중앙의 솟을대문은 홍살대문이며 현재 11칸의 동행랑과 7칸의 서행랑으로 구성되어 있으나 원래는 25칸이었다는 추정이 있다. 용도는 청지기방과 노복들의 거처였으며, 그 밖에 헛간 · 마굿간 등으로 사용되었고 대문간 이외에 안채로 통하는 중문이 있는 것은 특별하다.

운조루의 사랑채는 큰 사랑채와 아랫사랑채, 그리고 지금은 소실된 안사랑채로 나누어진다. 큰 사랑채는 바깥주인의 일상 거처이며, 아랫사랑채는 마을 노인과 식객들이 잠시 유숙하던 곳이다. 반면에 안사랑채는 주인 내외가 노년에 물러나 앉아 말년을 보내던 곳이다. 큰 사랑채의 평면을 살펴보면 서쪽에서부터 누마루 · 대청 · 사랑방 · 사랑부엌 순으로 배열된다. 누마루는 대청과의 사이만 4분합 들장지 띠살문을 달았고, 3면에 계자난간을 둘러 개방시켰으며 높이 1.5m의 樓下柱를 받쳤다. 대청은 우물마루 2칸이며 남쪽 툇마루와의 사이에 3분합 들장지, 동쪽 사랑방 사이에 4분합 들장지 띠살문을 각각 달았다. 사랑대청 북쪽에는 직교되게 제실과 서고가 있고 큰 사랑채 동쪽 끝에는 사랑부엌 겸 안채로 통하는 중문간이 있다. 이곳은 사랑마당 · 안마당 · 사랑뒷마당으로 통하는 중문이 있는 동선상의 중심이 된다. 옛날 이곳에는 하루 30~40명분의 식사를 제공했던 뒤주가 있었다 한다. 사랑채의 구조는 사랑마당에서 약 1.1m 높이의 막돌 허튼층 기단 위에 화강암 막돌초석을 얹었다. 기둥은 민흘림 원주로서 높이가 약 3.5m 정도 된다. 가구는 3량형식으로 평주 위에 보와 납도리를 결구시켰다.

다음으로 아랫사랑채는 一자형으로 큰 사랑채와 직교하여 안채의 중문간 남쪽으로 돌출하고 있다. 평면구성은 북쪽으로부터 헛간 · 사랑방 · 누마루 순이다. 누마루에 이어서 원래는 행랑채 일부가 연접되었으나 소실되어 버렸다. 사랑방과 누마루는 사랑마당에서 출입할 수 있도록 전면에 쪽마루와 난간을 달았고 안채에서도 출입할 수 있다. 아랫사랑채의 누마루는 귀내정(歸來亭)이라 부르며, 북쪽과의 고저차 때문에 약 1m 높이의 누(樓)형식이 되었다. 누마루의 4면은 모두 문을 달았고 사랑방에 면한 북쪽 창호는 4분합문으로 개방된다.

운조루의 안채는 사랑채 사이에 있는 중문간을 통해서 출입된다. 안채의 평면구성은 안마당을 중심에 두고 대체로 튼 口자를 보여준다. 안채의 북쪽채는 안방과 대청이 남향으로 배치되고 안방 서쪽에 부엌이, 대청 동쪽에 건넌방이 이어진다. 전면이 개방된 대청을 중심으로 안방과 건넌방 사이에는 4분합문으로 들어 올려 걸면 모두 대청과 일체가 된다. 남북방향으로 세워진 서쪽채는 북쪽으로부터 부엌방 · 안방부엌 · 광 · 곳간 · 중문간 순서로 구성된다. 또 동쪽채의 경우는 건넌방 · 웃방 · 건넌방아랫방 · 건넌방부엌 · 광 · 광 순서로 배열된다. 건넌방 웃방은 큰 아들 내외가 거처했고, 건넌방 아랫방은 자녀들이 기거하였다. 그리고 건넌방 부엌은 취사보다 난방을 위한 공간이었고 안방에서 사당으로 가는 통로가 되기도 했다. 끝으로 남쪽 채는 광 · 곳간 · 광의 순서로 배열된 곳간채이다. 이렇게 보면, 안채의 평면구성과 형태는 창건주가 경북 · 안동 출신이라는 점에서 경북지방의 지역성을 따르고 있다. 안채의 구조를 살펴보면 특징적인 부분이 더러 있다. 우선 북쪽 안방채는 마당에서 1m 높이로 막돌허튼층 기단을 쌓고, 앞쪽 툇주는 높이 약 285㎝의 원주를 세웠다. 가구는 5량형식이며 대들보 위에 대공이나 동자기둥 없이 궁형(弓形)의 보를 사용하고 있다. 이러한 가구방식은 기둥 높이와 더불어 천장위에 누다락 공간을 최대한 확보하려는 특이한 가구방식으로 보인다.

운조루의 큰 특징 중 하나는 누(樓)다락이 많다는 점이다. 이는 기둥 높이와 궁형의 들보로 대공없이 종도리를 받는 구조에서 드러나듯이 많은 누다락 때문에 가옥의 입면적 스케일이 웅장하다. 누다락이 있는 부분은 큰 사랑채에서 사랑방과 중문간, 안방채에서 안방과 건넌방, 그리고 동쪽채에서 건넌방부엌 · 광, 남쪽채에서 곳간 상부에 설치되었고, 안채대청에서도 누다락이 있었으나 철거되었다. 또 운조루는 평면형태가 중심부에서 동서축과 남북축이 서로 직교로 배치되므로 지붕형태 계획이 그렇게 간단하지 않다.

큰 사랑채는 서쪽 끝에만 합각을 둔 팔작지붕이지만, 사랑채에서 직교한 북쪽 글방채를 포함하면 기본 형태는 맞배지붕이다. 아랫사랑채는 남쪽 끝이 우진각 지붕이지만 북쪽은 맞배지붕으로, 안채 중문간의 맞배지붕보다 한단 낮게 연결된다. 또 안채의 북쪽 안방채는 팔작지붕을 기본으로 하고 있어 양 익사의 용마루 위에 박공을 보이고 뒷면 동쪽 모서리에 추녀마루를 보이고 있다. 전반적으로 운조루는 누다락을 두기 위해 처마도리 높이를 같게 하려는 의도에서 지붕 회첨골이 생기고 있다.

운조루는 이처럼 다양한 지붕형식에도 불구하고 전체 지붕계획이 합리적이고 정제된 솜씨를 보여 가옥의 품격을 높였으며 아름답다. 운조루는 현재 국가중요민속자료 8호로 지정되어 있다.

참고문헌

- 「求禮 雲鳥樓」 국립민속박물관, 전라남도, 1988

[사례 4] 묘동(妙洞) 박병규 가옥

- 경북 달성군 하빈면 묘동 800번지, 파회마을 -

묘동은 사방이 산으로 둘러싸인 묘한 형국으로 이루어져 묘동(妙洞)이라 하였는데, 마을의 처음 입향조(入鄕祖)는 1470~1480년경 순천(順天) 박일산(朴壹珊)이라 한다. 그는 조선 초기 사육신 중 한 사람인 충정공(忠正公) 박팽년의 유복손이다. 그 후 이 마을은 충신과 학자들을 배출한 유서 깊은 양반 동족마을로 발전하였다. 묘동은 행정구역상 묘골 · 도채 · 파회마을로 이루어진다. 이 중 파회는 묘골에서 이주한 박씨의 후손들을 중심으로 마을이 형성되었으므로 묘골과 밀접한 관계가 되었다.

박병규씨 가옥은 중요민속자료 104호로 지정된 조선 후기 사대부가(士大夫家)의 대표적인 집이다. 충정공의 13대손인 광석공(公)이 파회마을로 분가해 오면서 이 집의 역사는 시작되었다. 현재 넓은 대지에 8채의 건물이 있는데, 건물의 성격상 3개 영역으로 나누어진다. 즉 대문채를 들어서면 넓은 사랑마당과 사랑채가 있고, 사랑채와 튼口자를 이룬 안채와 안마당, 곳간채가 두 번째다. 그리고 서쪽으로 구획된 별당채와 연당이 세 번째다.

먼저 팔작맞걸이 3량의 평대문을 들어서면 넓은 사랑마당과 바로 접한다. 대문채는 원래 솟을대문이었다 한다. 사랑채는 원래 초가(草家)였던 삼가헌(三可軒)을 1926년에 ㄴ자형으로 중창한 것이다. 사랑채의 구성은 왼쪽에 4칸 대청을 두고 오른쪽에 2칸 사랑방을 두었으며, 앞에는 툇마루를 두었다. 또 사랑방 오른쪽으로 툇마루 전면에 맞추어 청지기방을 부쳤으며, 사랑대청 뒤쪽으로 방향을 틀어 마루방(서고)과 작은사랑 각 1칸씩을 배열하였다. 사랑방과 사랑대청 사이에는 井자 불발기 분합문이 있고 사랑대청 벽에는 '三可軒' 편액이 달렸는데, 三可軒은 12대손 박성수의 호다. 사랑채의 구조는 약 60㎝ 높이 석축기단을 쌓고 전면에 5개의 원기둥을 막돌초석 위에 세웠다. 기둥머리는 주두를 얹어 장여를 받쳤고 기둥 사이에는 소로받침을 두었다. 사랑채의 가구방식은 5량식이며 큰보와 측면 가운데 기둥과는 충보로 연결했으며, 충보 위 합각 밑은 우물반자로 가렸다.

안채는 1869년에 완성되었는데, 안채로 가기 위한 안대문(중문)은 사랑채 동쪽 청지기방 앞에 있다. 중문채의 특징은 초가지붕으로 된 점이고 방앗간이 부속되어 있다.[13] 안채의 평면은 ㄷ자형인데, 서쪽으로부터 정지 · 안방 · 대청 · 윗상방이 남동향으로 자리잡고 윗상방에서 방향을 꺾어 마루방과 아랫상방이 배열된다. 이러한 안채의 방배열과 구성은 서울이나 중부지방과 다르게 영남지방의 지역성에 따르고 있음을 알 수 있다. 또 아랫상방과 마루방 앞에는 쪽마루를 내어 대청에 연결하는 통로로 삼았다.

윗상방은 건넌방의 기능이 있고 아랫상방은 안사랑의 기능을 갖는다. 정지에는 안방 쪽으로 다락이 시설되고 정지에서 서쪽 뒤안에는 곳간채와 장독대가 놓인다. 또 곳간채의 안쪽 끝에서 부엌쪽으로 토담을 쌓아서 사랑채 쪽으로 차면하였고 사랑대청 옆에 부쳐서 일각문을 내었다. 이것은 별당채로 출입하기 위한 문이다. 안채의 구조는 약 60㎝ 높이로 석축기단을 쌓고, 모기둥을 세웠으며, 팔작 기와지붕이다. 가구방식은 3평주 3량구조에 장여를 받친 납도리집이다.

별당채인 하엽정(荷葉亭)은 원래 서당으로 쓰던 것을 1874년 현재의 별당으로 개축한 것이다. 몸채는 전면 4칸, 전후툇집인데 서쪽에서 두 번째 칸이 대청이며 양쪽으로 4분합문을 달았다. 여기에 ㄱ자로 돌출한 누마루를 부설하고 3면에 난간을 돌림으로써 앞쪽 연당과 어우

13) 안대문이 청지기방 앞에 있다는 것은 안채의 영역이 그만큼 안전하게 보호받고 있음을 의미한다.

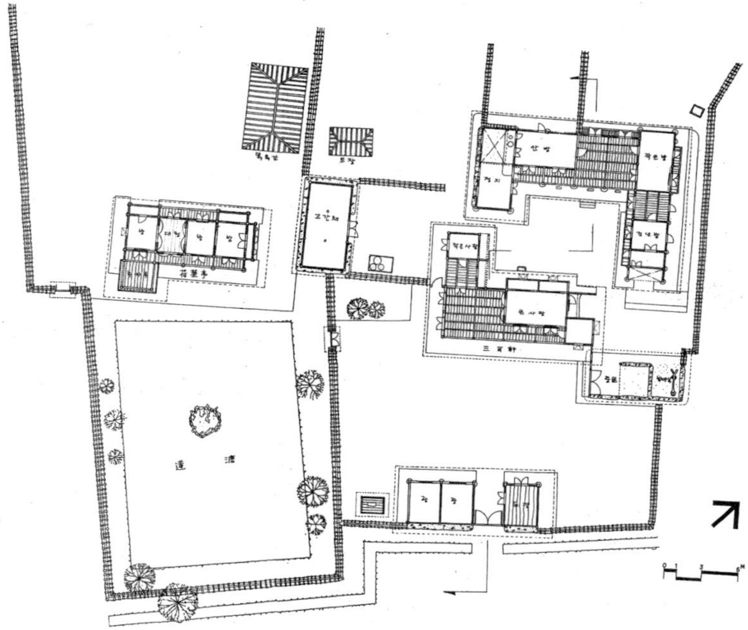

그림 1-7 박병규 가옥
(출처 : 울산대학교 건축학과,『묘동』, 1987)

러진 운치 있는 별당이 완성되었다. 하엽정은 누마루의 4개 기둥이 원기둥이며, 지붕은 홑처마 팔작지붕이다. 연못은 깊이가 21m, 너비가 15m, 깊이 0.9m 크기이며, 호안은 4단의 자연석으로 축조되었다. 연못 안에는 연꽃을 가득 심었고 못 가운데는 자연석을 쌓아 조성된 원형의 섬이 있고 섬 안에는 원래 배롱나무 한 그루가 심어졌다하나 지금은 고사하고 없다. 못 둑에는 매화나무, 배나무 등이 심어졌으며, 가까운 후원과 산에는 죽림과 송림이 무성하다.

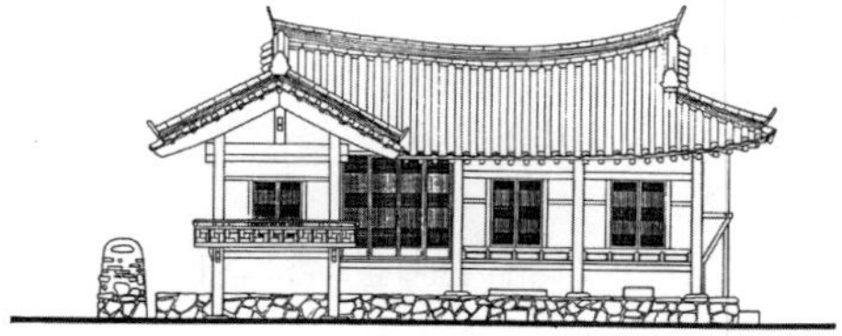

하엽정 정면도

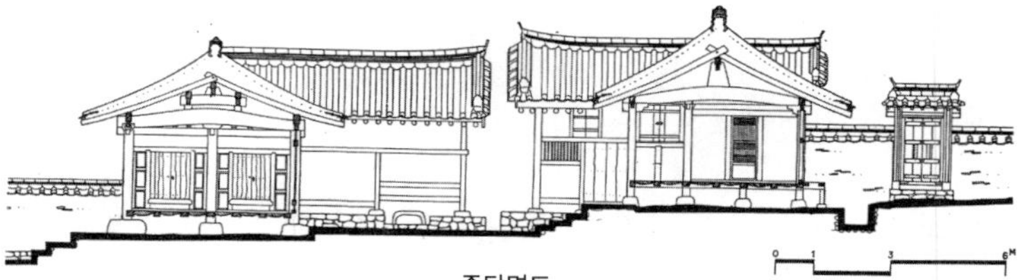

종단면도

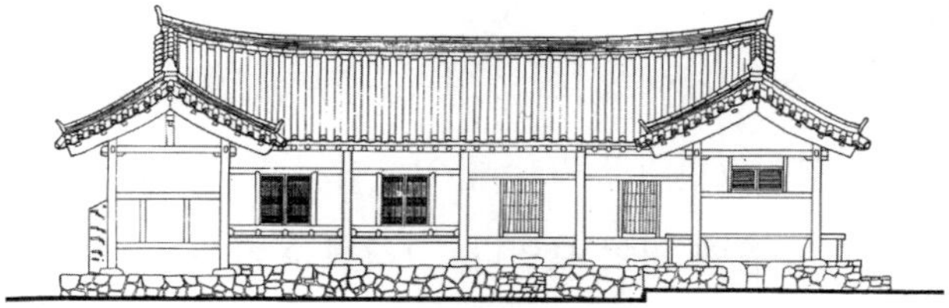

안채 정면도

그림 1-8 묘동(妙洞) 박병규 가옥 평면도

(출처: 묘동 전통취락 실측조사연구, 울산대학교, p.61)

참고문헌

- 문화공보부 문화재관리국, 『문화재대관』, 1985, p.130
- 울산대학교 건축학과, 『묘동』, 1987
- 윤장섭 · 주남철, [태고정과 박황씨가], 대한건축학회지, 제16권44호, 1972. 2

1.3 민가의 지역성

한반도는 국토의 면적은 적으나 지형의 변화가 많으며 다양한 기후를 나타내고 있다. 우리 선조들은 각 지역의 자연환경에 적응하고 극복하기 위하여 기후에 적합한 주거형태를 만들어냈고, 그결과 지역별로 독자적인 주거형태를 가진 건축계획적 특징을 보이고 있다.

1.3.1 민가의 지역적 사례

한반도 민가의 조사연구가 1920년대 일본인 학자들에 의해 처음으로 진행된 지 벌써 80여 년의 세월이 흘렀다. 우리는 그 동안 조국 광복의 기쁨을 맞았으나 곧이어 6.25전쟁으로 민족상잔의 고통과 아픔을 겪었다. 그 속에서 수많은 민가와 문화유산이 소실되고 파괴되었으며, 1970년대 근대화운동 과정에서 또 그 원형을 결정적으로 잃기도 했다. 그러나 한반도 남쪽의 민가 조사는 늦게나마 그런대로 꾸준히 이루어져 왔으므로 현시점에서 민가의 문화지역을 구분하는 문제는 큰 어려움이 없어 보인다. 그러면 여기에서 그동안 얻은 조사 연구의 성과를 바탕으로 한국민가의 지역적 사례를 살펴보기로 한다. 〈그림 1-9〉부터 〈그림 1-19〉까지는 주 문화권별 일반형에 해당하는 대표적인 안채 평면을 사례로 든 것이다.

1) 오막살이집 계열의 민가

온돌방만으로 구성된 오막살이집 계열은 한반도 전역에 걸쳐 정도의 차이는 있으나 지역적으로 특징적인 민가형과 공존하고 있다. 지역별 민가의 안채 평면은 대체로 전면 4칸에

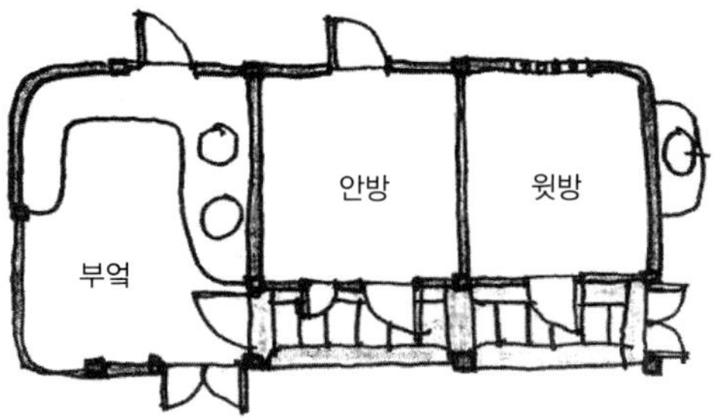

그림 1-9 오막살이집 계열 민가(기본형)

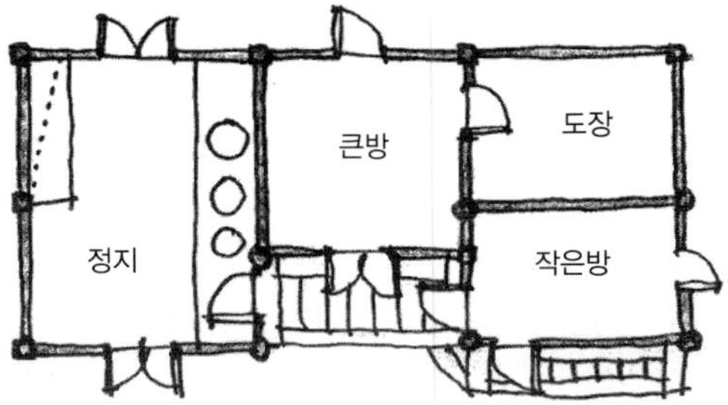

그림 1-10 오막살이집 계열 민가(호서지방)

서 그 지역 민가형의 특징적인 모습을 보여준다. 그렇기 때문에 한국민가에서 온돌방만으로 구성된 민가는 상대적으로 불완전한 평면형이라 할 수 있다. 그러나 오막살이집 계열의 민가에서도 특징적인 지역성을 보여주는 경우가 있다. 예컨대 호서지방이나 울릉도 등의 민가에서처럼 마루가 없어도 특징적인 민가형이 일부지역에 따라 자생하고 있는 것이다. 이와 같이 온돌방만으로 구성된 민가형이 공통적으로 분포하고 있는가 하면, 한편으로는 지역에 따라 하나의 뚜렷한 문화지역을 이루고 있다. 따라서 규모가 3칸형 내외의 오막살이집 계열은 지역별로 특징적인 민가형의 앞선 단계에 해당되는 평면형이라 볼 수 있기 때문에 민가의 발전과정상 '기본형'의 성격이 강하다.

2) 서울 및 중부지방 민가

종전의 민가형 구분에서 '서울지방형'과 '중부지방형'을 별개의 문화지역으로 분류한 몇몇 주장이 있어 왔다. 중부지방 민가의 기본적 특징은 실증적으로 안채 평면에서 부엌, 안

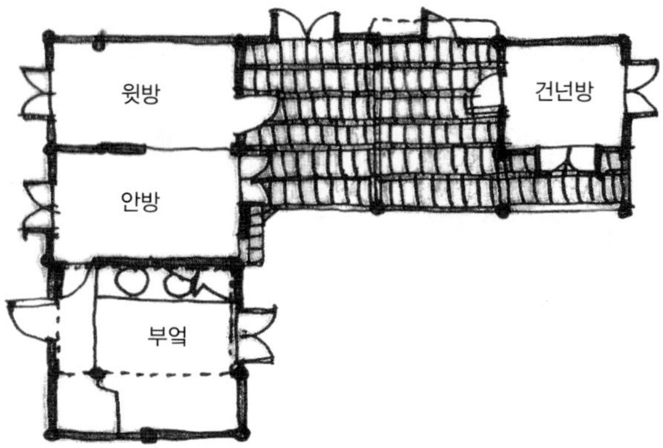

그림 1-11 서울 · 중부지방 민가

방(윗방)의 배열축과 대청, 건넌방의 배열축이 직교되게 ㄱ자형을 이루고 있으며 대체로 대청이 남향으로 자리한다. 그런데 서울지방 민가를 별도로 주장하는 경우에도 위와 같은 중부지방 민가의 특징과 차이점이 없다. 다만, 중부지방 민가와 서울지방 민가는 다같이 ㄱ자형인데, 서울지방 민가는 대청, 건넌방의 배열축이 남향이며, 중부지방 민가는 부엌, 안방의 배열축이 남향이라는 주장이다. 추측컨대 이러한 중부지방 민가형은 남향으로 앉은 '부엌+안방+윗방' 의 오막살이집이 경제적으로 여유가 생겨 윗방 옆에 '대청+건넌방' 을 ㄱ자형으로 꺾어 증축한 사례로 들었던 것이 아닌가 한다.

이렇게 보면 서울지방형과 중부지방형은 동일한 문화지역에 자생하는 민가형이라 단정해도 무리가 없을 것이다. 따라서 서울 · 중부형 민가의 문화권 경계는 북쪽으로 황해도의 멸악산맥, 동쪽으로 태백산맥, 그리고 남쪽으로는 차령산맥으로 구획되는 넓은 지역에 걸쳐 분포하고 있는 셈이다.

3) 호남지방 민가

호남지방에 분포하는 민가의 일반형은 정지를 중심으로 한쪽에 큰방과 마루, 그리고 반대쪽에 모방(작은방)이 배열되는 유형이다. 더욱이 이러한 민가형의 단계로 생각되는 3칸 집의 경우, 정지, 큰방, 마루의 배열이 일반적이어서 마루의 위상과 중요도를 짐작하게 해준다. 마루는 두짝널문의 출입문이 시설되어 폐쇄적인 모습이다. 내부에는 각종 독과 항아리가 줄지어 서있고, 독 안에는 각종 곡물이 수장된다. 이 가운데에는 쌀을 신체(神體)로 성주독이 있어 통산 집안의 수호신으로 봉안되고 있다. 마루에서는 조상신을 모시고 가제를 행한다. 호남지방 민가의 마루는 '대청문화'와 달리 '마루문화'의 중심에 있다. 즉 마루는 사회기층을 이루는 민중의 곡령적 배경과 무교적 신앙을 바탕으로 형성된 신령적인 공간이다. 이러한 민가형은 남서해의 도서지역을 포함한 전라남도와 전라북도의 노령산맥 남쪽에 걸쳐 분포하고 있다.

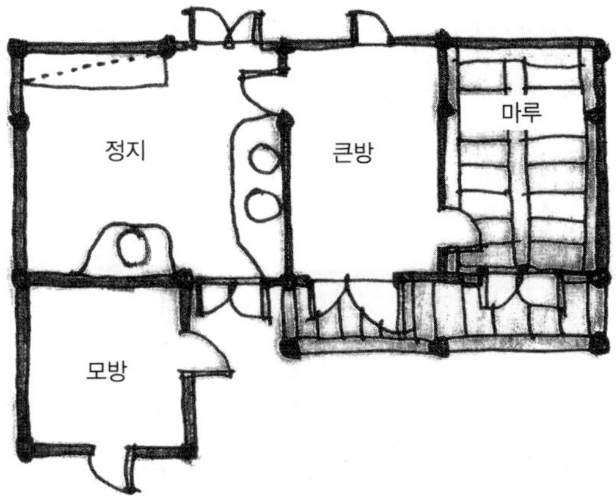

그림 1-12 호남지방 민가

4) 영남지방 및 남동해안지방 민가

영남지방 민가의 일반형은 정지, 큰방, 대청, 작은방이 일자형으로 배열된다. 큰방과 작은방은 원칙적으로 대청을 통해 출입된다. 대청은 안마당과 함께 잔치를 열거나 제사 따위의 의식이 이루어지는 장소이므로 마당 안쪽으로 개방되어 있다. 그리고 대청에는 성주신이 봉안되고 때로는 조상의 위패를 모시는 벽감을 두기도 한다. 그러므로 대청은 유교문화 특유의 의례공간의 성격이 강하다. 영남지방 민가의 대청은 서울 중부지방의 대청과 더불어 '대청문화'의 중심축을 이루고 있으며, 유교적인 예제에 바탕을 둔 상층문화에 속하는 공간이다. 이러한 영남지방 민가의 분포지역은 태백산맥과 소백산맥으로 구획된 지역이지만, 남동쪽은 또 다른 남동해안형 민가의 분포지역과 인접하고 있다.

남동해안지방 민가는 실의 구성과 배열은 영남지방 민가와 동일하다. 분포지역은 호남지방과 영남지방의 분포지역을 잇는 남동해안지방에 해당된다. 이 지역 민가의 '마루(안청)'는 마루에서 곡창의 기능이 퇴화되면서 '대청'의 주거성과 의례공간의 기능이 도입되는 경향으로 절충된 것이다. 더불어서 마루의 폐쇄적인 구조는 널문에서 세살문으로 변용되는 등, 실내 주거성의 회복이 눈에 띄게 달라지고 있다.

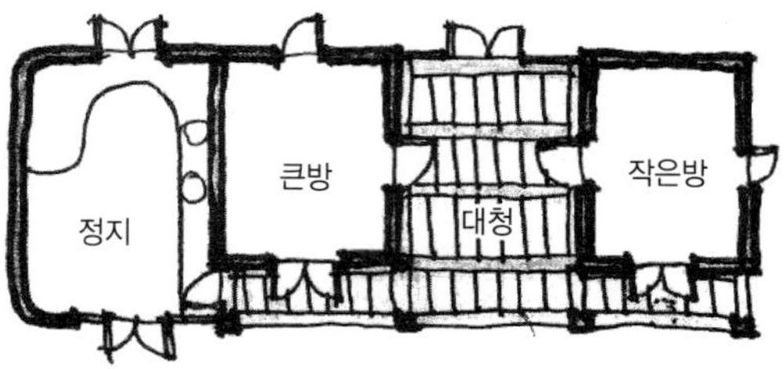

그림 1-13 영남지방 민가

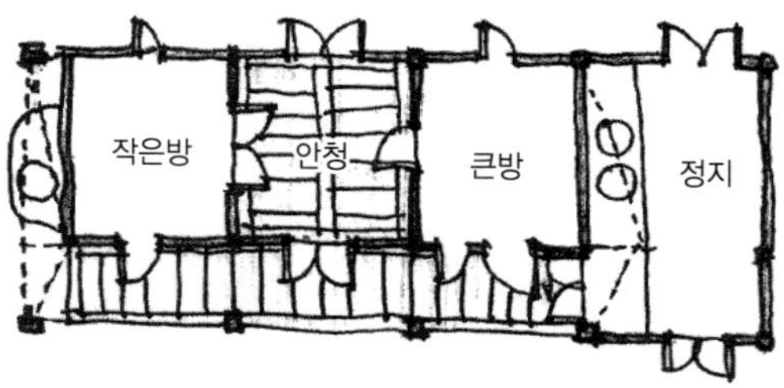

그림 1-14 남동해안지방 민가

5) 북부지방 민가(함경도, 영동, 안동, 황해도 지방의 민가)

함경도 지방 민가의 특징은 무엇보다 정지 안에 온돌구조의 '정주간'을 둔 점과 田자형 평면의 온돌방이 겹집으로 배열된 점이다. 또, 이 지방 민가는 고상식 마루가 등장하지 않고 주거공간이 몸채에 집중화되는 외정형적 모습을 보여준다. 겹집모양의 온돌방은 안방, 윗방, 샛방, 고방 등으로 구성되는데, 주로 앞줄이 주인과 손님을 위한 공간이며, 뒷줄은 안주인과 가족이 사용한다.

함경도의 남쪽, 영동지방에 오면 정주간이 소멸되지만 겹집의 온돌방은 그대로 배열된다. 다만, 田자형 온돌방의 정지쪽 한 칸에 마루가 등장하기도 하지만, 없는 형식도 있다. 그러므로 영동지방 민가는 함경도 지방 민가와 비교하면 정주간이 소멸했으나 방의 배열 방법이 유사하며, 다같이 겹집구조라는 점에서 동일 계열의 문화지역으로 볼 수 있다. 겹집형 민가의 또 다른 분포지역으로 주목되는 지역은 태백산맥에서 서쪽으로 멸악산맥이 가로지르는 황해도와 서해 5도 지방이다. 이 지방의 민가형은 기본적으로 강원도 영동지방 민가와 유사한 '봉당'이 있는 겹집형 민가가 채집되고 있다.

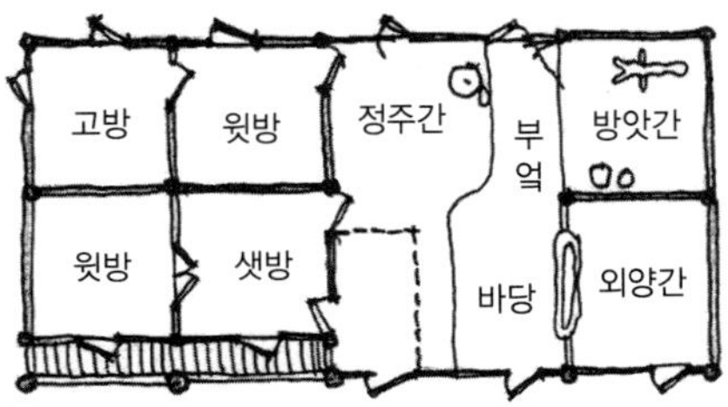

그림 1-15 함경도지방 민가

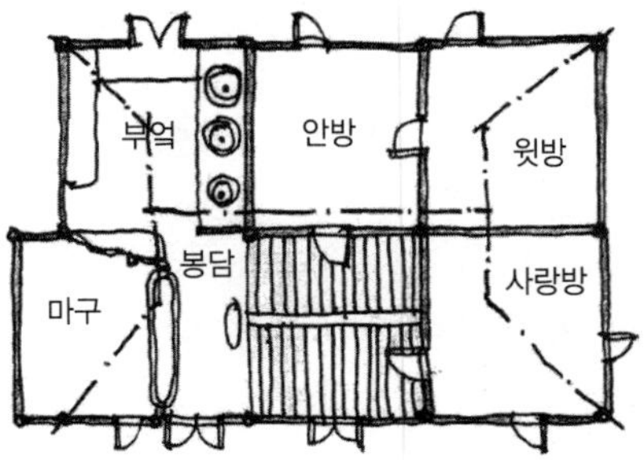

그림 1-16 영동지방 민가

아직은 자세한 분포상황을 알 수 없으나 이러한 민가형이 자생하는 가장 큰 이유는 태백산맥을 중심으로 한 산계 배치에 따라 이동 경작하는 화전민에 의해 함경도형의 민가가 전파되었을 가능성이 높다.

또, 태백산맥에 접하는 경상북도 안동 북동부지역에는 '여칸집', '두리집', '까치구멍집' 등으로 불리는 겹집의 민가가 자생하고 있다. 이들 민가는 정면 중앙에 대문을 두고 폐쇄적인 외관을 보여주는데, 원래 안동문화권의 '서울 · 중부형' 민가에 그 원류를 두고 있다. 이는 산간지역이라는 열악한 환경 때문에 대문 안에 '봉당' 을 두고 겹집형 민가로 변용된 것이다.

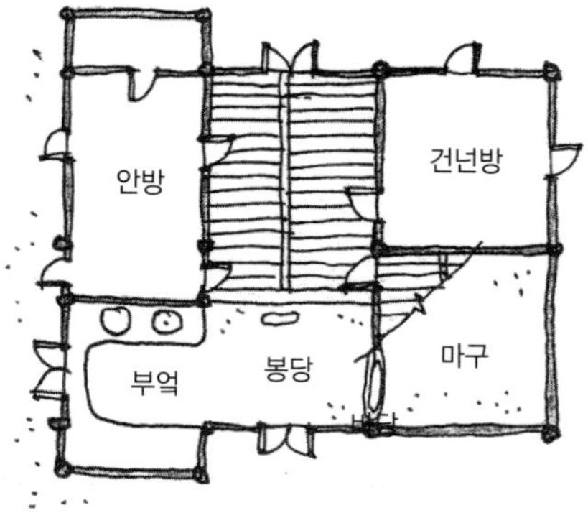

그림 1-17 안동지방 민가

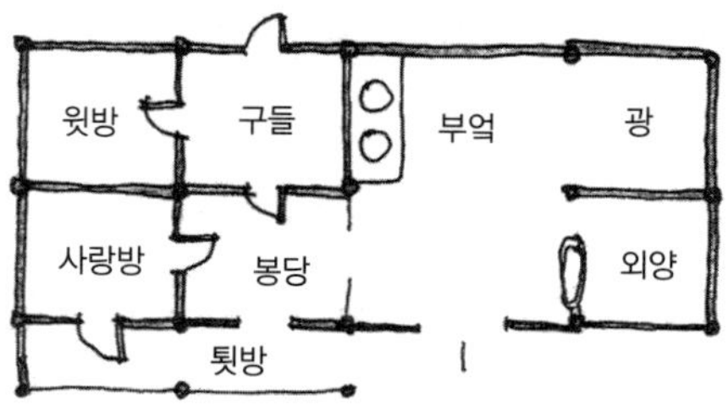

그림 1-18 황해도지방 민가

이상과 같은 민가형의 특징은 모두 겹집형이며, 다같이 '봉당' 이라는 흙바닥의 옥내 작업장을 두고 있다는 점이다. 함경도 지방에서는 이에 대신하여 '바당' 과 '정주간' 이 있다. 깊은 산간지대라는 환경적인 특수성 때문에 겹집형의 가옥형태와 봉당은 필연적인 대응관계로 보이는데, 이들 지역의 공통적 특성이라 할 수 있다. 그리고 북부지방 민가는 일관되게 겹집형태와 외정형의 모습을 취하고 있다. 외정형의 주택이 세계적으로 울창한 산림지대에 자생한다는 점을 고려해 볼 때, 지리적으로 이들 민가와 만주 동북부 및 연해주 지역의 민가형과 어떤 상관관계가 있는지 앞으로의 과제가 될 것이다.

6) 제주도 민가

제주도 민가는 온돌구조가 뒤늦게 전해진 탓으로 한반도와는 다른 남방계 주거양식을 보인다. 즉 민가의 정지에는 취사를 위한 솥걸이만 있고 난방을 위한 아궁이는 없다. 일반형에 속하는 민가에는 정지에 인접해 고상식 '상방' 이 있고 안방격인 구들은 '고팡' 과 한 묶음이 되어 정지의 반대쪽 단부에 있다. 정지에 상방이 인접하는 것은 제주도 민가의 평면이 온돌 난방과 무관하며, 중심되는 주거공간이 온돌방이 아니라 '상방(마루방)' 이라는 증거이다.

민가의 특징적 구성이나 주거형태는 오랜 세월 동안 그 지역에서 대를 이어 살아오면서 터득한 삶의 방식이 자연스럽게 표출된 결과이다. 그리고 두 개 이상의 문화가 유사한 문화

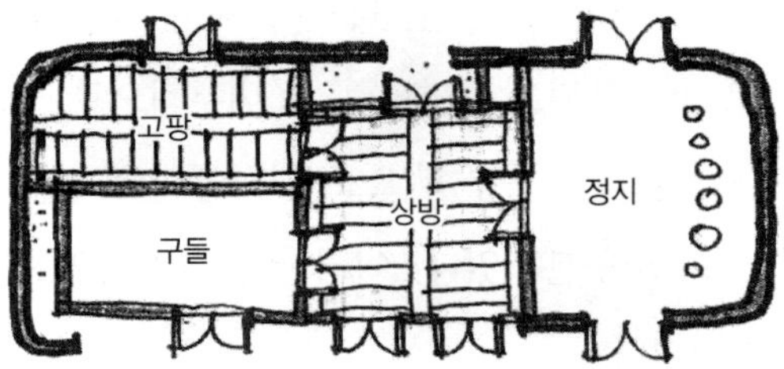

그림 1-19 제주도 민가

요소를 가지고 있을지라도 그 문화요소들을 배열하고 결합시키는 힘을 가진 문화 가치가 다를 때 각 문화는 서로 다른 양식과 구조를 보여준다. 그런데 서로 인접한 문화는 상호 문화적인 교류가 있어 온 것은 사실이지만, 이로 인하여 인접한 문화가 수용되기도 하고 거부될 수도 있다. 그것은 자연 · 풍토적인 인자가 작용되기도 하고, 전래되어 온 생활양식상의 문제가 있을 수 있기 때문이다. 문화지역끼리의 상호관계는 '북부지방형'의 경우처럼 계보가 동일한 원류를 가진 경우, 드러날 정도로 문화적인 전체성이 분명하여 문화적인 교류의 방향을 가늠할 수 있는 경우도 있다. 그런가 하면 어떤 문화요소가 퇴화되거나 혹은 인접문화권의 영향으로 새롭게 유입된 문화요소가 등장한 경우도 있다.

또는 서로 반대쪽에 인접된 문화권의 영향으로 남동해안지방의 경우처럼 제3의 문화요소가 등장하여 새로운 문화지역이 광범위하게 형성하기도 한다. 다만, 이런 경우, 더 큰 시각에서 주문화권의 계보를 찾아가는 시도가 필요하다. 따라서 문화지역 구분은 대구분과 동시에 문화요소의 전파 상황에 따라 때로는 소구분을 동시에 도입하는 방법이 복잡한 문화지역을 좀 더 간결하게 나타낼 수 있을 것이다.

이상과 같이 한국민가의 특징적인 문화지역을 개관해보면, 대체로 6개 권역으로 크게 분류할 수 있다. 그리고 문화의 중심요소가 전파되는 상황에 따라 소구분을 시도함으로써 다양한 문화지역을 간결하게 정리할 수 있다. 다시 말해서 민가의 '기본형'은 지역에 따라 '호서형', '울릉도형' 등으로 소구분되고, '영남형'은 내부적으로 '남동해안형'으로 소구분되었다. 그리고 '겹집형' 계열의 민가는 '북부형'으로 대구분되고, 내부적으로 '함경도형', '영동형', '안동형', '황해도형'으로 소구분되었다. 이러한 문화지역의 구분 내용을 한반도의 지도상에 옮겨본 것이 〈그림 1-20〉이다.

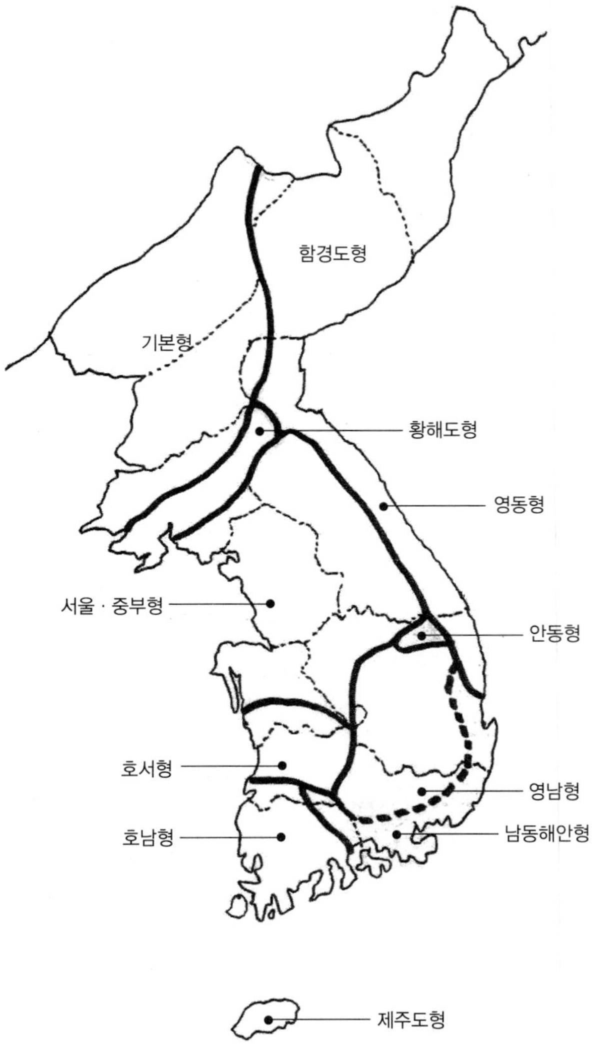

그림 1-20 한국 민가의 문화지역

오늘날까지 조사 · 연구되었던 한국 민가의 자료를 바탕으로 한반도의 문화지역을 그 특징에 따라 개관해 본 결과, 다음과 같이 6개 문화지역으로 구분할 수 있었다. 문화지역별로 일부는 괄호 속에 소구분했다.

① 기본형(호서형, 울릉도형)
② 서울 · 중부형
③ 영남형
④ 호남형
⑤ 북부형(함경도형, 영동형, 안동형, 황해도형)
⑥ 제주도형

다만, 북한지방의 민가조사는 현재로서는 어쩔 수 없으므로 광복 전후에 걸쳐 조사되었던 문헌자료를 동원했으나 많이 부족한 실정이다. 특히, 태백산맥과 황해도 멸악산맥을 연결해주는 주문화대를 두고 보면, 현재로선 이에 대한 명확한 분포상황을 알 길이 없어 대단히 아쉽다.

전통 주거문화가 중요한 이유는, 그것이 면면히 이어져 온 민족의 삶의 방식을 구체적으로 투영하고 있기 때문이며, 오늘날까지 민족적 역량을 역동적으로 이끌어온 바탕을 이루어 왔기 때문이다. 오늘날 현대화 혹은 세계화와 같은 획일화의 물결 속에서 우리의 전통문화를 보존하려는 노력은 각 지방의 고유문화를 되살리고 지킬 필요가 있다는 목소리로 나타나고 있다. 그런데 지방의 고유한 주거문화는 아직도 그 존재가 외면당하고 있는 느낌이다.

우리의 전통민가는 문화의 근본이며, 그 정체성과 다채로움의 가치가 인정되어야 한다. 나아가서 한국 민가의 생명력이 현대 주거문화 속에서 계승될 수 있도록 많은 관심과 연구가 필요하다.

2장 한·중·일의 상류주택

예로부터 동북아시아 삼국이라 하면 한국, 중국, 일본을 말한다. 중국은 고대문명의 발상지로서 아시아문화의 중심이었으며, 주변 국가에 많은 영향을 미쳐왔다. 지리적으로 중국과 인접해 있는 우리나라의 경우 역사적으로 중국으로부터 많은 문물을 받아들였다. 이는 한국의 풍토에 맞게 한국의 문화가 되었고, 중국과 지리적으로 집적적인 연계가 없는 일본은 한국을 통해 중국의 문물을 수용했다. 따라서 한국, 중국, 일본 세 나라는 많은 부분에서 인문적 배경을 공유하고 있다. 유교, 불교, 도교와 같은 사상과 철학뿐만 아니라 문자, 문학, 예술, 건축 등에도 많은 유사성을 가지고 동북아시아의 문화를 형성하였다.

그러나 포괄적인 문화의 유사성이 있다하더라도 대륙국가인 중국과, 도서국가인 일본, 그리고 반도국가인 한국의 지리적 차이는 기후의 차이와 함께 주거문화에서도 차별성을 보인다. 한국의 주거문화를 중국, 일본과 비교해 보는 것은 한국 주거문화의 독자성을 이해하는데 도움이 될 것이다.

2.1 자연환경 및 인문환경

2.1.1 한·중·일의 자연환경

인간과 자연의 관계가 주거에 미치는 영향은 두 가지로 생각할 수 있다. 첫째는 비, 바람, 일사 등의 자연요소로부터 인간을 보호하기 위해 만드는 물리적 구조, 둘째는 기후와 자연경관에 의해 오랜 역사동안 형성된 민족 특유의 자연관에 의한 심리적 구조 등이 해당된다.

한 · 중 · 일의 지리적 특성을 비교하면 한국은 북으로 대륙과 접해져 있으며 삼면이 바다로 둘러싸인 반도국가이고, 중국은 유라시아 대륙에 위치한 대륙국가이며, 일본은 사면이 바다로 둘러싸인 도서국가이다. 즉 반도, 대륙, 섬이라는 각기 다른 지리적 조건은 기후환경의 차이뿐만 아니라 각기 다른 민족성을 형성하는 배경이 되었다.

한 · 중 · 일은 기후환경에서 큰 차이를 나타낸다. 인간이 집을 짓는 일차적인 이유가 가혹한 자연환경에 대응하기 위해서이므로 삼국의 기후를 비교할 때 혹독한 겨울철과 여름철의 온도를 비교해보는 것이 필요하다. 연중 가장 더운 달의 평균 기온을 비교해보면 서울 25.4℃, 북경 25.9℃, 동경이 27.1℃이다. 가장 추운 달의 평균 기온을 비교해보면 서울 -3.4℃, 북경 -4.3℃, 동경이 5.2℃이다. 즉 북경은 겨울에 춥고, 여름에는 더우며, 동경은 겨울에는 따뜻하지만 여름에는 무더운 날씨, 서울은 겨울에 다소 춥고, 여름에도 다소 더운 북경과 동경의 중간적 기온이다.

강수량을 비교해보면 북경은 강수량이 적은데 가을부터 봄까지 강수량이 너무 적어 상당히 건조하다. 동경은 겨울철에도 45mm 이상의 강수량을 보이고, 4월부터 10월까지 100mm 이상의 강수량이 계속된다. 특히 8월에는 1000mm 이상의 강수량을 보이며 동경은 매우 습하다. 서울은 겨울철에 20mm 정도, 여름철에는 300mm 이상의 강수량을 보인다. 즉 북경은 연중 건조하고, 동경은 연중 습하며, 특히 여름철에는 극도로 다습하다. 서울은 겨울에는 다소 건조하지만 여름철에는 다습하다. 기온과 습도의 차이는 집의 물리적 구조의 차이점을 설명하는 핵심요소가 될 것이다. 중국이 춥고 건조한 겨울나기 집을 짓고, 일본은 무덥고 습한 여름나기 집을 지은 것에 반해 한국은 겨울나기용 온돌방과 여름나기용 마루방이 공존하는 독특한 구조를 가진 집을 지었다.

2.1.2 한·중·일의 인문환경

한 · 중 · 일 근세 사회에서는 공통적으로 사농공상(士農工商)이라는 신분질서를 가지고 있었고 최고의 지배층은 선비(士)계층이었다. 한국에서는 양반(사대부, 선비)을, 중국에서는 신사(紳士, 사대부)를, 일본에서는 무사(武士)를 가리키는 것이다. 양반, 신사, 무사의 각 사회적 지위와 특권에 대해 살펴보면 조선왕조의 모든 제도는 양반층의 특권을 보장하는 방향에 편재되어 있었다. 이 특권에 의하여 양반은 정치적으로 관료가 되거나 관료예비군으로 행세할 수 있었다. 그리고 그들은 경제적으로 토지소유자였으며, 사회적으로는 지방사회의 지배자가 될 수 있었던 것이다. 한국의 양반계층 주택을 반가(班家)라고 부른다.

중국의 신사들은 정치 · 경제 · 사회적 특권과 힘을 지니고 있었으며 특유의 생활양식을 영위하고 있었다. 신사들은 수많은 평민들과 천인들의 상층에 존재하고 있었다. 그들은 중국사회의 사회 · 경제적 생활을 주도하고 있었고, 또한 관리들을 배출하는 계층이기도 했다. 그들은 또한 사회규범 및 인간들 상호간의 규율을 제공하는 유교이념에 입각한 윤리체계의 수호자이자 지지자였으며 대표자였다. 중국의 상류계층인 신사들은 중정식 주택인 사합원(四合院)

에 거주하였다.

일본의 상류계층은 무사이다. 그들은 다른 세 계급보다 월등한 특권적 지위와 의식을 가지고 있었다. 무사의 신분은 세습이었으며 대도(帶刀, 칼을 꽂고 다니는 것)를 할 특권을 갖고 있었다. 전사임과 동시에 행정관을 겸한 이들은 다른 계층의 사람들에게 재판 없이 목을 베는 것이 용인되었다. 무사들의 주택은 무가(武家)라 불린다.

근세 한국과 중국은 정치 및 신분제도의 측면에서 많은 유사성을 가지고 있는 반면에 일본은 중국의 정치제도의 영향을 크게 받지 않고 일본 특유의 봉건제도와 신분계층을 형성하고 있었다.

삼국의 상류계층은 가부장적 질서와 함께 대가족제도를 기본으로 하는 공통점이 있다. 그러나 세분하면 한국과 일본은 직계가족, 중국은 확대가족으로 분류할 수 있다. 직계가족과 확대가족은 상속제도를 비롯하여 한집에 동거하는 가족구성원의 차이를 가져오게 됨으로써 이는 삼국 주거의 배치와 평면에 이르기까지 많은 영향을 미치게 된다.

한 · 중 · 일의 대표적인 종교로는 불교를, 윤리로서는 유교를 들 수 있다. 둘 다 중국에서 한국으로 전래되었고, 다시 일본으로 전파되었다. 유교는 중국의 지도이념이자 중국 사람들의 실천윤리의 근간이 되었다. 유교사상은 약 2000여 년 동안 중국을 대표하면서 중화주의의 정신적인 골격의 구실을 해오기도 하였고, 지식인의 구실이 절대적이었다. 귀족사회에서 유교교육은 그들의 학문과 교양, 출세와 지체를 유지하기 위한 수단이기도 했지만, 관료사회, 즉 문인사회에서는 이 유교교육이 출세의 수단이었고 학문의 기본이었다. 중국에서 전래된 유교는 한국의 양반계층에서는 실천윤리로서 가정 내에서 엄격하게 지켜졌고, 반가의 안채와 사랑채 분리, 주인채와 행랑채의 분리, 사당설치 등 주택의 배치와 평면에 유교가 큰 영향을 끼쳤다. 이에 반해 일본의 무가주택에서 유교의 영향력은 매우 적었다.

2.2 한·중·일 상류주택의 배치구성

한 · 중 · 일은 공통적으로 일실(一室)형 수혈주거에서 출발하였지만 공간분화가 각기 다른 방식으로 전개되면서 배치와 평면형이 다르게 되었다. 그러나 삼국은 수평방향으로 공간을 확장하는 공통된 특성이 있다. 공간분화의 방법으로는 칸(間)분화와 동(棟)분화가 있는데 반가는 칸분화된 동을 다시 분화시키는 방법으로 칸분화와 동분화를 병행하고, 사합원은 주로 동분화, 무가는 칸분화를 위주로 공간이 분화되었다.

삼국의 배치유형 특성을 비교해 보면 사합원은 분동형, 무가는 일체형으로 분류할 수 있으며, 반가는 분동형과 일체형의 두 가지 특성을 동시에 나타난다. 그리고 동과 마당과의 관

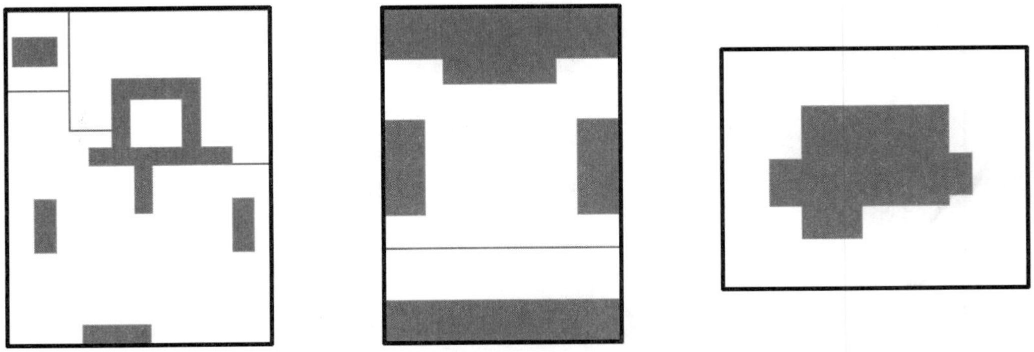

① 한국 반가(斑家) ② 중국 사합원(四合院) ③ 일본 무가(武家)

그림 2-1 한 · 중 · 일 상류주택 배치개념

계에 의한 배치 특성을 살펴보면 반가는 안채와 안마당은 중정형적 특성을 사랑채와 사랑마당은 외정형적 특성을 나타낸다. 사합원은 중정을 중심으로 채가 둘러싸인 중정형 주택이며, 무가는 외정형 주택이다.

분동형인 반가와 사합원은 동배치의 질서가 나타나고 무가는 일체형으로 실 배열의 질서가 나타난다. 반가는 전면에서 후면으로 갈수록 낮은(下)의 공간에서 높은(上)의 공간으로, 남성공간에서 여성공간으로, 속(俗)의 공간에서 성(聖)의 공간이 구별되어 배치된다. 그러나 반가는 좌우공간배치의 일정한 법칙을 찾기가 힘들다. 사합원은 전면에서 후면으로의 배치를 보면 남자 하인 · 손님공간 → 주인 공간 → 여자 하인 공간의 순이다. 이는 남성공간을 여성공간보다 전면에, 하인의 공간을 주인의 공간보다 전면에 배치시키지만, 여성하인공간이 주인의 공간보다 뒤에 위치하는 것은 중국인들의 생리적 욕구와 관련된 것을 경시여기는 의식과 관련된 것이다. 좌우관계는 장유유서에 따라 좌상방에 우상방보다 손윗사람을 기거하도록 한다.

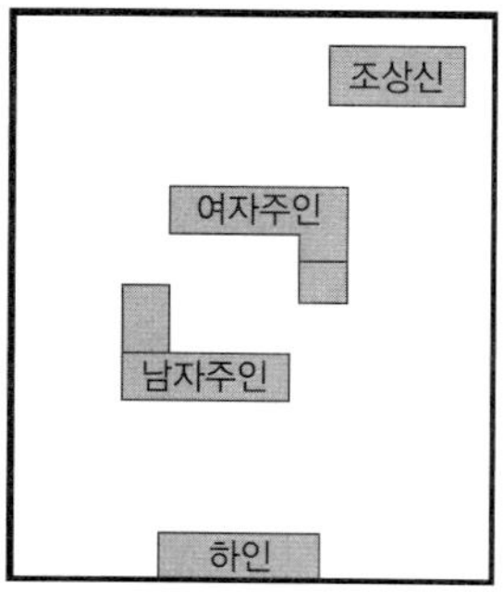

① 한국 반가(斑家)

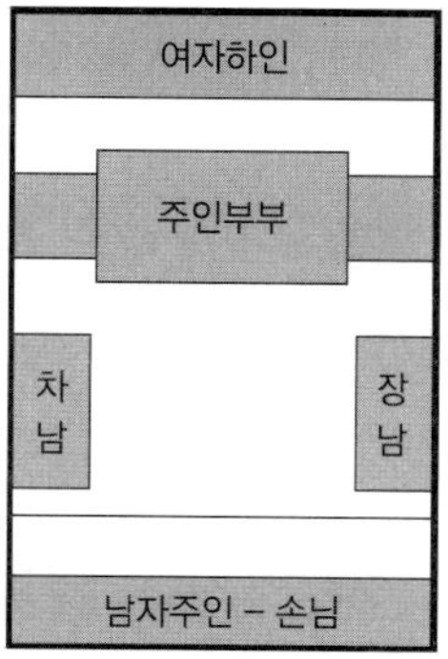

② 중국 사합원(四合院)

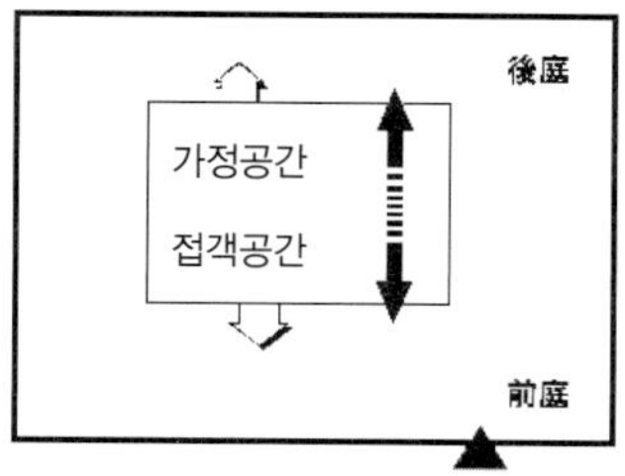

③ 일본 무가(武家)

그림 2-2 한 · 중 · 일 상류주택 공간의 위계질서

무가는 실의 배열질서에서 표리(表裏)의 질서로 전면(表)의 공간에 공적, 남성적, 접객의 공간을 배면(裏)의 공간에 사적, 여성적, 가족적 공간을 배열한다. 그리고 동서(東西)의 질서로는 동(東)에는 일상적이고 속된 공간을 서(西)에 비일상적이고 성(聖)의 공간을 배열한다.

2.3 한·중·일 상류주택의 평면구성

한·중·일의 평면적 특성을 비교해보면 세 나라는 공통적으로 기본 격자로 칸을 사용한다. 그러나 반가와 사합원에는 1칸 격자를 사용하여 평면형이 도식적(圖式的)인 것에 반해 무가에서는 1/2칸 격자를 사용하여 평면형이 비도식적(非圖式的)이다. 그리고 한·중·일 전통주거를 홑집과 겹집으로 분류해보면 사합원은 홑집[단열형]이고 무가는 겹집[복열형]이다. 이는 한국의 경우 추운 북부지역에서는 겹집이 따뜻한 남부지역에서 홑집이 발달한 것과는 반

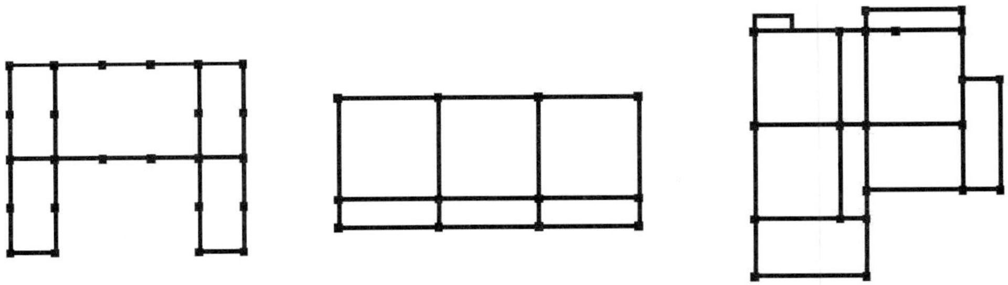

한국 반가(斑家) 중국 사합원(四合院) 일본 무가(武家)

그림 2-3 한·중·일 칸의 조합방법

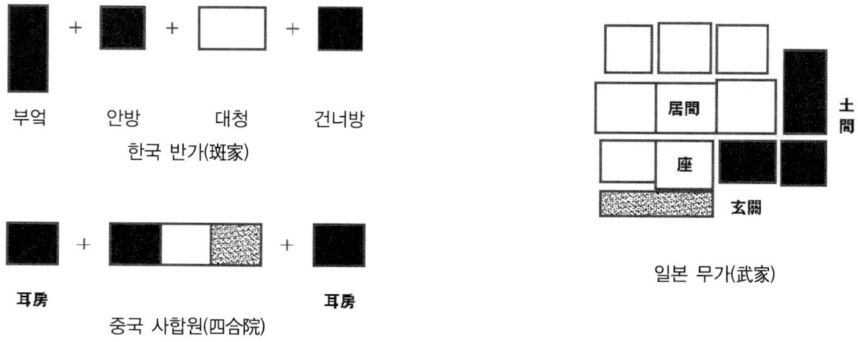

그림 2-4 한·중·일 상류주택의 평면구성방식

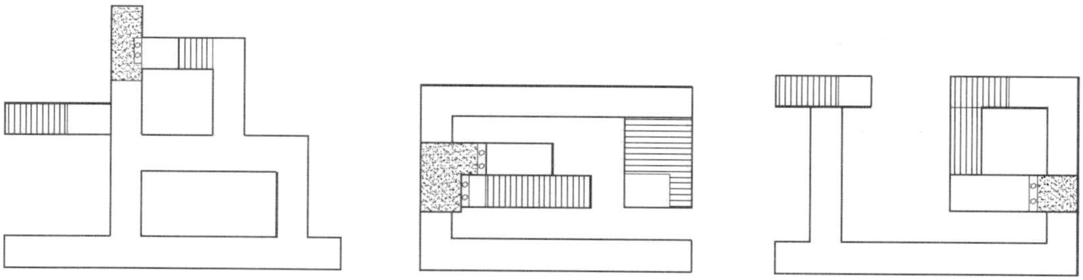

그림 2-5 반가의 여러 형태

대되는 현상이다. 이는 사합원의 경우 난방방식과 채광의 문제로 홑집형으로, 무가는 일사가 차단된 넓은 실내공간을 확보하기 위하여 겹집화되었을 것으로 추론할 수 있다.

이상에서 반가, 사합원, 무가의 배치 및 평면적 특성을 비교한 결과, 반가와 사합원은 배치와 평면의 모든 면에서 유사성을 가지고 있다. 그리고 반가와 무가도 도식성을 제외하고는 유사성이 있다. 그러나 사합원과 무가는 모든 항목에서 반대의 유형을 나타내었다.

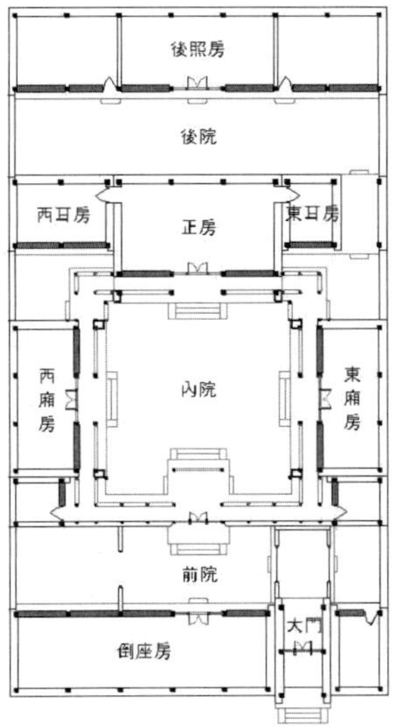

사합원

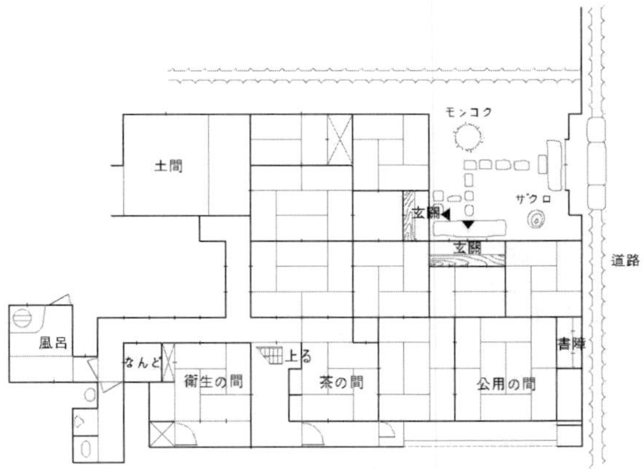

무가

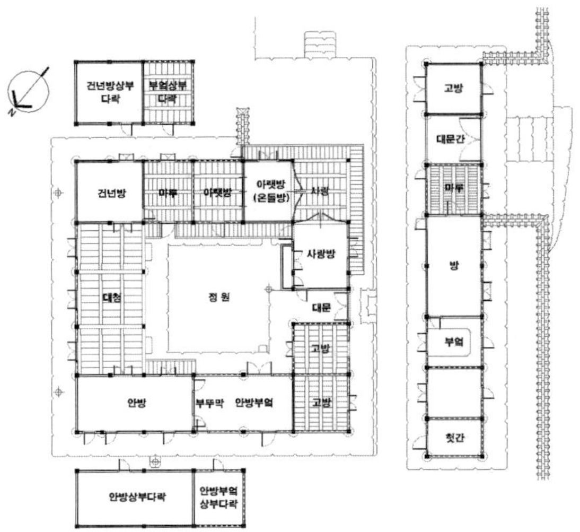

반가(손동만 가옥)

그림 2-6 한·중·일 상류주택의 평면 사례

반가는 사합원과 무가의 상반된 두 가지 특성이 동시에 나타나는데, 이는 한국이 지리적으로 중국과 일본의 중간에 위치하고 있음과 깊은 관련성이 있다. 먼저 중국과 일본은 대륙과 섬이라는 상반된 지리적 특성과 함께 기후적으로도 차가운 대륙성 기후, 덥고 습한 해양성 기후의 차이로 상반된 주택형을 택하게 되었을 것이다. 한국의 경우 위로는 대륙과 연결되고 아래로는 해양과 접해 있으며, 기후도 양면적인 특성을 나타내므로 중국주택과 일본주택의 특성과 공통점을 가지는 것이다. 그러나 반가는 분동형이고 중정형 배치를 추구한다는 점, 그리고 배치와 평면형이 도식적이라는 점에서 무가보다 사합원과 더 많은 유사성을 가지는데 이는 한국이 중국대륙과 연계되어 중국문화를 직접적으로 받아들인 것과 관련 있을 것으로 생각할 수 있다.

2.4 한·중·일 상류주택의 건축구성

반가와 무가는 흙바닥과 마루바닥이 융합된 구조이고, 사합원은 기단식이다. 반가와 무가는 여름철의 고온다습한 기후환경의 유사성으로 공통적으로 마루구조가 있으며, 반가와 사합원은 겨울철의 한랭한 기후환경의 유사성으로 구들식 난방방식에서 유사성이 있다. 그러나 근원적으로 한국과 일본이 좌식생활을 하는 것에 반해 중국은 입식생활을 함으로써 바닥구조의 차이를 나타내게 되었다.

다음으로 삼국의 전통주택은 공통적으로 목조가구식으로 되어 기둥과 기둥 사이의 벽은 하중을 받지 않아 벽을 자유롭게 구성할 수 있는 특성을 가지고 있다. 그러므로 반가와 무가

사합원의 실내

무가의 실내

반가의 내부

반가의 내부

그림 2-7 한·중·일 상류주택의 실내공간

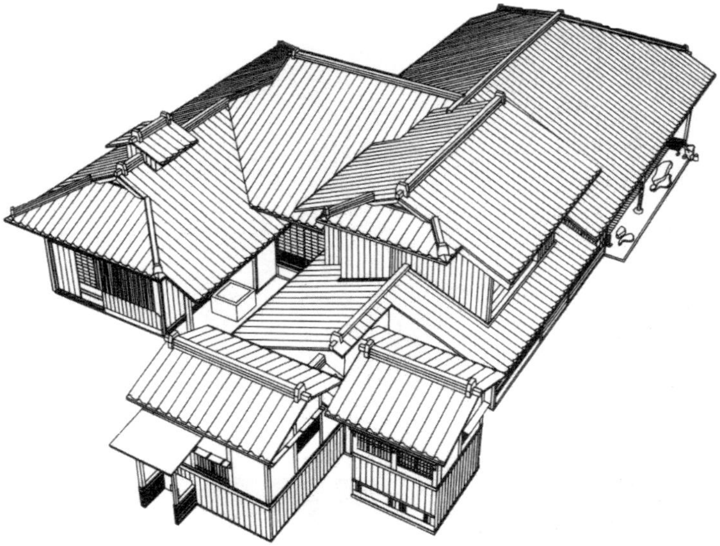

무가

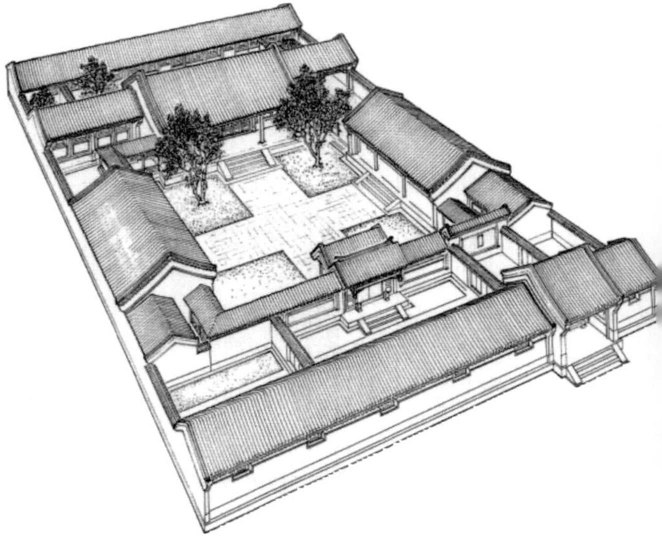

사합원

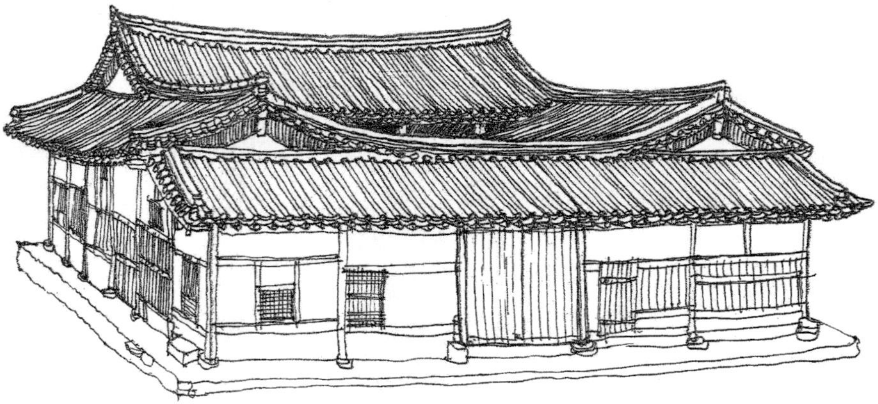

반가

그림 2-8 한 · 중 · 일 상류주택의 지붕

는 기둥 사이의 공간에 창호와 벽체를 구성하는 유사성과 창호가 다중구조로 되어 있어 기후변화에 적응하도록 되어 있는 유사성이 있다. 그러나 중국은 후대로 접어들면서 벽돌벽이 일반화되면서 벽이 하중을 부담하는 구조가 되어 창호가 가변성을 잃게 되었다.

지붕은 크게 지붕형태와 처마깊이를 비교해 볼 수 있는데 삼국은 맞배지붕, 팔작지붕, 우진각 지붕 등의 기본 지붕형태를 공통적으로 사용하지만 반가에서는 주로 팔작형 지붕이, 사합원에서는 맞배지붕형이, 일본은 복잡한 평면형을 덮기 위하여 여러 지붕형을 조합하는 방식을 취하여 삼국이 각기 개성을 나타낸다. 처마의 깊이는 일사량과 강우량과 관련성이 큰 데 반가는 사합원과 무가의 중간적 치수를 나타낸다.

이상의 비교결과로 볼 때 반가와 무가는 기거양식과 바닥구조, 가변적 창호벽체, 깊은 처마 등의 건축구성요소에서 많은 유사성을 띠고, 사합원은 상이한 성격을 띤다.

2.5 한·중·일 상류주택의 공간구성

2.5.1 외부 사회에 대한 공간구성

삼국은 공통적으로 가족중심적 사고로 외부 사회에 대해서 차폐적인 성향을 띤다. 반가, 사합원, 무가는 공통적으로 대문 이외에 제2의 출입구가 있어 반공적 영역과 사적 영역을 분리하는데, 사적 영역에서는 가족생활에 필요한 프라이버시가 보호된다. 그 중에서도 반가는 제2출입구가 가장 후면에 위치하여 사적 영역의 기밀성이 삼국 중에서 가장 강하다.

외부 사회에 대한 의식은 주택과 가로공간 사이의 구조를 통해 나타나는데, 삼국이 공통적으로 물리적 차단구조가 구성되어 있다. 반가는 특징적으로 지형의 고저 차이를 이용한 내외공간 사이에 투과성이 일방향성의 경향이 있으며, 사합원은 조적식 구조에 3m에 달하는 높은 담장으로 외부사회에 대한 강한 차단의식을 보여준다.

그리고 대문에서 가족생활이 중심공간으로의 전이과정을 살펴보면 반가는 동심원적 공간구성, 시선차단과 굴절진로, 바닥레벨의 상승, 신발 벗기 등에 따른 유보적 상황의 반복으로 가족 영역을 보호한다. 사합원은 대문에서 수화문에 이르는 굴절진로와 외부공간의 순차적 구성이 특징이다. 무가는 현관이라는 독특한 유보공간과 실내에 많은 문지방을 거치며 공간에 도달하는 진입방식이 특징이다.

다음으로 남성과 여성의 사회적 역할관계에 따른 주거공간구성의 특성에 대해 고찰해 보면, 근세 한 · 중 · 일은 가부장제 사회로 가장은 손님을 접객하는 사회적 역할을 담당하며 외부에 대해 개방적인 태도를 취하는 반면에 여성은 유교적 남여유별 사상에 따라 외부활동이 제한되고 사회에 대해 은폐적인 성향이 있다. 특히 반가에서는 외부인의 시선이 여성영역으로 향하는 것을 차단하는 내외담과 내외벽과 같은 구조가 발달해 있고, 사합원에서도 내외담과 유사한 가림벽이 있다. 그리고 반가에서는 가부장제에 의해 남성과 영성이 주택 내에서도 별동에 기거하는데, 이는 중국과 일본의 전통주택에서는 나타나지 않는 특성이다.

2.5.2 가족구성원의 인간관계에 따른 공간구성

한 · 중 · 일은 부부관계, 부자관계, 고부관계에서는 유사성과 동시에 차별성을 나타낸다. 한국의 경우 가장 친밀한 부자관계, 사회적 관습의 영향으로 분리된 부부관계, 가장 배타적인 고부관계에 이르기까지 다양한 인간관계가 주거공간 내에 형성되어 있어 반가의 동배치관계, 실과 실의 연결과 차단, 창호의 개방과 폐쇄의 조절 등에서 매우 다양한 특성을 보인다.

사합원의 경우에 있어서는 특징적으로 부부단위의 독립생활을 유지할 수 있는 동배치와 공간구성에 따라 부부의 사생활보장, 부자관계의 질서, 고부관계의 갈등완화 등의 특성을 보인다.

무가의 경우, 가족구성원의 다양한 관계에도 불구하고 무가는 일체형으로 거주자에 따른 동의 분리가 없으며, 실내를 구획하는 구조가 개방적으로 구성되어 있어 거주자간의 관계성을 무시하고 있다고 볼 수 있다.

2.5.3 자연관과 공간구성

반가는 외부공간을 수목과 꽃으로 채운 정원을 만들지 않고 비워둔다. 이는 노자가 말하는 무위(無爲)로서의 자연과 깊은 관련이 있다. 그리고 마당은 하늘과 소통하는 구심적 장소이며, 대청은 개방적인 외벽구성으로 자연을 실내로 끌어들이는 장소이다. 자연을 감상할 때도 작위적인 틀에 얽매이지 않고 자유로운 감상의 자세를 가진다. 그리고 감상의 대상으로서 자연은 인간이 만든 인공의 자연이 아닌 경관이 된다.

중국인들은 주택 내 자연을 축소한 원락을 구성하고, 자연과 함께 생활하는 것을 최고의 가치로 여겼다. 그러나 인간이 만든 자연은 더 이상 자연이 아니다. 자연을 감상할 때에도 장식적인 틀을 통해 연출된 자연을 감상하도록 되어 있다.

무가의 정원은 자연의 아름다움을 감상하기 위해 인간에 의해 창출된 자연이다. 무가의 외벽은 매우 개방적인데, 이는 자연을 내부로 끌어들이고, 내부에서도 정원으로 쉽게 이동할 수 있도록 하기 위함이다.

중국 사합원의 원락

일본 무가의 정원

한국 반가의 마당

그림 2-9 한·중·일 상류주택의 자연공간

무가와 반가는 실내외 공간 사이의 창호의 표리(表裏)가 반대로 구성되는 특징이 있는데 반가는 장식적인 문살면이 외부를 향하고 무가는 문살면이 실내로 향한다. 이는 사물의 표리에 대한 한국인과 일본인의 인식 차이가 남을 알 수 있다. 그리고 반가와 사합원은 실내외 공간 사이의 창호가 여닫이로 되어 있고, 무가는 미서기문으로 되어 있다. 그런데 반가와 사합원의 중정에 면한 여닫이문이 열리는 방향이 반대로 되어 있다.

따라서 반가는 실내에서 실외로 공간의 흐름이 생겨서 안마당은 구심적(求心的) 공간으로 느껴지고 사합원은 실외에서 실내로의 공간흐름의 방향성이 느껴져 중정은 원심적(遠心的) 공간으로 느껴진다.

3장 뜰집의 이해

주택 가운데 안뜰이 있는 집은 세계적으로 오랜 문화를 가진 나라와 지역에 그 사례가 많다. 예컨대 지중해를 중심으로 한 주변 여러 나라, 중국과 우리나라 전통주택은 모두 이와 같은 중정형 주택을 기본으로 하고 있다. 뜰집은 바로 이러한 우리나라의 가옥배치 방식을 바탕에 깔고 있다.

원초적으로 인간은 왜 자연 속에서 벽으로 둘러싸인 '에워쌈(위요, 圍繞)' 이 필요할까. 은신처(shelter)는 인간의 생활을 지키기 위한 투쟁의 첫 번째 장소이다. 나아가서 '에워쌈' 이란 단순히 물리적인 보호수단일 뿐 아니라 인간관계를 만들어내는 또 다른 효능이 있다. 말하자면 건축공간은 사람과 사람의 관계를 지켜주고 성장시켜 주는 본질적 역할을 갖고 있다. 그러면 '에워쌈' 에 의한 중정형 주택은 그 문화적 관습이 어떤 것인가 혹은 동서양의 중정은 어떤 차이점이 있는가. 그리고 안뜰의 기본적인 효능과 성격은 어떤 것인가 등은 주거의 문화적이고 근본적인 성격을 말해준다.

뜰집의 첫 인상은 주거공간이 안뜰을 에워싸고 있는 모습이다. 어떻게 보면 안뜰을 품에 안고 있는 형국이기도 하다. 그러면 안뜰(안마당)은 뜰집의 주거공간과 어떤 연관성이 있는 것인가. 뜰집의 안마당은 대문간을 들어서면 바로 마주치고 전면의 대청을 만나게 된다. 그러므로 주거공간 가운데 대청과 안마당은 어떤 관련성 아래 불가분의 관련이 있어 보인다. 결국 뜰집의 실체를 밝히는 것은 뜰집의 대청과 안마당이 만들어내는 일상적인 장소적 성격과 더불어 비일상적 · 신화적 사유체계를 동시에 밝히는 과제부터 출발되어야 할 것이다.

3.1 뜰집의 형성 배경

3.1.1 뜰집의 범위와 정의

우리나라의 많은 전통주택 유형 중에서 평면이 ㅁ자 형태 내에 안채와 사랑채, 그리고 부속채의 기능이 하나의 구조체에 결합시킨 주택형(뜰집, 우물집 또는 ㅁ자집, 이하 뜰집)이 있는데, 이를 뜰집이라 한다. 뜰집은 마당을 중심으로 여성의 생활공간과 남성의 사회적 공간이 하나의 구조체로 채가 결합되어 있는 독특하고 대표적인 전통 사대부 반가(班家)주택 유형이다.

지구상에서 인간이 삶터를 마련한 이래 살림집에는 항상 마당이 있었다. 주거공간은 마당과 같은 외부공간과 어떤 관계를 맺느냐에 따라 대체로 두 가지 형태가 있다. 하나는 주거공간이 마당을 에워싸고 있는 중정(中庭)형 주택과, 다른 하나는 주거공간 주위에 마당이 있는 외정(外庭)형 주택이다. 한반도의 전통주택은 중정형 주택이 우세하지만 함경도와 강원도 영동지방에는 외정형 주택이다.

세계적으로 중정형 주택의 분포지역은 지중해 연안지역에서 중앙아시아와 중국 대륙을 거쳐 한반도에 이르는 넓은 지역으로 알려져 있다. 이에 비해 외정형 주택은 통나무를 가로로 눕혀 벽체를 형성하는 귀틀집의 분포지역과 유사하여 삼림(森林)지대에 주로 조성되어 있다. 귀틀집은 동(東)유럽에서 스칸디나비아, 시베리아와 캄차카 반도에 이르는 유라시아 대륙의 북부, 그리고 북미(北美)대륙의 중(中) · 북부(北部) 침엽수림 지대(地帶)의 전형적인 주거형식이다. 이렇게 보면 한반도의 주거형식은 위와 같은 두 가지 주거문화대(住居文化帶)와 무관하지 않는 것으로 보인다. 우리나라는 반도(半島)라는 지형적 특성 때문에 다양한 문화요소가 유입되고 복합되어 주거형식에 있어서도 흥미로운 현상을 엿볼 수 있다.

우리나라 전통주택은 민가이거나 상류주택이거나 마당을 중심으로 가옥이 주위를 에워싸는 경향은 동일하다. 안채와 다른 가옥들이 늘어남에 따라 마당 주위를 에워싸는 위요도(圍繞度)는 증가한다. 뜰집과 관련된 연구[14] 중에서 김태현(金泰鉉)[15]은 이와 같은 중정형 주택을 'ㅁ자집' 이라 하고, 이러한 가옥의 배치경향은 함경도와 강원 · 영동 지방을 제외한 한반도에서 볼 수 있는 일반적인 현상이다. 사실 우리나라의 전통주택은 이러한 ㅁ자집의 경향이 유별나게 많은 편이다. 이 가운데 위요도가 높은 주거형식으로서 규모가 작은 ㅁ자집을 들어보면, 황해도와 경기도에서는 '똬리집', 충청도와 경기 · 남부에서는 '뙈새집' 이라 부른다.

똬리집과 뙈새집은 규모가 영세한 초가(草家)로서 중부지방에서 흔히 민가의 가운데 칸이 똬리의 모양을 닮아 부쳐진 이름이다. 마당 넓이가 단칸이므로 마당에서 올려다 본 하늘의 크기는 처마에 가려 한쪽 변이 겨우 1.5m 남짓하다.

이와 같은 영세한 민가에 비해 안동지방에는 '뜰집' 이라 부르는 중 · 상류 주택이 분

14) 뜰집에 대한 연구는 민속학자와 1970년대 전국 문화재보고서 등을 통해 학계에 알려져 왔다. 건축계에서의 연구는 대략 1980년대 이후부터 지속적으로 수행되어 왔다고 볼 수 있는데, 관련 연구 분야는 대체로 평면이나 구조체 등 물리적 특성을 포함해 지붕과 평면의 분류, 주택 복원 관련 연구, 주거문화와 관련된 지역적 특성, 시대적 변화, 가례, 주생활과 주의식, 복원과 조영(造營) 분야뿐 만 아니라 풍수, 주택 일조나 기후 환경 등 다양한 갈래로 접근되고 있다. 최근에는 뜰집의 주거문화를 포함해 영동, 안동, 경기 등 지역권별 유형과 관련된 연구가 진행되고 있다. 첫째, 민속학자와 1970년대 전국 문화재보고서로서는 김광언의 '경북지방의 고가옥(한국문화인류학, 1970)' 등을 비롯해 1970년부터 1981년까지 도(道)마다 발간된 민속종합보고서(문화공보부 문화재연구소)와 1980년대의 문화재대관의 중요민속자료편, 가옥 및 민속마을(문화공보부 문화재 관리과, 1985)에 소개된 ㅁ자집(뜰집)에 대해 건축학계에서도 1980년대부터 연구가 진행되었다고 볼 수 있다. 둘째, 1980년대까지의 뜰집에 관한 초기 연구는 '안동 토계동 주택유형에 관한 연구(장성준, 건축, 1978.4)', 'ㅁ자형 전통주거 건축에 관한 연구(송인호, 서울대석론, 1982)', 조선후기 ㅁ자형 주택의 구조와 부재비례에 관한 연구(김태현, 홍익대 석론, 1984), 'ㅁ자형 전통주거의 평면구성에 관한 연구(문세영, 경희대석론, 1987)' 및 ㅁ자형 전통주거의 평면구성에 관한 연구(대한건축학회논문집, 1987.4)' 등이 있다. 이후 조선시대 안동문화권의 뜰집에 관한 연구(김화봉, 부산대박론, 1999)를 통해 경상북도 지역의 전체 뜰집을 전수 조사해 연구한 성과가 있었다. 셋째, 지역형 뜰집에 관한 연구로서는 안동지역에 분포하고 있는 전체 뜰집의 일반 특성 이 외에 지역형을 중심으로 연구한 결과는 영동형 뜰집에 관한 '영동문화권 뜰집의 평면구성 특성에 관한 연구(김경희, 유재우, 김미나, 김화봉, 대한건축학회논문집, 2011.1)' 그리고 영남형과 기호형(서울 · 경기형) 뜰집 유형의 차이에 관한 '안동문화권내 일체형 뜰집의 평면특성에 관한 연구(김미나, 김경희, 유재우, 대한건축학회논문집, 2012.2)' 등이 있다.

15) 김태현, 「조선 후기 ㅁ자형 주택의 구조와 부재 비례에 관한 연구」, 홍익대 석사학원논문, 1984

포하고 있다. 쉽게 표현하면, 대청 앞에 반듯한 마당을 두고 안채와 사랑채 등이 ㅁ자형을 이루도록 둘러싼 기와집이다. 우리나라 전통주택은 지역적으로 특징적인 주거 형이나 주거문화를 형성한 경우가 많다. 이것은 오랜 세월동안 지역민들이 살아온 주변 환경에서 경험한 바를 창의성 있게, 그리고 여기에 삶의 가치를 담아 새로운 양식을 만들어 낸 결과이다. 이러한 주거문화 가운데 특별한 지역 주거형의 하나가 안동의 '뜰집' 이다. 뜰집이 분포하는 곳은 일찍부터 '안동문화권' 이라 일컬어져 있는 조선시대 상층(上層)문화의 고장이요, 명확한 유교문화권을 이루었던 지역이다. 구체적으로는 경북 · 안동시, 영주시, 봉화 · 영양 · 청송 · 예천 · 울진 · 영덕 · 의성군, 그리고 강원도 삼척시 일부이다. 이들 지역은 '안동권' 또는 '안동문화권' 등으로 불리어 왔고, 조선시대 중 · 상류 계층의 주거인 ㅁ자형 주거가 집단적으로 분포하고 있으며, 이러한 주거형을 '뜰집' 으로 불러왔다.

'안동문화권' 이란 용어를 처음 사용하게 된 것은 1970년대 초 성균관대학의 학술조사[16] 이후이다. 조사 보고서의 서문에는 "안동의 전통적 문화는 한마디로 유교적 문화라고 볼 것이다. 조선왕조 5백년간, 이 유교국가에 있어서 영남은 유교문화의 연원지이며, 유림의 정신적 고향으로 칭도되어 왔거니와, 안동은 바로 이 영남문화의 중심지였다. ………" 라고 지적하고 있다. 문화권이란 역사학 등에 있어서 어떤 공통적 특징을 가진 문화의 공간적 확대를 문화권이라는 말로 표현하는 경우가 많다. 이렇게 보면 안동지방은 역사적으로 유교문화의 정신적 고향이 되어 왔으며, 이로 인한 독특한 문화권을 형성하여 온 것은 주지의 사실이다. 권역의 범

16) 류증선,「안동문화권 설정의 의의」,「안동문화」제3집, 안동교육대학 안동문화연구소, 1973

위를 보면 안동시 · 군을 중심으로 영주 · 예천 · 봉화 · 청송 · 영덕 등 8개 군이 권역에 포함되어 있다. 이는 실제로 뜰집의 분포권과 크게 차이나지 않는 것으로 보아, 뜰집은 안동문화권의 독특한 건축적 유산으로 볼 수 있다.

장성준(張聖浚)[17]은 안동지방의 뜰집을 주거형태에 따라 완전형, 연결형, 조합형으로 분류하였다. 이후 뜰집의 유형별 분류를 시도한 김화봉(金華峰)[18]은 일체형, 연결형, 분리형 등으로, 그리고 윤일이(尹一二)[19]는 일체형, 연결형, 분리형 등으로 분류하였다. 이들 분류법은 내용상으로 별 차이가 없으나 명칭에 있어서 상이한 부분이 있다. 즉 완전형 · 완결형 · 일체형 등은 안채, 사랑채 등이 口자형의 한 몸체를 이루며, 그 안에 마당을 둘러싼 형태로서 지붕 용마루선이 하나로 이어진 형태이다.

이에 비해 연결형은 안채와 사랑채 등이 하나의 몸체가 아니라 일부 담장으로 연결되었으며 지붕 용마루선 또한 연결되지 않았으나 안마당의 구획은 명확하다. 마지막으로 분리형과 조합형은 안채와 사랑채 등이 별동이며 마당이 담장과 가옥으로 구획되지 않아 그 경계가 모호한 형태이다. 뜰집의 분류명칭을 정함에 있어서 완전형 · 완결형은 뜰집의 형성과정에서 마지막 단계에 해당되는 표현이고, 일체형은 뜰집의 형태적인 표현으로 보았기 때문에 이 책에서는 '일체형' 이란 용어를 사용하고자 한다.

17) 장성준, 「안동 도계동의 주택유형에 대한 연구」, 「대한건축학회지」22권 81호, 1978. 4
18) 김화봉, 「조선시대 안동문화권의 '뜰집' 에 관한 연구」, 부산대학교 박사학위 논문, 1999, pp.65~70
19) 윤일이, 「조선후기 상류주택 사랑채의 공간적 특성에 관한 연구」, 부산대학교 박사학위 논문, 1999, p72

3.1.2 뜰집 형성에 미치는 영향

인간이 압도적인 자연에 맞서 그 속에서 살아가기 위해서는 두 가지 방법이 있다고 한다. 하나는 자연 속에서 인간이 필요로 하는 물질을 가려내는 것, 즉 선택이다. 또 하나는 자연환경에 따라 인간의 생활방식을 바꾸거나 자연이 허용하는 범위 안에서 자유롭게 살아가는 것, 즉 적응이라고 했다. 전통주택과 취락의 형태는 정주(定住)환경을 구성하고 있는 여러 요소와 선택·적응의 관계에 있으며, 특히 자연과의 관계는 적응관계가 중심이 된다. 그러므로 주거형태는 단순히 물리적인 힘이나 어떤 몇몇 인자의 결과라고 할 수 없으며, 기본적으로는 오랜 세월 동안 주어진 환경 속에서 적응과 선택의 과정을 반복해 오면서 삶의 지혜가 관습이 되고 전통양식이 되어 결국 종합적인 문화계(文化系)라 할 수 있는 우리만의 독특한 주거형이 만들어 온 것이다. 안동지방의 뜰집이 폐쇄적인 형태를 보이게 된 것은, 중정형 주택이 보여 온 것처럼 가옥의 방어적인 목표가 만들어 놓은 결과이다. 그러면 뜰집이 분포하고 있는 안동문화권의 방어적 정주환경에는 어떤 특징적 요인이 있는지 요약해 보기로 한다.

1) 자연적·기후적 환경

안동문화권의 자연적 특성은 한반도의 등줄기인 태백산맥의 영남지역에 해당되며, 산맥의 평균 높이가 북쪽에 비해 훨씬 낮아지고 여러 줄기의 산맥으로 갈라진다. 또 산골짜기 사이에 발달한 하천 상류에는 침식작용에 의해 이루어진 산간 분지가 곳곳에 발달하여 이 지역의 활동무대가 되고 있다.

기후는 일반적으로 인간의 건강과 활동에 직접적인 영향을 줄 뿐 아니라 인간의 경제활동 방향을 정해준다. 태백산맥에 인접한 이 지역은 계곡이 깊고 산이 높아 일조시간이 짧고,

특히 일교차(日較差)가 심하다. 또 겨울이 길고 강설량이 많아 우리나라에서는 대표적인 다설(多雪)지역으로 손꼽힌다. 이 지방에 눈이 많이 내리는 것은 겨울철 북동기류 때문이다. 이 북동풍은 동해를 지나오는 동안 수증기를 많이 함유하게 되고 태백산맥을 오르면서 눈을 내리게 한다. 폭설이 내릴 때는 교통이 두절되어 며칠씩 고립되는 경우도 많다. 그러므로 이 지역민들은 그들의 주거를 독특한 지역 풍토에 맞도록 오랜 세월을 두고 고심했을 것이다.

2) 야수(野獸)에 의한 피해

옛날 깊은 산간지역에서는 사람과 가축이 호환(虎患)으로 희생되는 사례가 많았던 것으로 알려져 왔다. 〈조선왕조실록〉에 의하면, 태종 2년에 경상도의 호환이 가장 심하여 한해 겨울부터 봄까지 범에게 물려 죽은 자가 거의 백여 명에 가까웠다고 한다.[20] 그러므로 호환을 비롯한 야수의 위험에 대해 산간 주민들은 대단한 공포심에 사로잡혀 있었고, 동시에 야수들의 근거지로서 깊은 산, 울창한 숲은 두려움의 대상이었다.

호환을 당한 사람들을 위한 산간지대의 독특한 장례 풍습인 호식장(虎食葬)에 대한 연구가 나와 화제가 되었던 일이 있다.[21] 지은이 김강산(金剛山) 씨에 의하면, 왕조실록 등 문헌상에 나타난 호환은 빙산의 일각에 불과하며, 태백산을 중심으로 한 산간마을에는 호환을 당한 유족이 유구를 발견한 그 자리에 조성한 호식총(塚)이 태백시에 50여 곳, 정선 80여 곳, 삼척 70여 곳 등이 발견되었으며, 봉화 · 영월 · 울진 등에서도 수십 곳이 있었다는 것이다. 그래서

20) 이승녕,「한국 전통적 자연관」,(서울대학교 출판부, 1985) pp. 3~5
21) 김강산,「호식장」,(태백시 향토사 연구소, 1988),〈조선일보〉, 1989년 2월 17일자 재인용

당시 사람들은 호환을 막기 위해 굵은 밧줄로 그물을 엮어 집의 외벽을 감싸기도 하고, 방문에 두꺼운 나무빗장을 대거나 또 다른 대책으로 산신에 제사를 올려 호환의 예방을 기원하는 '산맥이' 를 했다.

3) 유학적 생활규범과 여성공간의 방어

조선시대의 유학적 생활규범으로서 '내외(內外)' 란 남녀 사이의 예의를 지키는 것이며, 역할을 분담하고 그에 따라 공간을 분리하는 것이 양반집의 기준이었다. 다시 말해서 내적으로는 가족 간의 프라이버시(privacy)와 역할 분담에 대응하고, 외적으로는 남성공간이 외부로부터 내부를 보호하고, 출입을 살피는 이중적 역할로 유교사회에서 효율적인 공간분리의 방식이었다. 따라서 뜰집의 사랑채는 남성들의 생활공간으로서 가옥의 전면에 전진해 있으며, 동시에 수문의 역할을 담당하고 있다. 이에 비해 안채는 주부의 공간으로서 뒤로 물러앉아, 안마당을 중심으로 집안을 다스리는 폐쇄적인 공간이 된다. 사랑채가 일상적으로 학문하고 접객을 위주로 짜여졌다면, 안채는 사랑채의 접객에 따른 준비와 배선, 즉 술과 음식을 만드는 일과 상차리기에 여념이 없는 공간이다.

양반들의 생활신조로서 가장 중요시된 것은 '봉제사(奉祭祀) · 접빈객(接賓客)' , 즉 조상에 대한 제사를 빠뜨리지 않고 극진히 모시는 것과 친족이나 벗을 비롯한 방문객을 정중하게 대접하는 것이었다. 일반적으로 사대부들은 4대 봉사를 원칙으로 하였으므로 종가(宗家)의 경우는 1년에 제사가 없는 달이 없을 정도로 제사는 일상적인 의례였다. 한 번의 제사를 치르기 위해서는 오랜 시간을 두고 준비해야 했으므로 일상생활에 미치는 부담감은 큰 것이었다. 따라서 안마당은 사랑채의 동정에 따라 활용될 수 있는 여성적인 행위의 공간이었고, 동시에 안마당이 외부에 대해 폐쇄적인 형태가 되면 될수록 안마당의 여성적 공간은 자유로워질 수 있었다.

3.2 뜰집의 안마당

3.2.1 에워쌈의 의미

흔히 장소로서의 주거는 거친 세상으로부터 피난처가 되는 곳으로 표현된다. 주거는 그곳을 중심으로 하여 일상적 행동의 공간적 영역이 형성되고 확대된다. 주거의 이러한 중심적 속성은 결국 모르는 세계로 둘러싸인 친숙한 세계이며, 불안한 세계 중에 유일하게 안전한 곳이며, 의심스러운 세계 중에 신뢰할 수 있는 곳이며, 속된 세계 중에 성스러운 곳으로 인식된다.

우리 인간이 세상을 살아가기 위해서는 자신과 그 주위의 혼돈된 세계와의 사이에 적절한 관계를 유지해야 한다. 다시 말해서 인간이 인간으로서 살아가기 위해서는 어떤 형태로든지 자기 주위에 안전한 환경을 구축할 필요가 있다. 우리가 끝없는 대지 위에서 보면 공간은 나를 중심으로 사방으로 무한히 펼쳐지고, 나 자신이 세계의 중심, 우주의 중심에 서 있는 듯한 생각을 하게 된다. 그 속에서 '나'는 그대로 노출되어 있는 보잘 것 없는 존재로서 불안하다. 이때 무엇인가 나를 감싸주고 대지에 정착시켜 주는 장치가 있었으면 하는 생각을 하게 된다. 이는 심리학자 쟌 피아제(Jean Piaget)의 말과 같이, 유아가 스스로를 자기 주변 환경에 적응시켜 가는 과정과 같다.

즉 인간이 자신의 주변에 펼쳐진 의지할 곳 없는 무한한 공간에서 의지할 경계나 에워쌈을 형성해 자신의 주변에 펼쳐진 의지할 곳 없는 무한한 공간에서 의지할 경계나 에워쌈을 형성해 가는 과정으로 볼 수 있는 것이다. 이것이 곧 종교학자이며 미학자 미르치아 엘리아데(Mircea Eliade)가 말하는 '원초적인 공간체험'이며, 건축행위는 여기에 뿌리를 내리고 있는 것이다.[22]

이러한 사례로서 동서양의 경우를 하나씩 들어보자. 먼저 선사시대 유적으로 널리 알려진 영국의 스톤헨지(Stone Henge)는 좋은 사례가 된다. 유적의 외곽에는 거대한 돌이 몇 개의 동심원을 만들고, 그 중심에 큰 돌과 그 위에 놓인 수평의 돌로 중심이 강조되어 있다. 이는 '중심'과 '에워쌈'이라는 기본적인 틀을 그대로 보여주고 있는 것이다. 또 하나의 사례는 우리나라의 이상적인 집터로 명당(明堂)을 나타낸 산국도(山局圖)가 있다. 북쪽으로 주산(主山)을 두고 몇 겹이고 산줄기가 중앙의 명당을 둘러싸고 있다. 중앙의 명당은 남쪽으로 열려 있으며 마주보는 안산(案山)은 명당이 허하지 않게 감싸주는 형국이다. 산국도는 우리나라 건축공간의 이상적인 모델로서 중심과 에워쌈의 관계를 명쾌하게 표현하고 있다. 이와 같이 건축공간이 갖는 힘에는 가장 기본적인 두 가지 방식이 있다. 먼저 '나'를 지상의 어떤 한 지점에 앉히고 거기에 정착시키는 것이다.

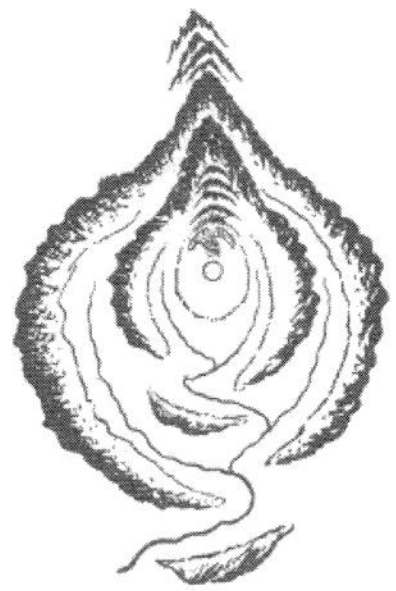

그림 3-1 산국도(山局圖)

그림 3-2 스톤헨지

22) 우리가 어떤 공간이 감싸이듯이 둘러싸여 있을 때 우리가 안온함과 평화로움, 그리고 심리적으로 안정감을 느끼게 되는 것은 바슐라르(Bache Lard, 1990)에 의하면 우리가 어머니의 태내에 있을 때 우리들 무의식 속에 형성된 '요나 콤플렉스' 때문이라고 한다. 그러므로 무엇인가로부터 자신을 방어하고 안정을 유지하려 함은 생명 본능이라 할 수 있으며, 따라서 인간은 누구나 안전하게 보호받았던 그곳으로의 회귀에 대한 갈망을 근본적으로 가지고 있다고 생각한다. 香山壽夫(김광현 역), 「建築意匠講義」, 도서출판 국제, 1998. p.1418

다음으로 중요한 것은 '나' 라는 중심의 주위를 윤곽으로 한정하는 일이다. 다시 말하면 중심 주변에 무한히 펼쳐지고 살아가는 공간의 동심원 중 하나를 택해 확실히 한정할 필요가 있다. 왜냐하면 '나' 의 세계는 항상 구분되고 그 주위가 에워싸일 때 '나' 의 영역은 확립되고 '나' 의 정체성은 지켜질 수 있기 때문이다.

중국 고유의 만다라 구조는 '천원지방(天圓地方)' , 즉 하늘은 원형이고 땅은 사각형이라는 도식으로 대표된다. 여기서 원은 하늘의 정신세계를, 그리고 사각형은 지상의 물질세계를 상정한다. 땅의 구조를 상정하는 사각형은 이상적으로는 원형과 일치하는 도식인데 하늘나라의 원의 질서가 땅으로 내려오면 네 방위에 일치하는 사각형이 된다. 사각형의 도식은 중국의 크고 작은 환경을 구성하는데 일관되게 적용됐는데 소규모 주택에서부터 거대도시에 이르는 모든 건조물에 예외 없이 적용됐다. 북경의 사합원과 황성(皇城), 그리고 도시의 전체 모습 등에 모두 사각형을 기본으로 구성한 것은 모두 이러한 이유에서이다.[23] 더욱이 사각형을 기본으로 하는 중국건축은 '공간을 둘러쌈으로써 외부로부터 보호한다' 라는 개념이 보편화되어 공간의 구성이 폐쇄적이며 내향적인 성격을 갖게 됐다.

중국은 예부터 왕조의 교체가 빈번하게 계속됐고 동시에 혹독한 자연조건에 시달려 왔으므로 외부의 침략과 기후적인 추위, 그리고 매서운 바람으로부터 보호받기 위해서는 일찌감치 방어적이고 내향적인 공간체계가 무엇보다 절실했다. 이러한 구심적인 공간체계는 멀리 신석기시대부터 적용되기 시작했다고 하는데, 하대(夏代)와 상대(商代) 이후에 소위 '사향(四

23) 손세관, 『북경의 주택』, 열화당, 1995. p.33

嚮)의 제(制)' 라는 공간원리가 정착된 것이다. 이는 건물을 동서남북의 네 방향에 배치하여 주변을 둘러싸고 중앙에는 구심적인 위치에 중정을 두는 형식이다. 이러한 배치개념은 외부에 대해 내부를 견고히 하고 영역을 명확히 설정하는 방어적 의미가 있다.[24]

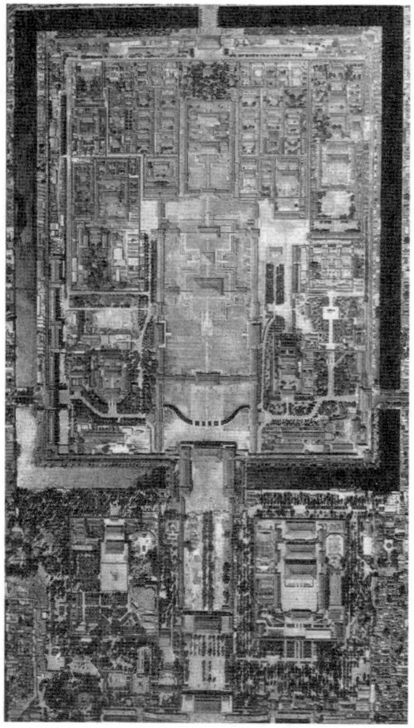

그림 3-3 중국의 紫禁城의 모습
(출처 : 손세관, 『북경의 주택』, 열화당, 1995, p.33)

인간이 거주하는 건축공간은 우리 신체의 연장선상에 있다. 그러므로 건축공간의 중심에는 항상 생명체의 속성에 따르고 '나' 개인이 아닌 가족과 같은 공동체의 연장으로 존재한다. 흔히 '우리집' 이라고 할 때, 그것은 하나의 '장소' 이면서 동시에 인간과 환경과의 심리적 · 체험적 관계를 의미한다. 이때의 '우리집' 은 황무지와 같은 세계 속에서 한 가족의 영역이 에워싸임에 의해 안식처가 되는 상태인 것이다. 우리는 종종 공간이 개방적이거나 폐쇄적이라는 개념의 말을 사용한다.

먼저 닫힌 세계가 없으면 여는 가치도 없다는 의미이다. 따라서 안식처로 에워싸인 것은 개구부나 창호로 열리거나 닫히도록 의도된다. 이것은 인간이 거주하는 공간의 절대 요건인 것이다.

24) 손세관, 『북경의 주택』, 열화당, 1995. p.101

3.2.2 중정형(中庭型) 주택과 외정형(外庭型) 주택

주택과 마당의 배치관계를 보면, 세계의 주거건축은 대체로 두 가지 유형으로 나누어진다. 즉 주거공간이 마당(중정)을 에워싸고 있는 중정형 주택과 주택 주위에 마당이 있는 외정형 주택이 그것이다. 다시 말해서 외정형 주택은 노동이나 생활의 외부공간이 가옥의 바깥둘레에 두고 거주인의 의식이 바깥마당쪽으로 전개시키는 원심(遠心)적 구성을 보여주고, 중정형 주택은 노동과 생활을 위한 마당을 가운데에 두고 그 주위를 주거공간이 에워싸는 구심적 구성을 보여주는 유형이다. 따라서 중정형 주택에서 모든 공간은 중정을 향해 개방적인 반면에 외부에 대해서는 폐쇄적이며 배타적인 구성을 보여준다.

외정형 주택은 수렵이나 채집, 그리고 유목으로 삶을 영위하던 시대에는 한 곳에 정착하는 생활이 어려웠기 때문에 이동을 전제로 한 자연동굴이나 원시적인 천막 또는 움집 등이 주거로 사용되었다. 이 시기의 주택은 보통 하나의 공간에 화로나 경계선 등의 상징적 구획이 있었을 뿐, 실의 분화가 이루어지지 않았고 주택과 주택과의 경계도 상징적이거나 무시되어 버렸다. 주택을 중심으로 주위에 외부공간을 갖는 이러한 배치방식은 그 후 외정형 주택의 기원이 되었다.

이에 비하여 중정형 주택은 농경시대에 접어들면서 발전을 이루어 나갔다. 정착생활이 일반화되면서 식량 걱정이 줄었고 시간과 노동에 여유가 생기면서 주택의 형태가 변화되었다. 또한 농업으로 야기된 계급적 문화와 남녀 간의 역할분담, 그리고 주거기능의 다양화로 인하여 과거 일실(一室)주택에서 다실(多室)주택으로 변화되었다. 뿐만 아니라 정착생활에 적합한 견고하고 실용적인 주택이 형성되었다. 중정형 주택은 고대 4대문명의 발상지 모두에서 기본적인 형식으로 시작되었다. 분포지역은 지중해 연안지역에서 유라시아 대륙에 이르는 건조지대에 속하여 가혹한 자연조건, 잔혹한 외부의 침입에 대항하기 위해 견고한 외벽을 구축한 것이 특징이다. 구체적으로는 혹한과 열대지역을 제외한 아시아 대륙과 지중해 주변의 남부 유럽, 그리고 아프리카 북부지역 등 넓은 지역에 걸쳐서 중정형 주택이 분포됐다. 이와 같이 중정형 주택은 이것이 발생하고 발전해 온 지역이 주로 아시아 대륙이므로 흔히 '동양적 도시주거'라고 불린다.

동양 문화권에서 중정형 주택을 대표하는 것은 역시 중국의 사합원 주택이다. 중국대륙에는 중정형 주택이 우세하지만 외정형 주택도 분포한다. 중국의 중정형 주택은 화북지역에 있는 전형적인 주택으로서 흙바닥이며 외벽을 견고한 흙벽으로 두르고, 지붕을 덮은 유형인데, 북경 사합원이 여기에 해당되는 내정형으로서 '벽형(壁型)'이라 부르기도 한다. 이에 비해 외정형 주택은 덥고 비가 많은 중국 서남부에 분포하는 전형적인 목조주택인데, 지면에서 띄운 고상식(高床式)[25] 바닥에 기거하고 경미한 외벽구조와 경사지붕을 덮은 유형으로서 '지붕형'이라 부르기도 한다.

전자는 황사(黃砂)와 북방 오랑캐의 침입에 대비한 화북의 중정형 주택이 '벽형'이며, 후자는 덥고 습하지만 목재가 풍부한 남방의 주택이 '지붕형'이다. 고대 중국에 있어서 벽형과 지붕형은 장강(長江)을 사이로 하여 남 · 북에 분포했었고, 근세에 와서 벽형의 분포는 장강을 넘어 남쪽으로 확장했으며 동시에 지붕형은 서남쪽 지방으로 위축되었다. 그 사이에 벽형과 지붕형의 중간 절충형이 생겨 하나의 유형으로 존재하기도 한다. 이는 한(漢)족이 장강 남쪽으로

25) 고상식(高床式) 바닥이란 땅에서 올라오는 습기를 차단하기 위해 지상 위에 기둥을 세우고 그 위에 올려놓은 바닥을 말한다.

세력을 넓혀가는 상황으로 해석된다. 북쪽의 벽형 주택은 평지붕의 가옥이 원자(院子)를 둘러 싸고 햇빛이 중정으로 잘 드는 것이 쾌적한 집이다. 이에 비해 위도가 낮은 장강 유역은, 예컨대 화남(華南)에서는 강열한 햇빛을 피하기 위해 중2층의 가옥(暗樓), 혹은 다층건물에 의해 에워싸인 깊고 좁은 마당(天井)이 있는 벽(壁)형 주택이 많다. 외부는 높은 벽으로 차단됐으나 내부는 각층의 고상(高床)과 깊은 처마를 가진 목조축조식(木造軸組式) 건물이다. 따라서 '천정(天井)' 은 일종의 광원(光庭)이므로 이는 벽형에 원형(原型)이 있는 절충형 주택인 셈이다.[26]

우리나라의 전통주택은 중정형 주택이 우세하다. 중정형을 보여주는 주거공간은 홑집 구조인데, 홑집의 안채와 부속채들이 차츰 규모가 커지면서 마당을 중심으로 주위에 에워싸는

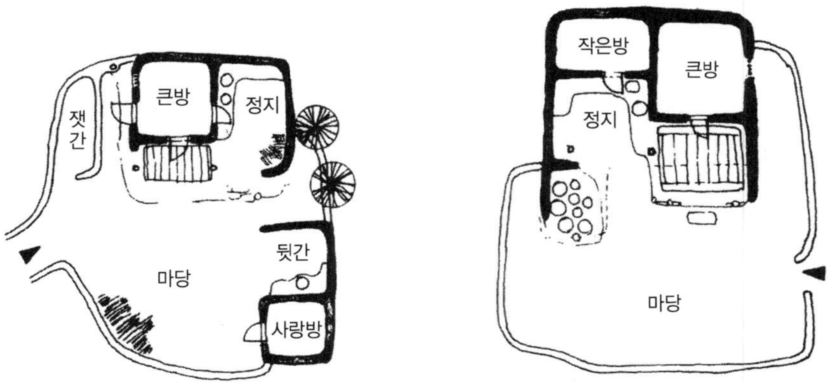

그림 3-4 한국 민가의 중정형(좌), 외정형(우) 주택
(출처 : 조성기, 『한국의 민가』, 한울아카데미, 2006, p.88)

26) 중국사합원 사례, 『북경의주택』, p.90

형식이다. 상류주택에서도 안채와 사랑채가 마당을 에워싸는 유형을 보이는 데는 마찬가지다. 그러나 이러한 경향과 달리 함경도와 영동지방의 민가는 외정형의 경향을 보인다. 즉 민가의 부속채가 발달하지 못하고 몸채 위주의 집중식 가옥배치 경향을 보여준다. 몸채 위주의 외정형 주택은 겹집구조이며, 몸채 속에 웬만한 부속채의 기능을 수용하고 있는 것이다.

우리나라 중부지방에 분포하는 민가는 중정형의 대표적인 사례이다. 우리나라 민가에서 안채가 어떤 정형(定型)을 고집하는 경향과는 달리 부속채는 훨씬 자유스럽다. 민가의 배치 유형을 단계별 개념도를 나타낸 것이 (그림 3-5)이다.

첫째 단계는 안채만 있을 뿐이며, 둘째 단계는 간단한 농사용 부속채가 있을 뿐이다. 셋째 단계는 안채의 정면이나 측면에 一자형의 부속채가 등장한다. 이때부터 대문간과 사랑방이 부속채에 나타난다. 넷째 단계는 一자형 부속채가 안채의 정면과 측면에 등장하여 안마당을 에워싸는 모습을 보인다. 마지막 단계는 부속채가 안채와 같은 역곱은자형이 되고, 이들의 조합이 튼 ㅁ자를 이룬다. 안채와 부속채는 안마당을 에워싸는 모습이 다분히 의도적이라는 느낌을 주기 때문에 튼 ㅁ자의 배치형태는 중부지방 민가 배치의 완성형으로 볼 수 있다.

중동(中東)을 중심으로 하는 이슬람문화권의 주택은 중정형이 일반화되어 있고, 그 역사적 뿌리가 깊다. 이 지역의 주택은 지상2층, 지하1층의 구조가 일반적이며 평면 형태는 정방형에 가깝다. 주택의 중정을 우물형과 같이 좁고 깊어서 폐쇄성이 강하다. 주택은 두꺼운 외벽을 둘러 고온 건조한 기후로부터 내부공간을 보호하고 동시에 사방으로 둘러싸인 옥외공간에 그늘을 만들어 이것이 쾌적한 기후적 주거환경을 조성해 준다. 중동지역 사람들이 묘사하는 낙원(樂園)의 이미지에는 물, 식량, 그늘(陰影)의 3가지 요소가 있다. 이러한 낙원관을 가진 이 곳 사람들이 중정형 주택을 선호하는 것은 당연하다. 중정에는 올리브, 오렌지, 사카모아 등의 열대성 나무를 심고 분수와 연못을 만들어 정원의 나무 그늘과 2층 주택의 그늘이 중정을 덮어주

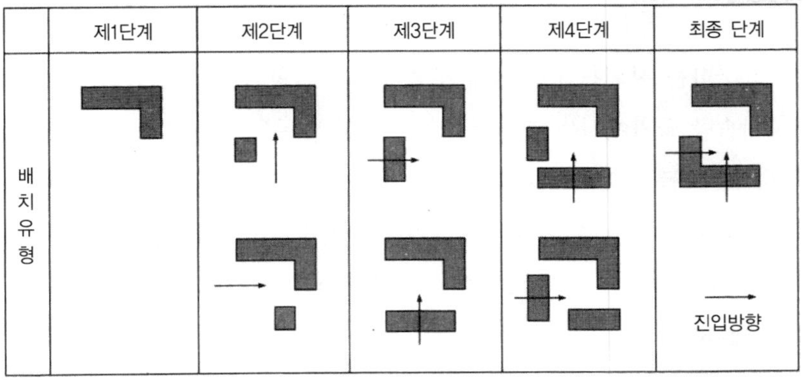

그림 3-5 서울 · 중부형 민가의 배치 유형
(출처 : 조성기, 『한국의 민가』, 한울아카데미, 2006, p.210)

면, 이것이 바로 낙원이다. 이와 같이 고온건조한 땅에서 강열한 햇살과 건조한 열풍을 막으려면 물, 녹지, 그늘이 있는 중정은 그야말로 인공적인 낙원으로 통한다. 이라크의 전통주택 '타마르(Tamar)' 는 중동지역의 대표적인 주택이다. 지하1층에 지상2층인 타마르는 특히 외부에 대한 시각적 보호가 매우 강조되어 있다.

주택의 내부공간은 중정을 통해서만 개방되었고 주택 내부에서 외부와 접촉할 수 있는 길은 2층의 '쉐나실(shenashil)' 이란 격자창살이 있는 창문을 통해서만 가능하다. 이와 같이 이슬람문화권의 주택은 사회계층의 복잡화, 남녀 간의 계율, 가족의 독립성, 외부 손님의 접대 등, 사회적 요인 때문에 주거의 제약이 많다. 가령 여름철의 취침 장소는 두 단계로 나누어, 낮잠은 오후에 서늘한 지하실에서 자고, 밤에는 자정 이후에 옥상을 이용하는 등, 일상생활이 기후조건과 불가분의 관계에 있다.

이밖에 동양적인 중정형 주택의 발전은 여러 가지 요인 중에서도 고도의 프라이버시를 요구하는 사회관습에 쉽게 부응하는 주거형식이었다. 중정형 주택이 일반화된 중국 · 한국 · 이슬람 국가에서는 전통적으로 여자의 활동은 외부에 노출되지 않는 것이 사회적 관습이었으므로 그들은 외부의 시선으로부터 격리되고 보호되어야 했다. 특히 중정형 주택에서 파악되는 기본적인 특징 중 하나는 대문간에서 직접 중정을 바라볼 수 없게 한다는 것이다. 이때 대문에서 마주 보이는 곳은 벽으로 처리하고 중정으로의 진입동선은 우회시키는 방식이 주로 사용되었다.[27]

3.2.3 안마당 - 구획된 방과 중심 · 축

한국전통주택에서 안채와 여기에 딸린 안마당은 울안 전체의 공간으로 보아 집의 뒤쪽이고 또는 위쪽이거나 높은 쪽에 있다. 반대로 사랑채는 집의 앞쪽이며 울안에서 보아 아래쪽 또는 낮은 쪽이다. 이렇게 보면 안채와 여기에 딸린 안마당은 안쪽과 뒤쪽으로 물러앉아 있어서 결국 안식과 보호의 터전으로서 위치한다.

뜰집은 주거공간이 일정크기의 안마당을 둘러싸는 형식이다. 이러한 둘러쌈이란 안채와 사랑채와 같은 주거공간을 경계역으로 하여 구획된 내부와 외부공간으로 나누는 것이다. 이때 구획된 내부와 외부공간은 분명히 가치를 달리하고 그 경계역으로서 주거공간이 내부와의

27) 손세관, [중정형 도시주택의 공간구조에 관한 문화적 비교연구], 대한건축학회논문집, 제10권11호, 1994 특별한 사례로서, 규모가 작은 ㅁ자형민가를 황해도와 경기도에서는 '똬리집', 충청도와 경기남부에서는 '뙈새집' 이라 부른다. 이를 민가는 중부지방에 분포하기 때문에 흔히 가운데 칸에 마루가 있고 중정(마당)에 면한다. 방은 서로 연결되지 못해도 지붕은 끊어지지 않고 이어져 있어 똬리의 모양이 뚜렷하다. 마당넓이가 단칸이므로 올려다 보이는 하늘은 한쪽변이 1.5배 남짓하다. 중국사합원 사례, (북경의 주택 -p.90)

특정한 관계를 맺는 것이다. 다시 말해서 뜰집의 안마당은 담과 같은 선적(線的)인 구조가 아닌 주거공간으로 둘러싸여 있다. 주거공간은 마당에 대해 더 명확하고 견실한 외연부(外緣部)의 역할을 하고 있어 안마당과는 질적으로 유사한 성격의 공간이어서 서로가 신뢰관계에 있다. 그리고 주거공간의 또 다른 외연부는 바깥마당으로 둘러싸여 있고 최종적으로는 담장이라는 경계벽에 둘러져 있다. 따라서 안마당은 주위에 여러 겹의 위요부가 있어 철저하게 보호된 장소로서의 '내부(內部)' 인 것이다.

이와 같이 '우리집' 의 공간은 외부로부터 항상 구분되고 둘러싸일 필요가 있다. 둘러쌈이란 비단 물리적인 수단이 아니다. 둘러싸인 내부, 즉 안뜰은 여기에서 생활하는 가족공동체 한사람 한사람의 관계를 성장시키고 뭉치게 하는 것이 본질적인 역할이다. 이러한 배경을 게슈탈트(Gestalt)의 심리학적 용어를 빌리면, 뜰집의 담장 안은 비교적 구조화되어 있지 않는 '지(地, ground)' 로 해석되고 반듯하게 口형을 한 주거 부분과 그 안에 담긴 마당은 '도(圖, figure)' 의 성격으로 볼 수 있다. 그러므로 '도(圖)' 로서의 뜰집과 그 속에 담긴 마당은 주거의 질을 결정짓는 삶의 무대가 되는 것이다.

뜰집이 둘러쌈의 뜻에 충실하기 위해서는 닫히는 기능만이 능사가 아니라 열림의 기능도 필수적이다. 즉 어떤 것에 대해서는 열리고 어떤 것에 대해서는 닫히는 조절의 기능이 필요하다. 뜰집에서 문턱(或, threshold)[28]의 역할을 하는 출입문은 3개가 있다. 이 가운데 중심을 이루는 출입구는 대문간이다. 대문간은 일차적으로 외부와 내부를 소통하는 대표적인 곳이

28) 주거와 취락은 인간이 그 속에서 안주하기 위하여 집단적인 사회관계를 조정하는 어떤 장치가 있어 가능하다. 하라 히로시(原司公)씨는 이 장치를 '문턱(或, threshold)' 이라 부르고, 그 뜻은 침입해 오거나 유출하는 것에 대한 제어기구라 했다. 따라서 '문턱' 은 직접적인 물적 장치가 될 수 있고 간접적이고 사회 · 문화적 인 규약이 될수도 있어 하나의 경계개념이기 도 하다.

다. 대문간의 출입기능을 안전하게 하기 위해서는 몇 가지 장치가 따른다. 하나는 사랑방이나 청지기방을 여기에 인접시켜 외부인의 출입을 관리한다. 다른 하나는 출입이 직진되거나 뜰집의 내부가 보이지 않도록 대문간 앞이나 뒤에 면벽을 설치하거나 대문간의 진입을 한 번 꺾어서 출입토록 하는 장치가 그것이다. 두 번째와 세 번째 출입문은 안채가 대체로 집안의 맨 뒤쪽에 있다고 할 때 안채의 단부에 해당되는 부엌과 건넌방 앞에서 외부를 통하는 문이다. 부엌문은 소위 서비스 야드, 즉 고방이나 장독대가 있는 뒤안으로 통하는 문이며, 건넌방에 인접된 문은 사당채로 가거나 후원으로 통하는 문이다.

이와 같이 뜰집은 외부에 대해서 여러 겹으로 닫힌 형태를 취하고 있고, 안마당의 어떤 특정한 내용을 감싸 안으려는 자세를 취하고 있다. 이는 분명 가족 중심의 '내부성' 을 도모하려는 의도가 아니겠는가. 인간은 공간을 조직화하기 위한 수단으로 '중심(center)' 을 설정해 왔다. 이 중심은 실존적 공간의 기본요소이며, 건축공간은 '나' 의 신체의 연장으로 존재하는 것이므로 공간의 중심은 '나' 이고, 이는 곧 '우리집' 이며 가족이다. 건축공간의 중심은 흔히 기둥이 되기도 하고 혹은 벽난로(火), 우물(水), 가구(家具), 병풍 등이 되기도 한다.[29] 한 채의 뜰집은 여러 종류와 수의 방으로 구성되어 있는데, 가부장(家父長)은 가족과 가계들을 지휘 · 통솔할 수 있도록 필요한 방과 이들의 적절한 위치에 따라 짜여져 있다. 그러면 가독권(家督權)을 가진, 가부장이 의도하는 '집' 의 나아갈 목표는 어디에 있었는가. 여기에 공간의 중심이 분명 있을 것이다.

29) 香山壽夫, 김광현 역, 「建築意匠講義」, 도서출판 · 국제, 1998, p.36~38

일반적으로 가부장은 양반으로서 관직을 유지하거나 관직에 진출하여 조상의 업적 못지않게 가문의 영광을 계승해 나가는 것이 가장 큰 소망일 것이다. 더불어서 해마다 풍년이 들고 가족의 무명장수를 위해 초월적인 신령, 즉 성주신과 조상신을 극진히 모심으로써 이룰 수 있다고 믿어왔다. 그렇다면 대표적인 신령님이 좌정하고 의례가 거행되는 장소는 어디인가. 바로 안채의 중심인 대청과 그 앞의 마당이다. 대청과 마당의 신화적인 배경은 성주신과 지신의 대위(對位)관계이며 풍수설에서 말하는 명당(明堂)과 혈(穴)의 관계에서 찾아볼 수 있다. 성주신은 하늘을 본향(本鄕)으로 하고 천지(天地)를 왕래하는 신이며, 가신 가운데 가장 으뜸이 되는 신으로서 하위의 가신을 통할하며 땅에서는 집안의 마루에 좌정한다. 이에 비해 지신은 마당이라는 장소에 한정되지만 대지의 중심에서 동서남북과 중앙의 방위를 통솔하고 열어주는 신이다. 특히 마루는 성성(聖性)의 중심이 되는 공간으로서 성주신 뿐 아니라 조상의 영을 봉안하는 공간이다. 그러므로 온돌에서는 먹고 자는 속된 생활이 이루어지는데 반하여 마루에서는 주로 잔치나 제사, 굿 따위의 의례가 열리는 곳이다.

또 풍수설의 용어 중 '혈(穴)' 과 '명당(明堂)' 을 복잡한 체계 속에서도 핵심을 이루는 부분이다. 이를 양택(陽宅)[30]에 대응시켜 보면 혈은 안채의 중심인 마루에 해당되는데 '좌(座)' 를 의미하고, 명당은 안마당에 해당된다. 마루는 좌를 의미하지만 풍수설에서 말하는 '좌(坐)' 와도 통한다고 한다.[31] 일반적으로 집의 좌향을 정할 때는 혈의 중심에 있게 될 좌와 명당의 중

30) 陽宅, - 음양론의 원리에 의하면 살아있는 사람을 陽이되고 죽은 사람은 陰이 되기 때문에 살아있는 사람의 주택은 陽宅이라 하고, 죽은 사람의 주택은 묘지는 陰宅이라 한다.

31) 마루는 원래 '貴人의 坐' 를 의미했고 동시에 座標의 의미가 있으므로 집의 坐向을 결정할 때 '坐' 와 상통한다는 것은 자연스러운 일이다. 또 이때의 坐는 신체를 전제로 할 때 坐의 의미가 성립하는 것이다. 그 뿐만 아니라 성주신의 신앙에서 신체의 座가 바로 마루에 있다는 사실도 이러한 관계를 뒷받침해준다.

심에 설치될 나침반이 근거가 된다. 그러면 집의 좌향을 정하는 근거로서 혈과 명당을 주변세계에 어떤 의미를 부여하는가. 혈의 경우 그 중심에 좌(坐)가 있고 이 좌가 어떤 방향의 혈을 중심으로 한 주변지세의 형국은 하나씩 의미를 갖게 된다. 즉 양택을 둘러싸는 주변 산들의 위치는 조산(祖山)으로부터 주산(主山), 혈(穴)에 이르기까지 혈의 좌향에 따라 동서남북이라는 방위보다 전후좌우라는 방향에 따라 의미가 정해진다. 이것은 가옥이 앉은 자리와 가옥이 마주하는 자연과의 관계, 즉 인간과 자연의 관계를 방위로서 설정한 것인데, 그 결과에 따라 우리 조상들은 집안의 명운이 정해진다고 믿었다.

3.2.4 뜰집의 중심성

우리가 대문간을 거쳐 안마당에 들어설 때 뜰집은 어떻게 체험되는가. 처음 마당에 들어서면 안정된 분위기에 싸인다. 다른 한편으로는 대문간에서 안마당, 대청, 지붕이라는 공간의 연속된 축과 방향성을 지각하게 된다. 이 가운데 대청은 대문간에서부터 시야의 표적이 되는데 안채의 정면성에서 기둥간격에 의한 대청공간의 표현이 중심이 되고 있다. 안대청은 주로 전면 2칸과 3칸 규모가 많은데 어느 경우이거나 수직적인 기둥의 조합에 따라 빛에 의한 입체적인 조형성을 강하게 느끼게 한다. 기둥에 의한 정면성은 시각적으로 풍기는 단아함과 엄격성이 의례공간의 신성성마저 느끼게 하여 공간의 중심으로서 손색이 없다. 더욱이 이러한 느낌은 안마당의 표면이 단정하고 정갈하게 다듬어졌을 때 더욱 그러하다.

이와 같이 대청은 안마당과 더불어 삶의 원리적인 의식이 열리는 제사장소(祭場)이라는 점에서 시각적인 이미지와 더불어 뜰집의 중심으로서 역할을 다하고 있다. 공간의 중심은 뜰집의 마당과 같이 일반적으로 '모든 수평방향의 운동이 끝나는 지점이라는 뜻에서 땅과 하늘

을 통합하는 수직적인 세계의 축(axis mundi)' 을 체험하게 된다.[32]

우리가 논리적으로 생각할 때 우주와 그 중심은 하나일 수밖에 없다. 그러나 신화적 사고로 본 우주는 수많은 중심을 가질 수 있다. 다시 말해서 중심을 가진 부분은 우주라는 전체를 그대로 상징하고 있으며 전체가 갖는 힘을 모두 가질 수 있는 것이다.

태극도(설)에서는 태극(太極)을 모든 만물에 각각 내재하는 소우주의 개념으로 파악하고 있으며, 이 소우주는 그 나름의 중심, 축을 갖고 있다고 풀이한다. 이렇게 보면 마당을 중심으로 한 단위 하나하나는 나름대로의 태극을 구비하고 있는 소우주의 세계이며 마당 한가운데에는 천상(天上)과 지하(地下)를 잇는 수직축이 관통하고 있다고 믿어왔다. 또 천지합일(天地合一) 사상은 하늘의 질서는 마땅히 땅 위에서 구현되어야 한다는 사상인데, 이는 천기(天氣)와 지기(地氣)는 서로 감응되어야 한다는 풍수지리설과도 상통한다. 이에 따르면 마당은 수직적으로 땅속의 지기(地氣)를 함양하고 천기(天氣)를 호흡하는 곳으로 생각했으며[33] 가옥의 출입문은 수평적으로 주변의 기(氣)를 호흡하는 통로로 생각했다.

이렇게 보면 뜰집은 소우주의 세계이며 위 · 아래로 열려있는 마당과 이를 둘러싸고 있는 주거공간이 천기(天氣)와 지기(地氣)를 입체적으로 호흡하고 보존하려는 적극적인 주거형태를 보여주고 있다.

32) C. Norberg-Schulz, 「거주의 개념-상징적 건축으로서」, 이재훈 역, 태림사, 1992
33) 황기원, 「자연속의 건축과 건축 속의 자연」, 〈plus〉 (1998년 2월), p.169

3.2.5 뜰집 안마당의 장소성

우리나라 뜰집의 안마당은 다른 나라 중정식 주택처럼 내 · 외부공간이 단절된 모습과는 다르다. 더욱이 우리의 안마당은 이를 둘러싼 주거공간과 고립된 관상용의 외부공간이 아니다. 오히려 안마당과 주거공간 사이의 활발한 교류로 인해 서로간의 영역이 일체화되는 특성이 있다.

안마당과 중정에 대한 용어상의 해석을 김봉렬(金奉烈) 씨는 안마당이란 안채에 딸린 마당(private yard)과 둘러싸인, 안에 있는 마당(inner count)의 개념이 복합된 명칭이지만 중정이란 후자의 개념만을 지칭한 것으로 서양의 것-patio나 중국의 것-원자(院子)에 가까워서 안마당집(口집)과, 중정식 주택(patio house)은 동양과 서양의 차이만큼 엄청난 개념의 차이를 가져오게 된다." 고 하였다.[34]

여기에서 외국의 중정식 주택의 구법(構法)과 재료를 먼저 살펴보자. 유럽의 주택은 석조(石造)와 목조(木造) 혼합지역에 속하고 벽체는 돌과 벽돌에 의한 조적조(組積造)가 주류를 이루고 있으며 목조지붕의 경우가 많다. 지중해 연안에서 중국(中國)에 이르는 넓은 지역을 예부터 몇몇 고대문명(古代文明)의 중심지로서 발달해 왔고 종교적 · 문화적으로 다양성이 있어왔다. 이들 지역은 서로 다른 주거문화를 보여주고 있으나 구조적으로는 조적조라는 점에서 공통된 지대이다. 중국은 이와 같이 장대한 지대의 동쪽에서 목조와 조적조가 예부터 발달하였고

34) 김봉렬. '방밖의 방-안마당의 성격', 「건축과 환경」, 1986/2, p.85

그 양쪽이 혼재하고 있다. 이렇게 보면 중국주택은 중정식 주택이지만 구법상으로는 조적구법과 목조(木造)에 의한 축조구법(軸造構法)의 혼합지역에 위치하고 있다. 이에 비해 한반도의 주택은 넓은 동남아시아의 축조지역에 속하며 벽체와 지붕이 주로 목(木)조이다. 따라서 주택의 구법과 재료로 인해 주택이 갖는 고유의 양식과 표정은 엄청난 차이가 난다.

우리나라의 전통주거는 서양의 경우처럼 자연과의 관계가 맺고 끊는, 대립되는 경계구조[35]가 아니다. 목조 가구식의 벽체구조와 다양한 개구부(開口部)가 발달되어 있고 내 · 외부 공간 사이에 퇴와 처마와 같은 매개물로 인해 상당한 공간의 침투성이 있다. 건축공간의 침투성은 내외공간의 질적인 성격과 구성이 유사한가, 혹은 이질적인가에 따라 나타나는 경계구조

그림 3-6 안마당을 둘러싼 주거공간의 긴밀한 구조(청운동 성천댁, 중요민속자료 제172호)

35) 인접된 두 공간 사이의 침투성은 自我와 非自我의 경계상태를 나타내는 투과성(透過性, permeability)와 비투과성(impermeability)이라는 개념으로 나타낼 수 있다. 왜냐하면 자아경계는 자아라는 心的영역을 둘러싸고 있는 막(膜)이라든가 벽과도 같은 것으로 설명될 수 있기 때문이다.

의 상태를 반영한 것이다. 다시 말하면 안마당과 이를 둘러싼 주거공간의 경계구조는 두 공간의 생활내용이 얼마나 빈번하게, 그리고 밀접하게 연계성을 가지고 전개되는가에 따라 달라질 수 있다.

누구나 대문간을 통해 안마당에 들어서 보면 공간의 침투현상이 활발하게 일어나고 있음을 단번에 알 수 있다. 우선 대청과 툇마루를 비롯한 부엌, 통래간, 외양간 등은 바깥쪽으로는 폐쇄적인 구조지만 안마당쪽으로는 침투성을 현저하게 느낄 수 있는 경계구조를 보여준다. 이 부분은 공간의 침투성이나 투과성으로 설명되는 것 보다 공간의 유동성으로 표현되는 것이 적절할 것이다. 뿐만 아니라 안마당을 둘러싸고 있는 주거공간에는 때에 따라 편리한 대로 생활의 일부가 마당으로 흘러나오거나 넘쳐흐른다. 특히 침투성이 활발한 대청과 부엌 부분에서는 아예 경계벽이나 출입문이 없을 정도로 경계가 명확하지 않기 때문에 생활과 작업의 상당한 부분이 안마당으로 쉽게 유출되고 있다. 다시 말해서 주생활의 무대가 부엌과 대청 · 방에서 토방으로, 때로는 마당의 한 가운데로 옮기거나 넓혀져도 전혀 부담 없는 것이 안마당의 장소적 속성이다. 공간의 경계부에는 마치 촉수와도 같은 역할을 하는 장치들이 있어 경계부의 유동성을 촉진시키고 있다. 다시 말하면 지붕선을 따라 흐르는 깊은 처마라든가 개방된 대청과 툇마루에서는 내외공간이 그대로 흐르고 있으며, 이들은 모두 공간의 깊이감을 더하여 투과성을 촉진시키는 묘한 기능을 다하고 있다.

동양과 서양의 건축개념을 비교한 김성우(金聖雨) 씨는, 서양은 충족된 독립체로서 솔리드한 공간을, 반면에 동양은 사각형의 외곽을 구획하고 그 속이 채워지기를 기다리는 그릇과 같이 빈 마당을 두는 것을 기본골격으로 하고 있으며, 이러한 경향은 조선시대 주택의 경우에 어김없이 적용되고 있다 하였다. 그리고 덧붙여서 동양의 집은 삶의 무대로서 사람이 주인공이 되어 연기를 해야 할 무대만이 있다고 하였다. 그리하여 집이라고 하는 것은 거기에 사는 사람

들과의 상호교감적인 역동적 관계가 중요하다고 했다.[36]

우리나라 전통사회의 단위는 집(家)이며, 이 집은 어떤 사회집단보다 중요시하였다. 여기에서 가족 개인은 이 집에서 독립하지 못하고, 집안의 인간관계도 언제나 상하(上下) 신분의 서열에 의해서 이루어졌다. 이와 같이 유별난 우리나라의 가족주의적 경향에 대해 최재석(崔在錫) 씨는 우리 민족의 험난한 역사 속에서 국가가 가족, 개인을 확실하게 보호해주지 못했기 때문에 가족집단이 스스로 그들을 중심으로 하여 자기 생명을 보호하고자 했던 결과라고 하였고, 한국인의 삶은 '가족'에서 시작하여 '가족'에서 끝나는 인생이라 진단했다.[37]

한국의 전통주택은 유교사회의 가부장권과 부부권(主婦權)이 분담된 역할뿐 아니라 유교적인 덕목(德目)이 주거공간에 잘 반영되어 있다. 사랑채는 가장(家長)을 중심으로 하는 남성들의 공간으로서 접객(接客)과 수문(守門)의 역할을 수행하고 있으며, 안채는 주부를 중심으로 한 가정의 가계(家計)와 자녀의 양육을 맡아 수행하는 곳인데, 이들 모두가 주거공간에 잘 반영되어 있다. 이와 같이 가부장권과 주부권으로 대표되는 두 개의 영역은 전통주택에서 마치 두 개의 중심을 가진 타원형과 같은 도식으로 설명될 수 있다. 그런데 두 중심권 사이에는 의례히 안마당이 자리하고 있어 두 권역이 일정한 거리를 확보하도록 배려된 것은 유교적인 규범과도 같은 것이었다. 특히 안마당은 집안의 여주인이 기거하는 공간으로 폐쇄성이 매우 강하여 남자의 임의출입이 제한받는 심리적 · 도덕적 구획 공간으로서 집안의 크고 작은 일이 있을 때에는 일가친척이 모이는 집회와 의례공간이 되기도 했다.

36) 金聖雨, '동양건축에서의 집과 사람' 「공간」 238호, 1987/6, p.52~54
37) 崔在錫, 「한국인의 사회적 성격」, 개문사, 1977, p.23~34

주거는 일상적인 생활이 이루어지는 장소이다. 일상생활이란 우리들의 실존에 있어서 연속적인 생활을 의미하는데, 이 때문에 주택의 내외공간은 우리의 친숙한 기반이 된다. 그러나 우리는 일상생활 이외에 집안과 가족의 풍요와 건강을 위해 주기적으로 행해지는 세시풍속(歲時風俗)이 있는가 하면 의식(儀式)적인 의례도 거행된다. 사람이 세상에 태어나서 죽음에 이르는 여정에는 여러 개의 관문(關門)이 있다. 말하자면 관혼상제(冠婚喪祭)의 의례를 말한다. 이러한 관문은 주로 대청과 마당에서 맞으면서 온 집안이 정성을 쏟아 극진히 준비하고 감사하고, 기원을 한다. 의례가 있게 되면 가족뿐 아니라 가까운 친척들이 참여함으로써 강렬한 혈연적 유대감과 공동체적 일체감을 보이게 된다. 이와 같이 우리 전통주택의 안마당은 삶의 터전이기 이전에 우리만이 갖고 있는 삶의 원리적인 의식이 열리는 제장(祭場)이 되어 왔다. 선조를 기억하는 의례 때는 음덕(陰德)에 감사하는 조상을 숭배하는 분위기가 집안 가득할 것이고, 흥겨운 잔칫날에는 얼마나 화기 넘치고 평화로운 무대(舞臺)가 될까. 이와 같이 우리의 안마당은 비록 투명한 빈터지만 일상 시에는 온가족이 쉴 새 없이 상호교감을 주고받는 가운데 화목한 기운이 흘러넘치고, 또 집안 의례가 열리면 집안 공동체의 역동적인 감응을 통해 가족의 무사태평을 기원하고 혈연의 결속을 보여 왔던 집안의 제장(祭場)이었다.

3.3 뜰집의 건축성

옛 마을에는 집들이 옹기종기 모여 있다. 집들의 상부는 주변 언덕의 모습을 닮은 지붕을 이고 아래로는 나무 구조물 사이사이로 대지를 끌어 올린 모습이다. 밝은 지붕의 처마 아

그림 3-7 우산각 지붕(수졸당)

그림 3-8 서산각 지붕(손동만 가옥)

래로 그림자가 드리워져 마을 뒷산의 품 아래 마을은 한 덩어리로 보이며, 많은 집들은 부조(浮彫)되어 자글자글 앉아 있는 모습이다. 마을 어귀에서 마을 안으로 난 길을 따라 들어가면, 크고 작은 텃밭, 마당, 대청 등의 공간이 다양한 구조물 사이로 펼쳐진다.

3.3.1 지붕의 조형성

뜰집 지붕의 용마루선이 연결된 우산각 지붕을 가진 뜰집은 대부분 평지에 있고, 대지 바닥 차이가 큰 경사지에는 용마루선이 단절된 형태의 서산각 지붕 형태가 많다. 용마루선 아래 전면이나 측면 방향으로 하얀 버선코 같은 박공이 살짝 드러난다. 팔작지붕, 우산각지붕, 박공지붕 등이 높낮이를 달리하며 하나의 지붕으로 조합된 형태이다. 용마루는 여러 조각 천을 이은 재봉선처럼 보이며, 치마처럼 자글자글한 처마의 암수키와 음영들은 마당을 향해 서까래, 문선 등으로 내린다.

3.3.2 내외부간의 시선

대문을 들어서 안뜰을 바라보면, 구조체와 그림자들은 안채의 분절된 공간적 깊이감과 상승적 시선감은 안뜰과 대청의 공간적 위계와 경계를 만든다. 차마와 처마들은 내부로 시선을 모으고 안내한다. 대청 뒤는 앞에서 뒤로, 현재에서 미래로, 사람을 자연으로 인도한다.

그림 3-9 안뜰에서 보는 대청(손동만 가옥)

그림 3-10 안에서 외부로 보는 시선(손동만 가옥)

그림 3-11 안뜰과 대청, 대청에 제사상이 걸려 있다.(손동만 가옥)

그림 3-12 대청에서 문간채 밖으로 보는 시선

그림 3-13 외부에서 내부로 보는 시선(손동만 가옥)

그림 3-14 외부에서 내부로 보는 시선(수졸당)

3.3.3 안뜰 내부의 하늘

안채에서의 하늘은 세계로 열린 창이다. 하늘로부터의 별이나 비는 하늘의 모습이 안마당으로 내린다. 땅에 있는 자는 하늘과 관계를 맺고자 한다. 움집의 지붕을 받치는 기둥(支柱)은 땅 위의 거주공간을 하늘로부터 받친 형태이다. 기둥은 외부의 야성과 내부의 안전한 거

그림 3-15 안뜰에서 하늘(손동만 가옥)

주 공간을 구분하며, 땅의 존재를 하늘과 관계맺게 하는 우주목(宇宙木, 우주로 통하는 통로)이다. 밖은 정원이고, 그 중심에 집이 있는 외정형 주택과 달리 뜰집의 중앙에는 비움이 있다. 비워진 공간을 통해 하늘과 교류한다. 하늘의 신성함은 마당을 통해 대청에 모시는 선조들과 연결된다.

3.3.4 안채와 사랑채

안채는 외부공간으로부터 보호될 수 있는 영역이다. 안뜰은 안채에 있는 가족의 얼굴을 볼 수 있는 크기를 유지한다. 안채에서 자손이 태어나고, 결혼식이 열리고, 병수발을 하고 제사를 모시게 된다. 안뜰은 일상에서 생로병사의 경계를 여는 무대(舞臺)가 된다.

대청에 앉아 있으면, 지붕 너머 앞산을 마주볼 수 있고, 지붕 아래 대문간 사이로 외부를 선택적으로 볼 수 있다.

그림 3-16 생활공간으로서의 안마당

반면 사랑채는 사회적 공간이다. 외부로부터 오는 객을 맞이하고, 들녘의 농사일을 관찰할 수 있는 외부로 열린 공간이다. 대청마루는 지붕을 높이고 누각형태로 만들어 풍류를 즐길 수 있는 남성들의 공간이다. 사랑마루와 큰사랑, 작은사랑, 책방 등으로 구성되며, 가문의 사회적 지위가 표현되기도 한다.

그림 3-17 외부로 열린 사랑채 외관

그림 3-18 사회적 공간, 사랑채

그림 3-19 대청마루의 내부 생활공간

그림 3-20 대청마루, 문을 들어올려 바깥세계를 맞이함

그림 3-21 사랑마루, 누각과 같은 형태로 외부로 열려 있다.

3.3.5 채의 벽면과 처마의 결합

채의 벽면 구성은 상인방, 하인방이 있고, 그 사이에 개구부를 내어 인체척도적인 안정감과 함께 친근감을 갖는다. 이러한 벽체 하부에는 땅이 솟아오른 기단과 상부에는 하늘을 맞이하는 빗살무늬 처마가 전체적인 조형성을 완결시킨다.

그림 3-22 입면 규모의 분할

그림 3-23 지붕의 조형성

그림 3-24 서산각 집의 외관, 지붕의 조형성

그림 3-25 자연스런 입면분할

그림 3-26 서산각 지붕의 회첨골

그림 3-27 벽면의 개폐와 용마루의 연결

그림 3-28 벽면 앞의 툇마루와 처마

그림 3-29 지붕의 높낮이와 처마의 균형

지붕의 빗물을 유도하기 위해 지붕간의 접합부에는 회첨골이 생긴다. 안채 지붕의 보에서 연결된 보는 행랑채의 용마루를 이루며, 지붕이 연결된다.

3.3.6 내외부간 통로와 솟을대문

외부에서 안채로 가기 위해서는 솟을대문을 지나 바깥마당을 거쳐 안뜰로 들어가게 된다. 바깥마당에는 남성들이 출입할 수 있는 영역이고, 안마당에는 채나 담장으로 구획되어 출입이 통제된다. 여러 겹의 경계적 구조로 공간적으로는 위계성과 깊이감이 생겨난다. 통래간에 나 있는 쪽문은 안마당과 바깥마당을 연결하는 통로이다.

그림 3-30 측면 정지인 통래간으로 들어서 안마당과 바깥마당에서 보는 모습

그림 3-31 솟을대문

3.4 뜰집의 일체화 과정

일반적으로 다음 그림 3-32에서 보이는 뜰집을 정형에 가까운 일체형이라고 본다. 이러한 ㅁ자형 뜰집은 공간짜임새가 명확할 뿐만 아니라 구조적으로도 꺽임부분이 있고 대지 지형상 단 차이까지 있으므로 복잡하다. 여러 단계를 거쳐서 발전되어 왔을 것이라는 짐작은 누구나 하지만 남아있는 유구의 시대적 관점으로 정리해서는 엉뚱한 결론이 나오기 십상이다. 남아 있는 유구가 시대적으로 남아 있지 않기 때문이다.

따라서 이 절에서는 뜰집의 계획적인 관점에서 일체화 과정을 살펴보고자 한다. 공간적으로 뜰집의 전단계로 보이는 연결형 뜰집의 사례와 지붕구조의 연결부를 완성시키지 못한 사례를 통하여 뜰집의 일체화 과정을 짐작해보고자 한다.

3.4.1 일체형 뜰집의 사례

뜰집의 일체화과정이 안마당을 중심으로 '에워쌈' 의 공간을 연출하는 과정이라고 본다면, 일체형 뜰집이 등장하기까지는 중간단계의 유형으로서 연결형 뜰집을 들지 않을 수 없다. 말하자면 口자형 주택에 앞서 튼 口자형 주택을 들여다보면 일체형 뜰집이 형성되는 과정을 읽어 볼 수 있다. 일체형 뜰집이 형성되는 과정에서 의미 있는 몇 가지 사례를 들어보면 다음과 같다.

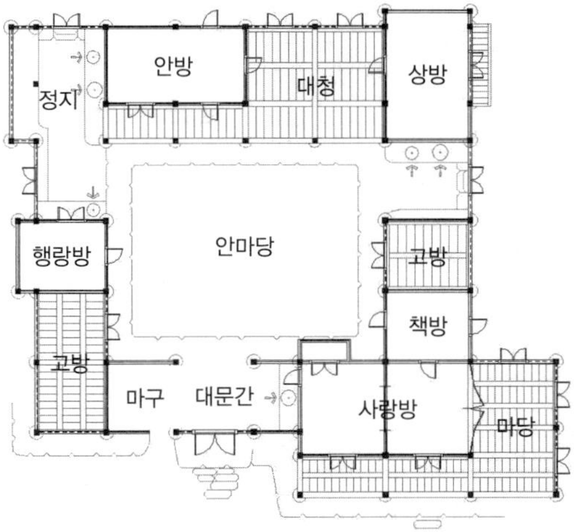

그림 3-32 영남 · 중부형 뜰집 평면도
(출처: 한국의 민가, 조성기, p231)

[사례 1] 경북 영양군 석보면 원리 2동, 석계 고택(石溪古宅)

이 집은 조선시대 학자인 석계 이시명(李時明, 1590~1674) 선생의 고택이다. 석계고택은 선생이 석보(石保)에서 살던 집으로 一자형 안채와 사랑채가 남북으로 나란히 배치하고

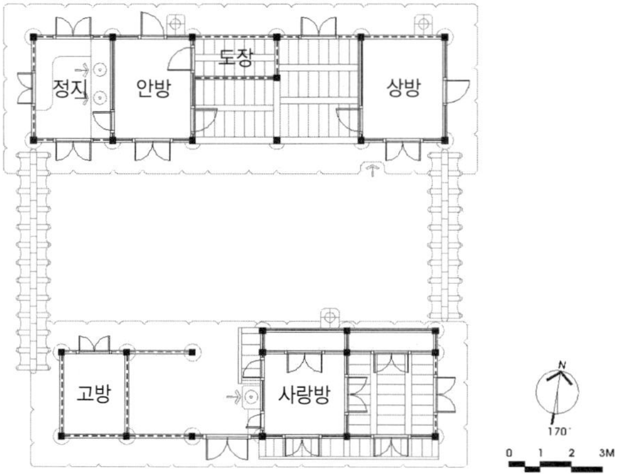

그림 3-33 경북 영양군 석보면 원리 2동, 석계 고택(石溪古宅) 평면도
(출처: 김화봉 「'뜰집'에 관한 연구」, 부산대학교, 1999. p.304)

양쪽을 토담으로 막았다. 안채는 영남형 평면으로 퇴 없이 중앙에 2칸 대청을 두고 양쪽으로 안방과 건넌방이 배열되었고 대청은 마당쪽으로 열려 있다. 사랑채는 대문간을 중심으로 동쪽에 사랑대청과 사랑방, 서쪽에 마구와 고방이 배열되었다. 사랑대청은 앞문이 굽널을 붙인 세살문을 달았으나 뒷문과 측면은 모두 허하지 않게 판장문을 달았다. 안채와 사랑채의 지붕은 모두 맞배지붕으로 처리되었고 구조는 모두 퇴 없는 3량집이다.

이 집의 특징은 안채와 사랑채의 구성이 간결하게 기본을 잘 담아 계획되었고, 안채와 사랑채 사이를 막아 안마당을 폐쇄시킨 것인데 이는 이 지방 뜰집 고유의 공간의식과 무관하지 않다.

[사례 2] 경북 안동군 임동면 지례동 국란리 903, 김종구 가옥

김씨 집은 남북으로 고저차가 심한 대지 위에 ㄷ자형의 안채와 一자형의 사랑채가 연결형의 뜰집을 조성하였다. 안채와 사랑채의 연결은 동 · 서로 일각문이 있는 담장으로 연결하였다. 안채는 가운데에 2칸 대청을 두고 동쪽에 안방과 정지, 서쪽에 상방 · 공루 · 모방이 ㄷ자형으로 배열되게 앉았다. 사랑채는 안마당 앞을 一자형으로 막으며 왼쪽에 2칸의 사랑방 오른쪽에 대문간 · 외양간이 배열됐다. 이러한 연결형 뜰집은 안동지방에서 쉽게 볼 수 있는 유형으로서 안마당은 2×3칸 크기이다.

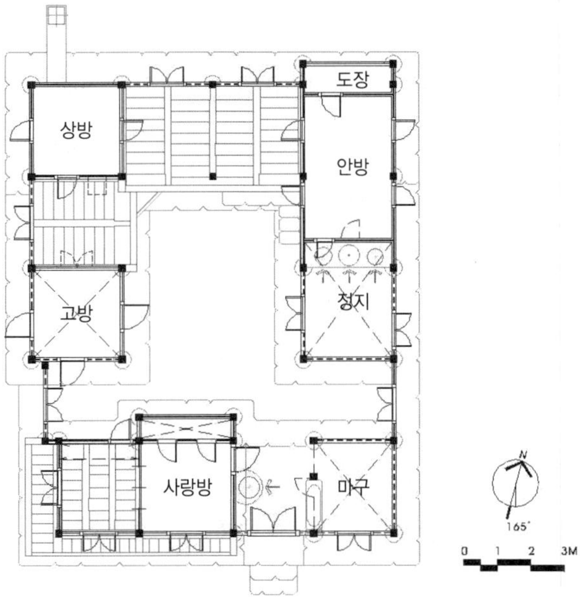

그림 3-34 경북 안동군 임동면 지례동 국란리 903, 김종구 가옥 평면도
(출처: 김화봉「'뜰집'에 관한 연구」부산대학교, 1999, p.304)

김씨 집은 남북간의 지형차가 1.2m 정도인데 대청 부분과 양쪽 익랑 부분, 그리고 사랑채 부분이 자연스럽게 단차가 생기고 있다. 김씨 집의 지붕형태는 모두 맞배지붕 계열인데, 지형의 고저차로 인해 대청 부분의 처마도리가 양쪽 익랑의 종도리 위에 앉게 됨으로써 지붕형태의 율동감을 느끼게 한다.

[사례 3] 경북 안동군 도산면 원천리 898-1, 이원봉 가옥

이씨 집은 경북 민속자료 11호로 지정된 집으로, 안동댐 수몰로 인하여 현재(1975년 12월 31일 이전) 안동시 안막동 119-1번지로 이전됐다. 이씨 집은 ㄷ자형의 안채와 一자형의 사랑채가 대문간에서 만나 연결형 뜰집을 조성하고 있다. 연결부는 사랑채가 대문간과 안채의 오른쪽 익랑 끝에서 연결되고 있다. 지붕형태를 보면, 안채와 사랑채 모두 맞배지붕이 기조를 이루고 있다. 이씨 집의 도리높이는 안채 대청 부분의 처마도리가 가장 높아 양쪽 익랑의 종도리 위에 앉았고, 왼쪽 익랑은 대문간의 종도리 위에 앉아 단계적으로 리듬감을 느낄 수 있다. 이에 비해 사랑채는 안채와 구조적으로 독립된 위치에 있으므로 독자적인 도리 높이를 보여 사랑채의 위용을 높이고 있다.

안채는 2칸 대청을 중심으로 왼쪽에 안방과 정지, 그리고 고방이 익랑채를 이루고, 오른쪽에 상방 · 아랫방이 익랑을 이룬다. 아랫방은 원래 고방이었다 한다. 이씨 집의 토방(축담)에는 2개소에 차면벽이 있다. 하나는 대문간 왼쪽 토방과 사랑채 뒤쪽으로 아랫방이 토방이다. 모두 안채 부녀자들의 활동반경을 넓혀주는 외곽시설이다.

사랑채는 대청을 사이로 큰사랑과 작은사랑으로 분화되었으며 대청을 중심으로 세 방향에서 들어열개로 공간이 개방될 수 있도록 배려하였다. 작은사랑 앞은 25cm 높여 누마루를

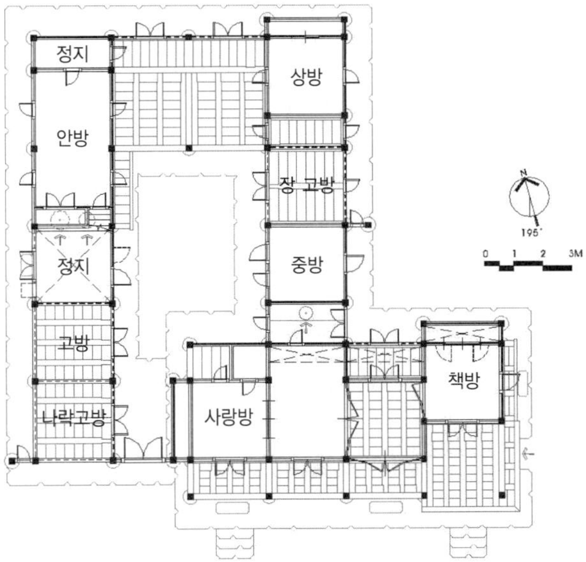

그림 3-35 경북 안동군 도산면 원천리 898-1, 이원봉 가옥 평면도
(출처: 김화봉「'뜰집'에 관한 연구」부산대학교. 1999. p.249)

조성했고 계자난간을 돌렸다. 큰사랑 뒤에는 벽장을 설치하여 안마당으로의 시선을 차단했고 벽장 끝에는 부엌에 음식을 배선하기 위한 배선구를 설치하였다.

[사례 4] 안동시 임하면 천전리 256번지, 김시발 가옥

김씨 집은 1860년경에 세워진 것으로 전해진다. 얼핏 보기엔 일체형 뜰집처럼 보이지만 자세히 보면 기둥의 열이 맞지 않는 부분이 두 곳이 있다. 하나는 안채 부엌과 사랑채의 마

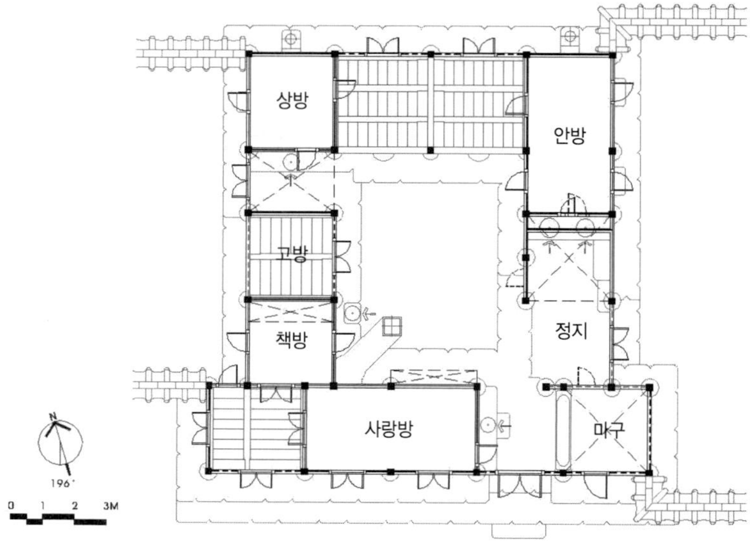

그림 3-36 안동시 임하면 천전리 256번지, 김시발 가옥 평면도
(출처: 김화봉 「'뜰집' 에 관한 연구」부산대학교. 1999. p.249)

구 부분이고, 사랑대청과 책방 부분이 두 번째 부분이다. 아마도 집의 처음 모습은 ㄷ자형의 안채와 一자형의 사랑채가 먼저 지어졌으며, 그림과 같은 일체형이 아니었을 것이다. 따라서 一자형의 사랑채는 원래 모습이지만 ㄷ자형 안채에서 2칸 정지는 원형이 1.5칸 반 정도가 아니었을까 싶다. 동시에 왼쪽 익랑의 고방 옆 책방은 원래 없던 것인데 증 · 개축을 하면서 책방이 등장했을 것이다.

이처럼 ㄷ자형의 안채와 一자형의 사랑채는 처음엔 일체형으로 발전시킬 계획이 없었으며 뒤늦게 일체형으로 만든 결과 기둥의 열이 맞지 않는, 소위 무계획으로 인한 구조상의 결함이 발생한 것이다. 김씨 집은 연결형 뜰집이 일체형 뜰집으로 발전한 사례 중, 무계획으로 인한 구조상 결함을 볼 수 있는 사례라 할 것이다.

3.4.2 지붕 연결구조의 발달

뜰집의 지붕은 다음 그림 3-37에서 보는 바와 같이 채의 중심을 따라서 ㅁ자형의 용마루선이 채의 단차이를 극복하면서 연결되어 있는 것에서 큰 완결적 의미를 갖는다.

이렇게 뜰집을 하늘에서 볼 때, ㅁ자형의 용마루선을 갖기 위해서는 대지 지형의 고저차를 극복하기 위하여 지붕 연결구조 기술이 선결되어야 한다. 여러 지역, 다양한 연대의 뜰집을 조사해보면 한 지역의 뜰집 구조는 비슷한 양상을 보이는 경우가 많다는 것이다. 말하자면, 일체형 뜰집이 존재하는 지역은 대부분 압도적으로 일체형이 분포하고 있고 튼 ㅁ자형의 뜰집이 있는 곳은 거의 튼 ㅁ자형의 뜰집이 분포한다는 것이다.

그림 3-37 안동시 도산면 토계리 수졸당

주민들의 의식을 보면 口자형의 가구에 의해 지붕이 일체화되는 '뜰집의 일체형' 은 격이 높은 건축물로 확실하게 인식하고 있어서 이러한 선택은 '기술력의 유무(有無)' 로 설명될 수 있는 것으로 본다. 목재의 크기나 길이도 관계가 되지만, 집을 짓는 목수의 구조적 설계능력과도 무관하지 않은 것으로 보인다.

[사례 1] 경북 청송군 청운동 성천댁

현존하는 가장 작은 뜰집으로 알려진 청송의 성천댁의 경우를 보면, 구조적으로 일체형 뜰집을 만들려는 시도를 볼 수 있다. 비록 안마당의 크기가 1.5칸에 불과하나 공간이 긴밀하

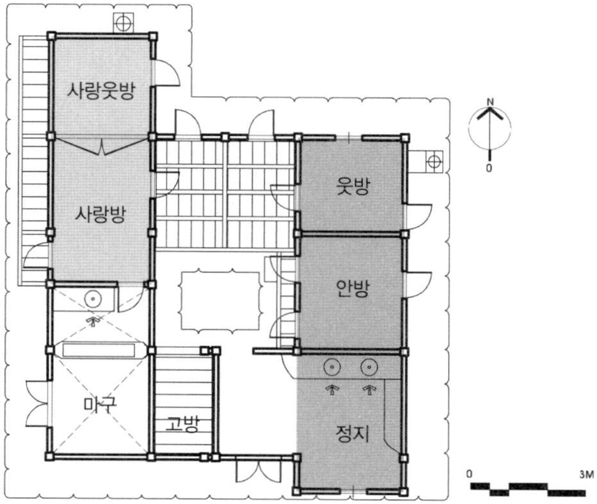

그림 3-38 경북 청송군 청송읍 성천댁

게 짜이고(그림 3-41), 대청에서 행랑채 용마루선 너머로 하늘이 들어온다(그림 3-39). 안채의 기둥에 연결된 측랑채의 보는 용마루의 단차이만큼 아래로 내려와 있으며 안채의 연결 기둥은 측랑측 응력을 지탱하기 위해 종도리 형식으로 한 번 더 연결되어 잡아주고 있어서(그림 3-40), 그 지붕 가구의 연결은 시험적이나마 일체형 뜰집 연결가구법을 따르고 있다.

그림 3-39 대청에서 본 용마루 선과 하늘

그림 3-40 안채 기둥에 연결된 측랑채 보와 보조도리

그림 3-41 대문에서 본 안마당

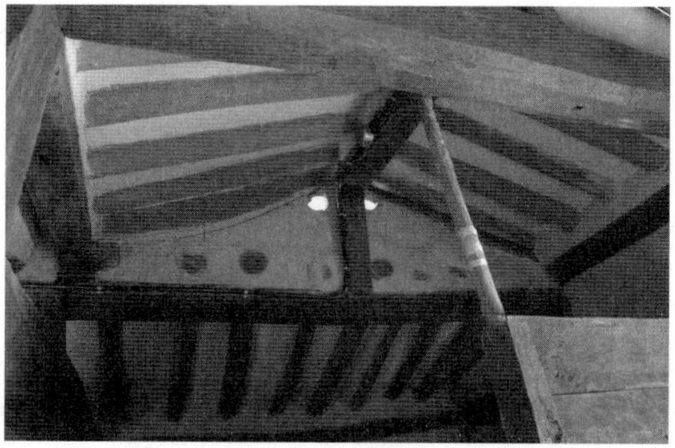

그림 3-42 측랑채와 행랑채가 만나는 팔작부분

측랑채들은 안채의 기둥에 연결되어 지붕의 높이를 낮추고, 측랑채와 행랑채 부분과 만나는 곳에서는 하늘이 안마당으로 열릴 수 있을 만큼 지붕 높이를 낮추며 그 차이만큼 팔작으로 처리되는데 이 삼각형 부분에 환기공인 까치구멍을 내고 있다(그림 3-42 참조).[38]

[사례 2] 안동시 도산면 일대인 토계동 이씨 고택

뜰집의 중요 분포지역은 경북 북부일대이며 특히 안동지역은 시대나 지역에 따라 다양한 뜰집을 선보이고 있다. 안동시 도산면 일대인 토계동에는 이씨 고택과 같이 몇 가옥이 뜰집의 지붕 연결구조를 해결하지 못하고 집을 마무리한 경우를 살펴볼 수 있다.

38) 안마당이 좁고 모든 공간이 긴밀하게 연결되었기 때문에 부엌의 연기가 빠져나가기 좋게 민가에서 쓰이던 換氣孔 까치구멍을 내었다.

그림 3-43 측랑채와 행랑채가 만나는 측면 부분

그림 3-44 안채에서 본 측랑채와 행랑채의 지붕선

그림 3-45 행랑채를 기둥에 연결하려는 구조재만 내민 상태

이씨 고택은 외관상 튼 ㅁ자형의 뜰집이다. 그러나 여느 뜰집처럼 안채에서 본 행랑채의 용마루선이 뜰집의 위요감을 형성하지 못하고 있을 뿐만 아니라 측면 부분을 보면 처마선들의 만남이 석연치가 않으며 기둥을 연결하려던 시도가 남아 있다(그림 3-43). 측랑채 단부를 자세히 살펴보면 행랑채를 기둥에 연결하려고 시도한 흔적을 볼 수 있다(그림 3-45). 물론 시

대적으로 뜰집의 일체형이 만들어진 훨씬 이후에 지어진 고택이기는 하지만, 구조적 내용을 보면 뜰집의 형성기에 있었던 목수들의 고민을 엿볼 수 있는 대목이라고 보인다. 행랑채의 대문간 부분의 위치로 보아서 뜰집을 만들고자 하였으나 측랑채와 행랑채의 결구 부분이 자연스럽게 해결이 되지 않아서 생긴 결과로 보이며 또 나름대로 행랑채를 연결시켜서 뜰집의 위엄을 갖추려고 노력한 것으로 볼 수 있다.

[사례 3] 안동시 임하면 임하리 국탄댁

다음 사례는 안동시 임하면 임하리 국탄댁이며 의도적으로 튼 口字형의 평면을 구성한 것으로 보인다. 뜰집 거주자 중에 안마당을 좀 더 넓혀서 쓰고자 했던 의도가 적극적으로 보이는 주택이며 지붕구조 측면에서도 측랑의 단부가 살짝 치솟으며 올라가도록 계획하고 쪽마루를 설치하면서 입면의 조화를 위해 애쓴 흔적에 나타난다(그림 3-46).

그림 3-46 측랑채의 단부가 행랑채와 엉성하게 맞섬

그림 3-47 측랑채의 단부가 공간적 · 구조적 미처리

그러나 측랑채의 단부가 공간적 · 구조적으로 미완성의 느낌으로 처리되고 입면이 정돈되지 않음으로써 뜰집의 공간적 짜임새뿐만 아니라 구조적 긴결성은 찾기가 어렵다. 이러한 사례는 과거 목수 교육체계가 도제식이었고 지역 간의 기술이동은 활발하지 않은 상태에서 단지 몇 번 보거나 들은 구조법만으로 뜰집의 지붕구조에 대한 해법을 찾기 위한 목수들의 다양한 시도로 볼 수도 있을 것이다.

4장 안동지역의 뜰집

뜰집은 처음부터 현재와 같은 모습으로 있었던 것은 아닐 것이다. 왜냐하면 뜰집은 극히 일부지역에만 자생하고 있고, 현재의 뜰집을 완성형태로 볼 때 여기에 이르는 중간단계라 볼 수 있는 여러 유형들이 공존하고 있기 때문이다. 더욱이 뜰집은 중간단계적 유형에 비해 기술적으로 차원을 달리한다. 이러한 중간단계에 있는 유형들은 한결같이 외부로부터 보호될 수 있는 안뜰의 거주성을 열망하고 있는 모습으로 보인다.

사실 뜰집은 여러 채의 가옥이 하나의 몸채로 결합된 결과이므로 뜰집에 이르는 여러 유형의 사례를 통해 선조들이 애써 갖고자 했던 주거성이 어디에 있는지 알아보는 것은 중요하다. 동시에 뜰집에 이르는 중간단계의 가옥에서 볼 수 있는 특성들은 특히 지붕구조와 관련이 깊어 보인다.

4.1 안채의 형식

뜰집뿐 아니라 영남지방의 상류주택 안채는 두 가지 형식을 고수하고 있다. 하나는 영남지방 민가의 안채에서 볼 수 있는 '영남형'과 또 하나는 서울과 중부지방 민가의 안채에서 볼 수 있는 '서울 · 중부형' 안채 유형을 가진 뜰집이 있다. 영남형의 안채는 정지 · 큰방 · 대청 · 상방이 一자형으로 구성되고, 서울 · 중부형은 두 가지 배열축이 있어 ㄱ자형의 평면을 보여준다. 즉 부엌 · 안방의 배열축과 대청 · 건넌방의 배열축이 대청에서 직교되게 꺾여 배열된다. 영남형은 주로 영남지방을 중심으로 분포되어 있으며, 서울 · 중부형은 서울과 중부지방에 분포하고, 그 밖에 다른 지방에서도 드물게 볼 수 있다.

영남지방의 사대부층은 일찍부터 서울 중심의 정계 · 학계와 깊은 관계를 맺어 왔으며, 중앙과 문화적 교류가 빈번하였다. 이러한 배경 아래 사대부 상류층의 주거는 당연히 서울 중심의 주거문화를 쉽게 받아들였을 것으로 보인다. 그러나 한편으로 지역의 토착적인 전통주거에 뿌리를 둔 계층은 쉽게 여기에서 벗어날 수 없었다.[39] 이러한 경향의 주거의식이 어느 정도 뜰집에 영향을 미쳤는지는 경북 북부지방의 중 · 상류 주택 중 서울 · 중부형의 안채형식을 많이 채택하고 있다는 점에서 알 수 있다.

뜰집과 같이 안마당이 폐쇄적이고 안채로 향한 진입방식이 단조로운 주거에서는 몇 가지 장단점이 있다. 우선 서울 · 중부형의 안채는 안방과 부엌의 배치방식을 보면, 대문간에서

39) 안동지방에서 조사된 뜰집 114개 사례를 분석한 결과, 안채 평면이 서울 · 중부형에 바탕을 둔 것이 87개 이었으므로 76.3%를 차지하였다. 조성기, 「한국의 민가」, 한울, 2006, pp. 233~234

오는 시선을 비켜갈 수 있고 대청의 전면 폭이 안마당의 가로폭과 같으므로 안채의 정면성을 강조할 수 있을 뿐만 아니라 뜰집의 공간적 중심을 형성하고 있다. 특히 툇기둥이 부각되고 대청 안이 음영이 질 때에는 시각적으로 정면에 길게 늘어진 열주(列柱) 효과를 보여주기에 충분하다. 더욱이 대청에 좌정하여 마당의 식솔들을 호령할 때의 위세는 대단한 상승효과를 주었을 것이다. 반면에 단점으로는 부엌 · 안방의 채광이 부족하다는 점이다.

따라서 뜰집의 안방은 뒤쪽에 골방이나 도장을 배치하여 안방을 마당쪽으로 밀어내어 불리한 채광환경을 개선시키고 있다. 이에 비해 영남형 안채의 경우, 장점이라면 우선 안방과 부엌이 전면에 위치하므로 실내 채광에 유리하고 주인이 실내에 앉은 채로 마당에 지시를 내릴 수 있다. 이에 비해 단점으로는 안방과 부엌이 시야의 정면에 들어오므로 부녀자의 활동이 위축될 수 있다. 여기에 대문간에서 보는 정면성을 대청과 안방이 동시에 시야에 들어오므로 서울 · 중부형의 정면성에는 크게 미치지 못하는 점이다. 이렇게 보면 역시 안동지방의 중 · 상류주택에서 서울 · 중부지방의 안채형식을 선호한다는 경향은 충분히 이해할 수 있다.

소백산맥 남쪽으로 전래된 ㄱ자형 주거는 안동지방의 풍토조건과 지역의 문화적 배경 때문에 다시 변용된 형태를 보여준다. 즉 서울 · 중부형 평면의 구성요소 이외에 고방, 외양간, 온돌방 등이 첨가되어 ㄱ자형 평면 형태는 ㄷ자형으로 확장 · 변용되는 경향을 보여준다. ㄱ자형의 몸체가 확장되어 안마당을 에워싼다는 것은 주거공간에 의한 안마당의 위요도가 높아지고 마당의 외부공간이 '내부화' 됨을 말해준다. 결국 이러한 경향은 각 채가 연결된 연결형 뜰집을 거쳐 채가 口자 형태로 완전히 결합된 일체형 뜰집으로까지 이어졌을 것이다.

위와 같이 일체형 뜰집의 분류기준은 첫째, 안채의 유형에 따라 서울 · 중부형과 영남형으로 대분류되고, 둘째, 내부 구성적인 측면에서 마당의 크기에 따라 중분류한다. 셋째, 외적 형태 유형에 따라 口자형 기본형과 날개형으로 분류하고 날개형은 양날개형과 편날개형, 별동

표 4-1

서울 · 중부형														
가옥주	소재지	형태	마당 크기	전면 크기	가옥주	소재지	형태	마당 크기	전면 크기	가옥주	소재지	형태	마당 크기	전면 크기
임태식	청송읍	편날개	2×1	4	김세중	와룡면	양날개	2×3	6	김성도	법전면	편날개	3×3	6
장덕중	북면	기본형	2×2	4	류용희	임동면	양날개	2×3	6	김두일	봉화읍	양날개	3×3	8
장근덕	울진읍	편날개	2×2	4	권기탁	영해면	편날개	2×3	5	김성규	봉화읍	편날개	3×3	6
임경낙	북후면	기본형	2×2	4	권혁희	창수면	편날개	2×3	5	변형일	봉화읍	양날개	3×3	8
금창업	예안면	양날개	2×2	6	이순교	축산면	편날개	2×3	5	변정구	용문면	양날개	3×3	8
권영직	풍산읍	편날개	2×2	6	이용희	석보면	양날개	2×3	6	전우겸	상운면	양날개	3×3	5
남호정	영해면	기본형	2×2	4	정수우	입암면	양날개	2×3	6	김용대	임동면	편날개	3×3	5
김영락	지품면	양날개	2×2	6	정수용	입암면	양날개	2×3	6	권오혁	임하면	별동형	3×3	7
신정순	도산면	양날개	2×2	6	이창규	호명면	편날개	2×3	5	김종승	임하면	양날개	3×3	8
임명호	임하면	기본형	2×2	4	권병세	창수면	양날개	3×2	7	김재선	풍산읍	기본형	3×3	5
임연상	임하면	편날개	2×2	5	이원재	도산면	기본형	3×2	5	김정익	풍산읍	기본형	3×3	5
임치대	임하면	양날개	2×2	7	임종두	북후면	편날개	3×2	5	권명기	병곡면	편날개	3×3	6
임낙상	임하면	기본형	2×2	4	변용대	서후면	양날개	3×2	7	남영찬	영해면	편날개	3×3	8
김시화	임하면	양날개	2×2	6	김승현	풍산읍	양날개	3×2	7	남응시	영해면	기본형	3×3	5
김성수	풍산읍	양날개	2×2	6	김영근	법전면	양날개	3×2	7	남병수	영해면	기본형	3×3	5
권종대	영해면	편날개	2×2	5	박인찬	봉성면	편날개	3×2	6	박응대	영해면	편날개	3×3	7
주경호	창수면	편날개	2×2	5	김의만	임하면	별동형	3×2	7	박노형	창수면	편날개	3×3	7
김광옥	문수면	편날개	2×2	5	권헌조	봉화읍	편날개	3×2	8	이승주	창수면	기본형	3×3	5
권오종	북후면	기본형	2×2	4	김윤	풍산읍	편날개	3×2	8	김동기	창수면	기본형	3×3	5
이우호	석보면	기본형	2×2	4	조기범	영양읍	양날개	3×2	7	박종만	영양읍	양날개	3×3	9
이용흠	풍산읍	편날개	2×2	6	김두한	문수면	편날개	3×2	6	조동철	일월면	양날개	3×3	7
김시발	임하면	기본형	2×3	5	김재헌	물야면	기본형	3×3	5	조대봉	일월면	기본형	3×3	5
김종구	임동면	기본형	2×3	4	이재영	도산면	기본형	3×3	5	권오선	청기면	기본형	3×3	5
김태연	풍산읍	편날개	2×3	5	이종구	창수면	별동형	3×3	8	황영철	풍기읍	편날개	3×3	6
김재환	풍산읍	편날개	2×3	5	강교희	법전면	기본형	3×3	5	권금환	용문면	양날개	3×3	7
남영준	영해면	기본형	2×3	4	오위찬	청기면	양날개	3×3	7	임재원	유천면	양날개	3×3	7
남학순	영해면	기본형	2×3	4	김홍진	문수면	기본형	3×3	5	신구현	창수면	양날개	3×4	7
권기항	영해면	기본형	2×3	4	김필영	문수면	편날개	3×3	6	홍승학	봉성면	편날개	3×4	5
이인희	창수면	기본형	2×3	4	정해창	가흥동	기본형	3×3	5	김식영	이산면	양날개	3×4	7
이철규	석보면	기본형	2×3	4	권상호	용문면	편날개	3×3	6	박연이	용문면	기본형	3×4	5
이철호	석보면	기본형	2×3	4	조현광	안덕면	기본형	3×3	5	이재강	창수면	양날개	3×4	8
김덕진	문수면	기본형	2×3	4	배재주	예안면	기본형	3×3	5	홍우선	봉화읍	편날개	4×3	6
권오균	북후면	편날개	2×3	5	김명섭	물야면	기본형	3×3	5	합계 98개				

표 4-2

영남형														
가옥주	소재지	형태	마당 크기	전면 크기	가옥주	소재지	형태	마당 크기	전면 크기	가옥주	소재지	형태	마당 크기	전면 크기
김한진	풍산읍	기본형	3×2	5	김갑동	명호면	기본형	4×3	6	류주하	풍천면	기본형	4×3	6
김세준	와룡면	양날개	3×3	9	김기홍	물야면	기본형	4×3	6	강석우	법전면	기본형	4×3	6
김재찬	풍산읍	편날개	3×3	6	김성재	물야면	기본형	4×3	6	이경연	법전면	기본형	4×3	6
남용순	영해면	기본형	3×3	5	김준현	물야면	기본형	4×3	6	김호덕	봉화읍	기본형	4×3	6
박종우	문수면	편날개	3×3	6	전경우	상운면	기본형	4×3	6	임종운	북후면	기본형	4×3	6
윤일휴	지보면	기본형	3×3	5	이갑식	도산면	기본형	4×3	6	금만동	예안면	기본형	4×3	6
이의선	호명면	양날개	3×3	9	권대형	풍천면	편날개	4×3	8	김천익	풍산읍	편날개	4×4	8
여호원	춘양면	기본형	3×3	5	김형중	풍천면	별동형	4×3	9	권연우	봉화읍	편날개	4×4	7
윤철재	지보면	기본형	3×4	5	김각현	풍산읍	편날개	4×3	7	권태응	풍천면	편날개	5×3	9
이항식	풍산읍	편날개	3×4	7	이준교	풍산읍	기본형	4×3	6	합계 29개				

형으로 소분류[40]해 볼 수 있다.

4.1.1 뜰집의 평면 구성

뜰집은 기본적으로 생활공간인 여성중심 공간의 안채와 남성중심 공간의 사랑채로 구성되고, 그 사이 양 익랑부에는 각종 수납시설을 포함한 부속공간이 일체로 연결되어 전체가 ㅁ자형으로 결구(結構)되어 있는 집을 의미한다.

40) 윤일이는 집중형 주택의 사랑채의 배치를 분류함에 있어 일체형, 별동형, 특수형으로 대분류하고, 일체형은 ㅁ자형, 날개형으로 분류하고 날개형을 다시 양날개형, 편날개형으로 분류하였다. 앞책, p.74. 본 연구는 일체형 뜰집의 평면에 관한 연구임으로 본채에서 완전히 분리되어 떨어져 나간 분동을 의미하는 것은 아니며 본채와 연결된 별동형을 의미한다.

뜰집의 기본적인 공간인 본채는 생활공간과 부속공간으로 구성되어 있다. 생활공간은 여성중심 공간의 안채와 남성중심 공간의 사랑채로 구성되어 있으며, 전면에는 사랑채 계열의 공간이 외부를 향하여 외향적으로 구성되고, 후면에는 안채 계열의 공간이 내부를 향하여 내향적으로 구성된다. 이때 사랑방은 대체로 안방의 대각선 방향에 위치하고 있다. 그 사이 공간에는 대문 및 각종 수납시설을 포함한 부속공간인 행랑채가 동 · 서 익랑 및 사랑채 열의 행랑에 구성된다. 안채에 배치되는 공간은 안방 · 안대청 · 도장 · 상방 · 부엌 · 작은부엌 등이고, 사랑채에 배치되는 공간은 사랑방 · 사랑대청 · 책방 · 작은사랑방 등이다. 행랑채에 배치되는 공간으로는 대문간 · 외양간 · 고방 · 통래간(通來間) 등이 속한다. 본채 공간 중에서 대표적인 여성공간인 안방과 남성공간인 사랑방이 서로 대각선의 위치에 있어 좁은 실내환경에서도 남녀유별이라는 유교적인 사회상을 주택의 평면상에 더욱 뚜렷하게 반영하고 있다.

안채영역에 속하는 실 요소들은 크게 대청 · 안방 · 부엌 · 건넌방의 4가지로 나누어 볼 때 이들의 배열형태에 따라서 서울 · 중부형과 영남형으로 구분된다.

표 4-3 지역별 평면 배치형식

구분	서울 · 중부형	영남형
뜰집	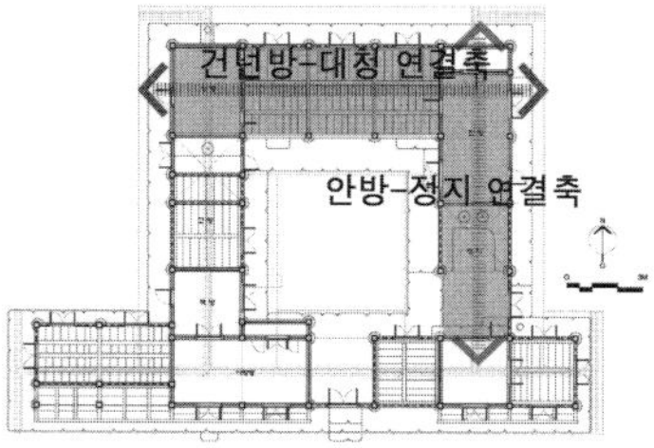 안동시 임하면 천전리 김종승 家	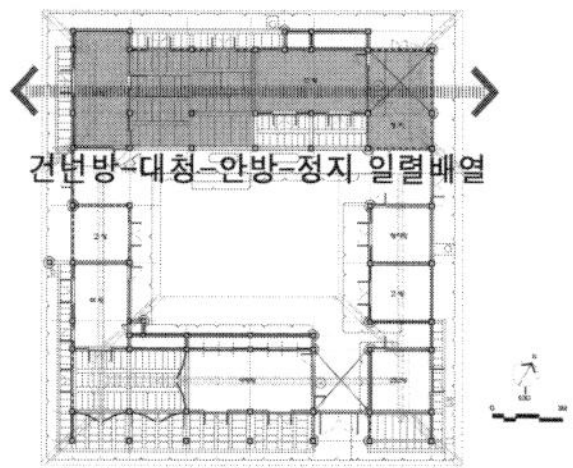 봉화군 상운면 구천리 전경우 家

서울 · 중부형은 마당의 폭과 같은 규모의 대청을 안채 중심에 형성하는 평면형식으로 대청을 중심으로 하여 좌우 익랑에 침실을 배열하고, 이 중 안방으로 사용하게 되는 열의 아래에 부엌을 배치해 안채의 형상이 곱은자로 꺾인 형태이다. 즉 부엌 · 안방의 배열축과 대청 · 상방(건넌방)의 배열축이 ㄱ자형으로 교차하고 있다. 안방은 대청의 깊이에 따라 다르지만 보통 긴 열을 형성하기 때문에 보통 안방과 수장 공간인 도장방으로 분화되며 안마당의 측면에 안방이 위치하게 된다. 다른 익랑열의 침실은 며느리가 거처하는 방인데, 상방이라 한다. 이러한 구성 유형은 보통 소규모 뜰집에 많다.

이에 반해 영남형은 대체로 대규모의 뜰집에서 사용되는 평면 형태로 안채를 구성하는 실의 배치가 횡방향으로 일렬로 배치되는 형태이다. 즉 부엌, 안방, 대청, 건넌방으로 배열된다. 실이 일렬로 배치되면서 서울 · 중부형과 달리 안마당에 정면으로 마주하는 부분이 안방과 대청으로 나뉘게 되고, 부엌은 익랑열의 모서리에 위치하면서 길어지게 되어 출입은 안마당의 측면으로 하게 된다.

뜰집 내 여성중심 공간이 되는 안채는 대개 1칸, 1.5칸 또는 2칸 규모에 대청 · 안방 ·

표 4-4 안채의 가구 형식과 규모

구분	홑집형	반겹집형	겹집형
뜰집	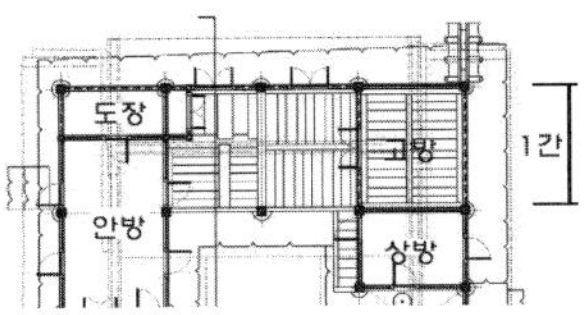	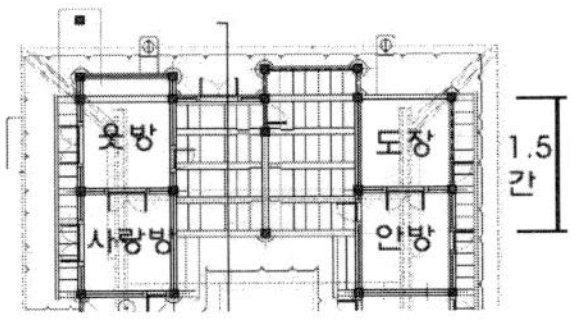	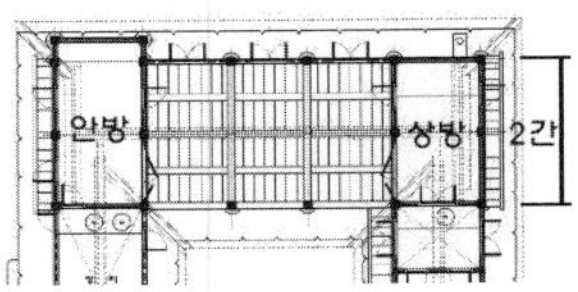

부엌 · 건넌방 등 기본적인 4가지 공간이 배치된다. 안채깊이가 1칸의 홑집은 소규모에 해당하고 지붕은 주로 3량의 구조이다. 대규모 뜰집에서는 안채를 2칸으로 구성하며 5량지붕의 겹집이다. 반면 안채 깊이가 1.5칸 반겹집은 5량가(架)부터 3량가(架) 뜰집에서도 적용되고 있다.

4.1.2 뜰집의 유형별 사례

1) 서울 · 중부형 뜰집의 기본형

경북 영양군 석보면 원리리에 위치한 주곡 고택은 조선 중기 유학자인 이도(1636~1712)가 석보면 주남리에 건립했던 것을 후손들이 순조(純祖) 30년(1830)에 이 장소에 이건한 것이라 한다. 현재 경북 민속자료 제114호로 지정 · 보호되고 있다.

이 집은 '口' 자 기본형의 뜰집인데, 안채의 중앙부에 정면 2칸의 안대청이 안마당을 가득 차지하였다. 즉 서울 · 중부형 안채 유형이다. 안대청 왼쪽은 윗머리에 도장을 두어 안방을 밝은 마당쪽으로 밀어 내었다. 안대청의 오른쪽은 상방과 그 앞쪽에 툇마루를 두었는데, 흔히 보는 안대청쪽 출입문은 툇마루쪽으로 돌렸다. 추측컨대 며느리방에 대한 배려로 보인다.

사랑채 부분은 대문간 오른쪽의 사랑방과 사랑대청, 그리고 꺾어서 뒤쪽으로 감실방으로 구성된다. 사랑방과 대청의 쪽마루는 사랑공간의 출입에 편리하도록 시설되었고, 사랑방 뒤편은 벽장을 시설하여 안마당쪽 시선을 의도적으로 차단하였다. 안대청과 사랑대청은 모두 우물마루를 깔았고, 네모기둥 위에 들보를 사괘맞춤으로 얹었고 종보 위에 각대공을 세우는 등 간소한 결구를 보이고 있다. 안대청은 마당쪽으로 개방하였으나 사랑대청은 전면을 세살문으로, 측면을 판장문을 달았다. 이 집은 수장공간에 대한 배려를 많이 하고 있다. 그 위치는 고방 이외에도 안방과 상방, 그리고 정지와 마구 위에 다락을 설치하고 있다. 규모가 작은 만큼 공간

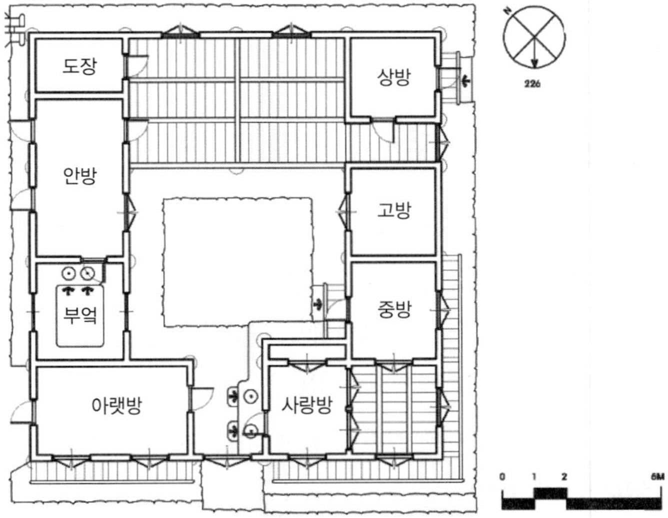

그림 4-1 경북 영양군 석보면 주곡 고택(2005, 연구자 조사)

의 집약적인 이용이 절실하게 필요하다.

주곡 고택이 위치한 지형은 경사가 아주 완만하다. 그러나 집의 안채 부분과 양쪽 익랑과 사랑채 부분, 그리고 마구와 대문간 부분의 3부분이 도리높이를 달리한다. 즉 안채와 양쪽 익랑채와 고저차가 0.8m, 그리고 왼쪽 익랑채와 마구 및 대문간채의 고저차가 0.9m이다. 다시 말하면, 안채의 처마도리는 양쪽 익랑채의 종도리 위에 있고, 익랑채의 처마도리는 대문간채 위에 있기 때문이다.

또 이러한 작업은 지형에 따라 기단 높이를 조절하기도 하였으나 최종적으로는 전체 뜰집의 지붕 형상에 대한 조형(造形)을 고려한 배려와 계산이 반영되어 있다. 따라서 안채와 익랑채 사이의 고저차로 인해 안채 양 측면에 삼각형의 박공이 생겼으며, 마구 전면 위와 사랑채 측면에도 박공이 있다.

2) 영남형 뜰집의 기본형

경북 안동시 풍산읍 하리 1동의 예안 이씨 종가는 예안(禮安) 이씨 16대 손(孫) 근제공(近齊公)의 둘째 아들 이홍인(李洪仁, 1528~1534)의 종택으로, 조선 중기의 건축으로 추정되고 있다. 이호인은 임진왜란 때 의병장으로 많은 전공을 올린 다음 진(陣) 중에서 순국하였다. 현재 국가 보물 제553호로 지정되어 있다.

작은 야산을 등지고 질펀한 풍산평야를 바라보며 자리잡은 이 집은 영남형 안채형식을 보여주는 기본형 뜰집이다. 이씨 종가는 뜰집의 전면 중앙에 대문간을 두고, 전면 6칸, 측면 5.5칸이며, 안마당은 전면 4칸, 측면 3칸 크기이다. 안채 부분이 뒤채를 가득 메우고 대각선 방향이 아닌 안채의 앞쪽에 사랑채가 자리했고, 그 왼쪽에 별동의 쌍수당이 사랑채 보다 전진해 앉았다. 대체로 이 지방 뜰집의 영남형은 전면 2칸의 안방과 대청, 그리고 앞퇴를 가진 형식이 공통적이다. 이씨 종가의 안채도 이와 같은 구성으로 평면이 짜여졌으며, 대청 오른쪽에는 건넌방과 그 앞에 작은 부엌이 있다.

대청 앞 전면기둥은 두리기둥이며 상부 가구는 5량 가구로 짜여졌다. 또 원주의 기둥머리에는 주두를 얹고 익공을 끼웠으며 장혀 · 창방 사이에는 접시받침을 고였다. 사랑채는 대문간 왼쪽으로 1.5칸의 사랑방과 이어서 1.5칸의 사랑마루로 구성된다. 사랑방 뒷벽은 벽장으로 차단되었고, 앞쪽으로 쪽마루를 내었다. 사랑방과 마루 사이에는 폭이 다른 두 짝의 들문이 설치되어 편리하게 이용할 수 있고 북쪽벽에는 '충효당(忠孝堂)' 이란 편액이 걸렸다. 사랑마루와 안채 부엌 사이에는 2칸의 곳간이 있었으나 지금은 온돌방으로 개조되었다. 안채의 건넌방

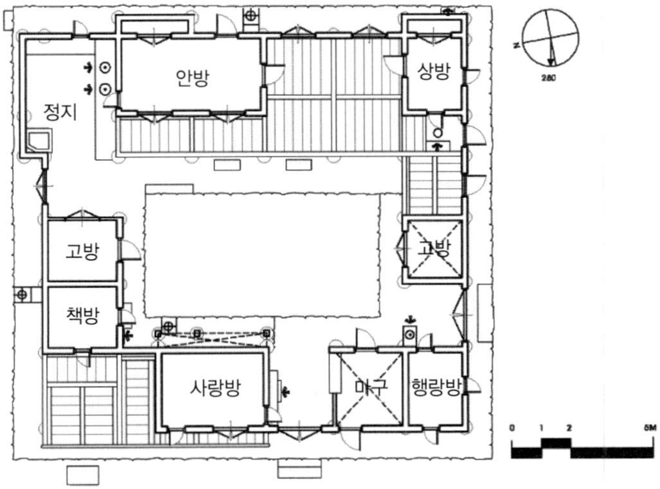

그림 4-2 경북 안동시 풍산읍 예안이씨 종가(1999, 연구자 조사)

앞 부엌 사이에는 상부에 누마루가 있고 앞쪽 고방 상부의 다락과 통하며, 2칸 모두 마당쪽으로 개방됐다.

이씨 종택의 안채 안면을 보면, 0.55m 높이의 막돌쌓기이고, 여기에서 대청은 0.65m 위에 있다. 처마도리는 대청에서 2.5m이므로 높은 편은 아니다. 그러나 익랑채는 안채 처마도리에서 0.7m 아래에 있어 안채의 양쪽 측면에 박공이 생겼다. 또 사랑채의 처마도리는 익랑채와 같은 높이이므로 이들이 만나는 안마당쪽에는 회첨골이 생기고, 외부 추녀 위에는 우진각지붕이 된다. 따라서 이씨 종택을 앞에서 보면, 6칸 규모에 우진각지붕 형식을 보이는 가옥이다. 그러나 전면 기단이 1.3m 높이의 두벌대 기단 위에 조성되어 있으므로 결코 낮게 보이지 않고 그저 단아하게 앉아 있는 모습이다.

3) 서울 · 중부형 뜰집의 날개형

경북 안동시 임하면 천전리의 김종승(金鍾承) 가옥은 구한말(舊韓末)에서 일제강점기까지 애국 계몽 및 조국 광복운동에 몸 바친 백하(白下) 김대락(金大洛, 1845~1914) 선생이 1885년에 건축한 집이다. 현재 경상북도 기념물 제137호로 지정되어 있다. 김씨 집은 서울 · 중부형의 안채에 속하며 전면 3칸 대청이 안마당을 가득 채우고 있으며, 양쪽으로 날개가 있는 뜰집이다. 이 집은 평지에 정남향으로 앉아 있으며, 기본형으로 치면 뒷면과 측면이 5칸이지만 양쪽 날개로 인하여 앞면이 8칸이 되어 전면에서 보는 가옥의 풍채가 당당하다. 대청을 중심으로 왼쪽에는 윗머리부터 2칸 안방과 2칸 정지가 대문채의 안사랑에 닿아 있다.

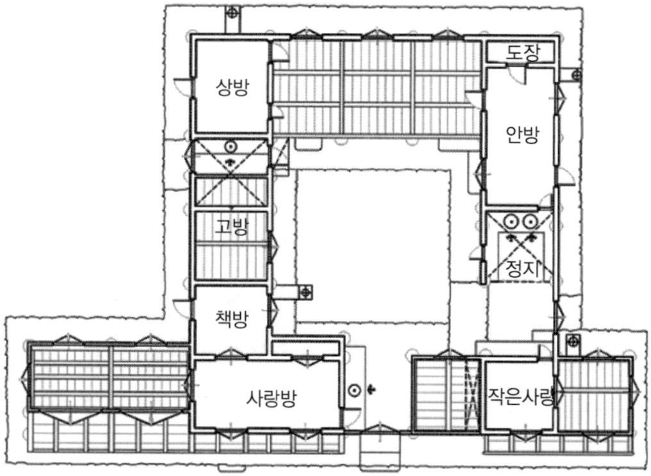

그림 4-3 경북 안동시 임하면 김종승 가옥(1999, 연구자 조사)

여기에서 왼쪽으로 고방을 대문간과 인접시켰고, 오른쪽으로 안사랑 마루가 날개로 돌출되어, 안사랑 공간이 하나의 영역을 이루고 있다. 다시 왼쪽 익랑에는 상방과 상방부엌을 겸한 통래간이 배열되었고, 이어서 고방이 사랑채와 닿아 있다. 사랑채는 대문간 왼쪽에 2칸 사랑방과 방향을 꺾어 책방을 두었다. 그리고 사랑방에 이어서 2칸 대청이 뜰집의 왼쪽 날개로 돌출됐다. 사랑채 전면에는 툇마루를 내었고 사랑방 앞 쪽마루는 툇마루 합해졌다. 사랑방과 대청 사이에는 분합들문이 있고 2칸 대청의 전면에도 분합들문을 설치하였다. 그리고 사랑방 뒷벽에는 벽장을 넣어 안마당쪽 시선을 차단했다.

김씨 집의 안대청은 전면 기둥이 직경 0.28m의 원주이며 상부구조는 3량집이다. 안채의 기단은 0.72m이고, 익랑의 기단은 0.46m, 대문채는 0.16m로 차츰 낮아지고 있다. 대청은 기단에서 0.62m에 있고, 처마도리는 대청에서 3.3m에 있어 대문간에서 보는 안대청은 넓고 당당하여 위압감마저 든다. 안채에 비해 양 익랑채는 처마도리가 0.9m 낮으며, 다시 익랑채에 비해 사랑채는 처마도리가 0.8m 낮다. 따라서 안채의 양쪽에는 박공이 생기며, 사랑채 전면에는 양 익랑채의 박공이 고개를 내밀고 있다.

사랑마당에서 보는 김씨 집의 정면은 1.5m 가량의 두벌대 기단과 다시 0.5m 높이 위에 주거면이 형성되어 있다. 여기에서 사랑채는 처마도리 2.2m 높이이며, 수평으로 정면 8칸, 21.5m에 걸쳐 펼쳐지고 있다. 전면 사랑채의 상부에는 맞배지붕과 그 위에 양쪽에서 익랑채의 3각 박공이 고개를 내밀고 있다. 비록 팔작지붕과 같은 근엄하고 위압적인 이미지는 없지만 사대부 주택다운 기품과 단아함을 잃지 않으면서 또 다른 당당한 맛이 있다.

4) 영남형 뜰집의 날개형

안동시 풍천면 가곡리의 권태응(權泰應) 가옥은 정확한 건축년도를 알 수 없으나 건축양식으로 보아 1800년대 후반에 건축된 것으로 추정된다. 현재 중요민속자료 제202호로 지정되어 있다. 이 집은 영남형 안채형식을 보여주는 뜰집으로서, 가로방향 7칸에 2칸의 한쪽 날개가 있어, 전면 9칸 측면 6칸의 규모다. 안마당의 가로방향은 안방 2칸, 대청 2칸에 상방 1칸을 더하여 일반적인 영남형 뜰집보다 큰 5칸이다. 권씨 집의 대체적인 공간 배치는 중앙 대문간을 들어서면 안방계열이 뜰집의 가로방향을 차지하고, 상방계열이 오른쪽 모서리에 영역을 이루고 있다. 또 사랑방계열은 안방의 대각선 방향에 있고 대문간 왼쪽으로 고방을 비롯한 행랑이 배열되었다. 그 밖에 이 집에는 전면 3칸, 측면 2칸의 사랑채가 있다.

안채의 부엌은 3칸에 이르며, 안방과 대청은 각각 2칸이며 앞퇴를 두었다. 상방과 모방 사이에는 윗머리에 골방을 두고 그 앞에 상방마루를 두어 상방과 모방에 이용된다. 상방 앞 툇마루는 누마루형식이 되어 그 아래에 아궁이를 두었다. 다시 모방 앞에는 모방부엌이 있어 외부로 통하는 통래간을 겸하고 사랑채 영역과 격리되었다. 따라서 상방과 모방 영역은 독립된 하나의 생활영역으로 손색이 없다. 이 집의 사랑채는 중문간 오른쪽으로 2칸의 사랑방과 안쪽으로 꺾어 책방이 배열되었으며, 여기에 2칸 대청이 날개형식으로 돌출되었다.

안채의 구조는 사랑채와 마찬가지로 전면에 두리기둥을 세우고 이중보를 건 5량구조이다. 원주의 기둥머리에는 주두를 얹고 익공을 끼웠으며 장여와 창방 사이에 접시받침을 고였다. 사랑채 대청의 천장에는 충량보를 걸치고, 상부에 눈썹천장과 선자연으로 마감하였다. 권씨 집의 지붕형태를 단면구조에서 찾아보면, 1.0m 높이의 기단에서 0.52m 위에 대청이 있다. 처마도리는 대청에서 3.1m에 있으며 양쪽 익랑채는 여기에서 0.9m 아래에 있고, 익랑채의 기단높이는 안채보다 낮은 0.17m이다. 따라서 안채 처마도리는 익랑채의 종도리 위에 걸치게 된다. 또 왼쪽 익랑채와 대문간채와의 관계는 대문간채가 0.9m 낮아 대문간채 전면 용마루 위에 익랑채의 박공이 고개를 내밀게 된다. 한편 오른쪽 익랑채와 사랑채는 처마도리 높이가 같고, 사랑채의 평면은 4칸×1.5칸이다. 여기에 사랑채 지붕은 팔작지붕이므로 사랑채와 익랑채가 만나는 지붕과 지붕이 접하는 곳에는 회첨골이 생긴다. 사랑채는 대문간채 보다 0.5칸 앞으로 돌출되었고, 도리높이는 대문채가 사랑채 높이 0.9m보다 낮다. 따라서 사랑채의 팔작지붕은 뜰집의 일부이면서 독립된 사랑채와 같은 지붕형태를 보여준다.

위와 같이 권씨 집은 영남형 안채를 가진 뜰집에서는 보기 드물게 여유 있는 규모와 구조, 균형잡힌 공간 배열과 표현 등, 사대부 주택의 규범적인 명품주택이 아닐 수 없다.

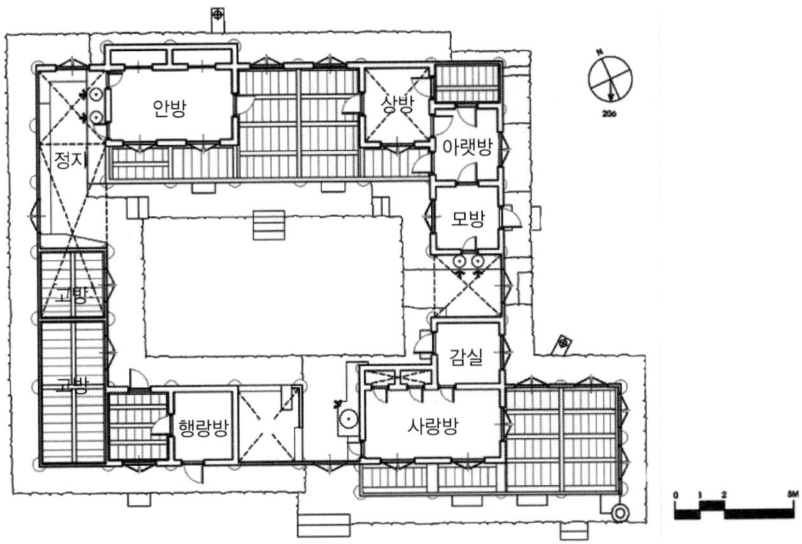

그림 4-4 경북 안동시 풍천면 권태응 가옥(2000, 연구자 조사)

4.2 유형별 특성

4.2.1 안채유형

현재 남아 있는 안동지역의 일체형 뜰집 중 서울 · 중부형 뜰집은 전체의 77.2%를 영남형 뜰집은 전체의 22.8%이다. 안동지역의 전통양식보다 서울 · 중부형의 안채형식이 압도적으로 많은데 이는 형식의 장 · 단점보다 서울 · 중부형의 대청이 그 위치와 구성에 있어서 뜰집의 공간체계에 아주 잘 들어맞기 때문에 사대부 계층에서 크게 선호한 결과로 보인다.

유교적 의례를 중시하는 사대부 주거에서 행례(行禮)의 중심장소인 대청이 주거의 중심이 되는 것은 당연하며, 제례(祭禮)는 의례 중에서도 가장 중요한 위치를 차지하고 있다. 현존하는 16~18세기 주택 가운데 대부분의 종가(宗家)는 옛 법식에 의한 행례공간에 따라 3칸대청을 기본으로 하고 있으며, 소종가(小宗家)나 지손(支孫)들의 집에서는 그 규모를 줄여서 2칸으로 하기도 한다.[41] 안대청의 규모가 안마당의 폭과 동일한 서울 · 중부형의 경우 안대청이 안채공간의 중심성을 가지며 의례 중심 공간으로서의 위계성이 영남형 뜰집에 비해 뛰어난 것에서 서울 · 중부형의 선호도가 더 높은 것으로 생각할 수 있다. 그리고 안동은 조선초 당시의 새 정치이념인 유교의 중심지였다. 역동(易東) 우탁(禹倬) 선생이 주자학의 뿌리를 내렸고, 이어서 퇴계 선생이 도산서당을 중심으로 성리학을 꽃피우게 된 것이다.

41) 홍승재, [조선시대 상류주택 예제적 체계에 관한 연구], 홍익대 박사학위논문, 1992, p.84
현재 서울 · 중부형 98채, 영남형 29채 등 총 127채의 뜰집이 남아 있다.

이후 퇴계의 제자들이 도산서원을 거점으로 성리학의 이념을 발전시킨 결과 '조선의 인물 반(半)이 영남에서 나고, 영남의 인물 반(半)이 안동에서 났다' 는 말을 들을 정도로 많은 인재가 배출되었다. 그러나 조선 중엽을 넘어서면서 선비들의 사풍(士風)은 크게 변화되기 시작했다. 학문을 닦은 선비가 과거에 합격하여 벼슬에 나설 경우, 조선 전기와 같이 '유자(儒者)' 의 대우를 받기가 어려웠다. 그래서 학덕이 고매한 선비는 과거를 외면하여 '사림(士林)' 으로 돌아서버렸다. 이는 조선 전기와 비교할 때 큰 변화임에 틀림없다.

퇴계는 기묘사화(己卯士禍) 이후 정치일선에서 물러나는데 적극적이었다. 그리하여 정치보다는 산림처사(山林處士)로서의 은거생활을 지향하였고, 중앙관료적인 문화생활보다는 지방 사림(士林)으로서의 처사적인 문화생활을 더욱 동경하였다. 따라서 평소에 그의 영향력을 절대적으로 받아 온 안동 선비들도 과거를 통한 출세의 길보다는 산림에 묻혀 학문정진과 후진 강학(講學)에 매진함으로써 자신들의 도(道)를 실천하는 학자적 삶의 방식을 택하였다. 위와 같이 퇴계 이후 안동지방의 특징은 한결같이 정계에 나가기를 꺼리고 산림에 은둔하여 내성(內省)과 덕행에 힘쓴 선비들이 많았다는 사실이다. 이들은 한결같이 조정에 나가 유교의 이념을 제시하기보다는 향리에 은거하여 산림처사로서 도학(道學)의 실천에만 주력하게 되며, 안동지방 특유의 선비사회가 정착하게 된 것이다.

안동은 타 지방과 비교가 되지 않을 정도로 학자들의 저술 결과인 문집(文集)의 수도 많았고, 많은 서당과 정사(精舍)를 보유하고 있다. 이와 같은 결과는 대부분 16, 17세기경에 주로 퇴계 선생의 급제한 제자들에 의해 이루어진 것들이며, 이들은 향리의 자제들에게 유교 경전(經典)을 강학하여 성리학적인 실천윤리를 교육한 결과이다. 그러므로 안동지방에는 16세기 전반의 거듭된 사화로 중앙정계에서 밀려난 사림(士林)세력이 향촌사회에 정착해 재지사족으로 꾸준히 성장해갔으며, 16세기 후반에 이르면 향촌사회에서 확고한 지배집단으로 자리잡게 되었다. 서울지역에서 거주하던 사대부들의 안동지방으로의 낙향하여 안동지역 민가형인 영남형보다 서울 · 중부형 안채를 가진 뜰집에 대한 선호도가 높았다는 것을 알 수 있는 인문적 추정근거가 된다.

4.2.2 안마당의 크기

뜰집의 폐쇄적인 안채 생활이라는 측면에서 주택 규모와 안채의 크기와의 관계에서 살펴보면, 첫째, 안채영역의 시각 구조로서 대청에서 상부로는 지붕선이 만들어내는 방형(方形) 모양의 하늘을 편안하게 볼 수 있는 시야를 유지해야 한다. 또한 외부인이 대문간으로 진입할 경우 안방이 바로 보이지 않도록 대청을 높여 안채로 향한 직접적인 시선 차단 효과와 동시에 올려다 보이는 위계감을 유지할 수 있는 시각구조를 유지해야 한다. 따라서 사랑영역의 지붕 크기와 안채의 단차와 대청의 깊이와 칸수의 조율이 중요해진다.

둘째, 안채와 안뜰의 상호 공간적 비례에 대해서 살펴본다면, 바깥 외주부인 사랑영역이 확대되어도 안뜰은 일정한 크기를 유지하는 특성이 있다. 이는 안뜰이 갖는 가족공간을 유지하는 내부의 시각적 거리, 즉 가족 공동체간의 친밀도 유지를 위한 심리적 공간감을 유지[42]하는 것이 중요하기 때문에 나타난 결과라 설명될 수 있다. 한편으로는 안뜰의 크기는 가족 규모의 최소한 크기를 유지해도 되지만, 쾌적한 생활에 필요한 일조와 채광을 위한 측면에서는 적

42) 대체로 맞은편 채에 있는 서로의 얼굴 표정과 목소리가 편안하게 들릴 수 있는 가족적인 친근한 공간적 간격은 10m 내외이다. 학계에 보고된 우리나라 대부분의 뜰집의 경우 전면 칸 수에 관계없이 대체로 안뜰 규모가 3칸 내외를 유지하고 있는 이유 중 하나라 볼 수 있다.

정 규모를 유지하여야 한다. 이러한 배경에서 본다면 뜰집의 경우 주택 규모와 안채의 크기에 대한 계획적인 고려가 뒷받침되어야 한다. 뜰집에 있어서 안뜰은 특히 내부공간의 연장이라는 성격이 강하다. 뜰집에 대한 첫인상은 주거공간이 안뜰을 에워싸고 있는 모습이다. 어떻게 보면 안뜰을 품에 안고 있는 형국이기도 하다. 뜰집의 안마당은 대문간을 들어서면 바로 마주치게 되고, 전면의 대청을 만나게 된다. 그러므로 주거공간 가운데 대청과 안마당은 어떤 관련성 아래 불가분의 관련이 있어 보인다. 대청은 상류주택에서 없어서는 안 될 가장 중요한 요소이다. 조선시대의 가사규제에는 신분의 고하(高下)에 따라 누(樓)의 칸수를 제한하였는데, 이는 마루가 신분적인 권위와 상징성을 담고 있기 때문이다.[43] 대청의 기둥형상, 기둥과 도리에 의한 입면의 조형비례, 대청 후면 벽에 설치된 바라지창에 의한 시선 확장 및 제청공간으로서의 역할적 상징성 등이 안대청에 강한 정면성을 부여한다.[44] 그러므로 안마당에 면한 안채의 공간구성은 입면, 즉 정면성을 형성하므로 그 중에서도 가장 강력한 정면성의 요소인 안대청의 크기와 위치는 매우 중요함을 알 수 있다. 서울 · 중부형은 안마당의 가로폭 방향으로 4칸 이상인 사례는 매우 드물고, 대부분 2칸이나 3칸 정도가 일반적이다.[45]

특히, 안마당의 가로폭이 2칸형인 뜰집은 모두 안대청 규모가 2칸이다.[46] 단, 한 채[47]만이 안방이 안마당에 면하게 되어 안대청과 안마당 폭이 일치하지 않는다. 안마당의 가로폭이 2칸인 경우 마당이 크다고는 할 수 없다. 따라서 옥외작업 및 활동공간으로 마당이 협소할 뿐

43) 이호열, 「마루의 구조와 유형-발생과 변천의 측면에서 봄」, 건축과 환경, 1987.1
44) 김기현, 「조선시대 상류주택의 정면성에 관한 연구」, 부산대 석론, 1998. pp.75~76 참조
45) 소수둘째자리 에서 반올림하여 소수첫째짜리 까지만 표시하면서 표2와의 백분율에서 오차가 발생한다.
46) 안마당의 가로폭이 2칸형인 뜰집은 모두 42채이다.
47) 류용희가옥은 부엌, 안방 축과 안방, 대청의 축이 직교하므로 부엌, 안방, 대청이 곱은자로 꺾이는 서울 · 중부형이 맞지만 영남형처럼 안방과 안대청이 안마당에 면하게 되어 있는 특징적인 가옥이다.

아니라 마당의 개방감이 부족하고 더욱이 마당을 통한 일조와 채광에도 영향이 있다. 이러한 의미에서 서울 · 중부형의 경우 윗머리 안쪽에 있게 되므로 방의 채광과 관련이 없는 도장과 같은 부속실을 윗머리에 배치하고 실제 주거공간인 안방을 마당쪽으로 끌어내리는 배치를 눈여겨 볼 수 있다.

안마당 가로폭이 3칸인 경우에 안대청도 거의 대부분 3칸이었으며, 일부 가옥[48]은 안대청이 2칸이다.[49] 이는 마당의 가로폭을 대청의 폭에 관련짓지 않고 협소한 마당을 키우려는 의도가 보인다. 이렇게 하면 안마당의 가로 폭이 3칸으로 넓은 안마당이 된다. 안마당 가로폭이 4칸형인 경우에도 안대청 2칸과 고방 2칸이 면하고 있다. 이는 안마당의 면적을 넓혀 넉넉한 안마당과 채광면에서 이득을 얻기 위함을 알 수 있다. 물론 대문간에서 보는 뜰집의 정면성에서는 전혀 문제가 없는 것은 아니지만 협소한 마당의 문제점을 보안하는 데는 효과적인 계획임에 틀림이 없다. 그러나 서울 · 중부형 중에서 9할 이상의 가옥이 안대청의 폭과 안마당의 폭이 같음을 볼 때 서울 · 중부형에서는 실리적인 이득보다는 안마당을 들어섰을 때 안대청이 바로 보이는 안채의 정면성을 더 중요시했음을 알 수 있다.

서울 · 중부형 가옥 중에서 가로폭과 세로폭이 같은 정방형의 안마당은 남아 있는 뜰집의 과반이 넘고, 가로 긴 장방형의 안마당을 갖는 뜰집보다, 세로 긴 장방형을 갖는 뜰집보다 두 배 정도이다.[50] 서울 · 중부형에서는 정방형의 안마당에 안대청의 폭과 안마당의 폭이 같은 유형이 주류임을 알 수 있다.

48) 김영근가옥, 김명섭가옥, 김성수가옥, 박노형가옥, 황영철가옥, 홍승학가옥, 이재강가옥 등 7채 가옥 모두 안마당의 가로폭 3칸 중 2칸은 안대청이고, 나머지 1칸은 상방이다.

49) 안마당의 가로폭이 3칸인 경우, 안대청도 3칸인 경우가 48채(87.3%)이고, 2 칸인 경우는 6채에 불과하다.

50) 전체 서울 · 중부형 뜰집 9채 중 정방형 안마당은 5채(58.2%)이고, 장방형 안마당은 31채(41.9%)이다. 장방형 마당이 있는 뜰집 중에서 가로로 긴 장방형 마당은 14채, 세로로 긴 장방형 마당은 27채가 남아 있다.

표 4-5 형태적 유형분류[51]

서울·중부형	기본형	날개형			합계	비율
		양날개형	편날개형	별동형		
2×1			1		1	1.0%
2×2	7	6	7		20	20.4%
2×3	8	6	7		21	21.4%
3×2	1	5	5	1	12	12.3%
3×3	16	11	10	1	38	38.8%
3×4	1	3	1		5	5.1%
4×3			1		1	1.0%
합계	33	31	32	2	98	100%
비율	33.7%	31.6%	32.7%	2.0%	100%	

영남형	기본형	날개형			합계	비율
		양날개형	편날개형	별동형		
3×2	1				1	3.4%
3×3	3	2	2		7	24.2%
3×4	1		1		2	6.9%
4×3	13		2	1	16	55.2%
4×4			2		2	6.9%
5×3			1		1	3.4%
합계	18	2	8	1	29	100%
비율	62.1%	6.9%	27.6%	3.4%	100%	

51) 애매한 칸 규격의 경우 안마당의 가로폭을 기준으로 하여 정사각형, 가로긴 사각형, ㅅ[로긴 사각형에 형태에 따라 분류하였다. 예를 들어 정사각형은 3×3, 가로긴 사각형은 3×2, 세로긴 사각형은 3×4이다.

표 4-6 유형별 안대청의 규모

서울·중부형	1칸	1칸반	2칸	3칸	합계
2×1			1		1
2×2			20		20
2×3			21		21
3×2			1	11	12
3×3			4	34	38
3×4			1	4	5
4×3			1		1
합계	0	0	48	49	98
영남형	**1칸**	**1칸반**	**2칸**	**3칸**	**합계**
3×2		1			1
3×3	1	2	4		7
3×4	1		1		2
4×3			16		16
4×4			2		2
5×3			1		1
합계	2	3	24	0	29

영남형의 경우는 안마당의 가로가 2칸인 것은 없으며, 대부부 3칸이나 4칸이며, 5칸인 것은 1채만 남아 있다.[52] 안마당 가로폭이 3칸인 것 중에 안대청이 1칸인 것이 2채, 2칸 대청이 6채이다. 안마당의 가로폭이 4칸인 것 16채 중에 안대청이 2칸 대청인 것이 16채이며, 3칸 대청인 가옥은 없다. 안마당 가로폭이 5칸인 가옥도 안대청은 2칸이다.

52) 영남지역 뜰집의 경우 3칸 마당은 12채(41.4%), 4칸 마당은 16채(55.2%)가 남아 있다.

서울 · 중부형의 경우 대청의 폭과 안마당의 폭을 맞추려는 의도 때문에 3칸의 안마당을 위해서는 3칸 안대청이 필요하다. 그러나 영남형 안채는 부엌 – 안방 – 대청 – 건넌방이 일직선으로 배열되기 때문에 안방과 대청이 안마당에 면하게 된다. 이 경우에 프라이버시 측면에서 불리할 수 있다. 그러므로 안방 앞에 앞퇴를 둠으로써 안방의 외부 노출에 대해 은폐시킬 수 있는 환경을 만든다. 즉 마당과 안방과의 경계가 두터워지고, 퇴로 인한 음영이 만들어지는 것 또한 유리한 조건이 될 수 있다. 그리고 영남형에서는 안대청이 안마당의 폭과 일치할 수 없기 때문에 안대청에 의해 안마당의 크기를 결정하는 제약이 적다. 안방+안대청의 폭이 안마당의 가로폭이 되는 경우가 많으며, 안방이 2칸이고 안대청이 2칸인 경우 안마당의 가로폭이 4칸이 되어 적당한 규모의 안마당을 구성할 수 있다. 그리고 건넌방도 안마당에 면하게 할 경우 5칸 안마당형으로 확대된다.

정리하면 서울 · 중부형의 경우 안대청의 규모가 안마당의 가로폭을 결정하는 요인이기 때문에 안마당을 확대하기 위해서는 안대청의 확대가 요구되었고, 따라서 3칸 안대청이 많다. 그러나 영남형 뜰집에서는 안방과 안대청이 안마당에 면하게 됨으로 안방의 확대와 건넌방의 확대로 안마당의 가로폭을 확대시킬 수 있으므로 3칸 이상의 안대청은 불필요하여 2칸 안대청이 주류이다. 전체 조사대상 뜰집의 안마당의 세로폭은 3칸이 가장 일반적이라 할 수 있다.[53] 일체형 뜰집 안마당의 가로폭은 안채 유형에 따라 다른데 서울 · 중부형에서는 안마당의 가로×세로 칸수의 크기에 있어서 3×3형이, 영남형에서는 4×3형이 다수이다.

53) 전체 127채의 뜰집 중에서 84채(66.1%)에 해당한다.

4.3 날개형 뜰집

4.3.1 뜰집의 형태 유형

서울 · 중부형의 뜰집에서는 안마당 2칸형, 3칸형 모두 날개형 뜰집이 기본형 뜰집보다 많이 남아 있다. 날개형의 비율이 약 2/3이고, 기본형이 약 1/3이다. 날개형 중에서는 양날개형과 편날개형이 거의 반반의 비율을 차지한다. 영남형 중에서는 기본형이 62.1%, 날개형은 37.9%로 서울 · 중부형과 정반대의 결과인 것이 흥미롭다. 날개형 중에서는 편날개형이 양날개형에 비해 빈도가 많다.[54]

즉 서울 · 중부형 뜰집은 날개형이 주류이며, 영남형 뜰집은 기본형이 주류이다. 안채 유형에 따라 날개집의 선호도가 달라지는 이유가 원인은 무엇일까. 뜰집의 날개형에 관한 기존의 관점은 면적 확장에 대한 요구를 부합시키기 위한 것이 많았다.[55] 그러나 ㅁ자형을 유지하려는 건축주의 의지가 강하다면 공간을 겹집화시키거나 별동을 짓는 방법으로도 생활에 필요한 실내 면적을 확대시킬 수 있다. 그러므로 기본적인 면적 확장이란 실용적인 측면과 아울러 날개형으로 확장시킨 것과 관련된 어떠한 건축계획적 원리가 있었는지 알아볼 필요가 있다.

---

54) 서울 · 중부형 날개형 뜰집의 비율은 66.3%, 기본형 뜰집은 33.7%이다. 반면 영남형의 경우 날개형의 경우 날개형 뜰집은 37.9%, 기본형 뜰집은 62.1%이다.

55) 사회적인 요청인 宗法秩序의 확충에 따라 넓은 사랑채가 요구되면서, ㅁ자형에서는 날개를 덧붙이거나 별동을 건립하였다. 집중하려는 속성이 극명하게 나타나는 날개형은, 부족한 공간을 연속시켜 해결한다고 하였다. 아울러 날개 구성은 넓은 전면을 이루어 외부에 과시적이고, 앞뒤 마당과 영역을 가르며, 사랑채 내에서 전후로 시선 확장이 자유로우며, 대등하던 남녀공간이 더 확장 · 강조된 것이라고 하였다(윤일이, 앞글, p.80).

4.3.2 뜰집의 가구와 지붕

일반적인 뜰집 안채의 가구는 종도리 수에 따라 삼량가(架)나 오량가(架)로 구성된다. 즉 삼량가(架)는 기둥과 기둥 사이가 좁고 보의 길이도 짧다. 도리에 걸리는 서까래 길이를 고려하여 폭을 좁게 만든 것이다. 오량가(架)는 삼량가(架)의 기둥 사이 보다 넓은 공간 확보를 고려한 방법이다. 이를 위해 서까래를 받을 수 있는 도리 2개를 설치하고 장연과 단연의 서까래

표 4-7 지붕 가구 형식

구분	단면도	지붕 내부 모습
3량 지붕	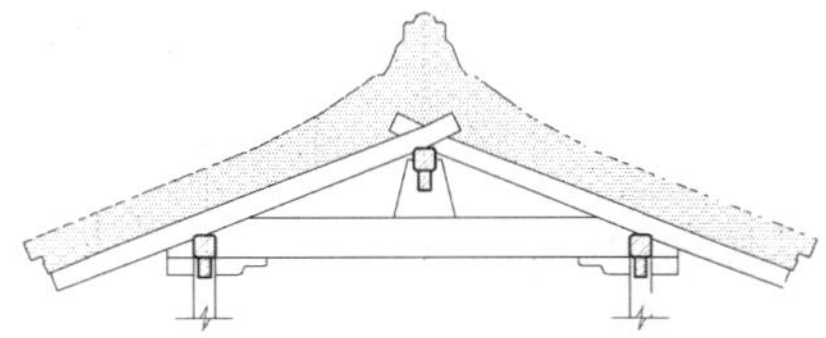	
5량 지붕	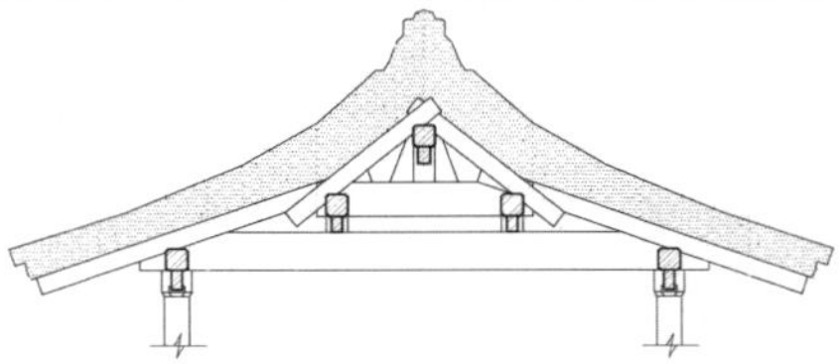 안채 깊이 증가로 내부공간 확대	
4량 지붕	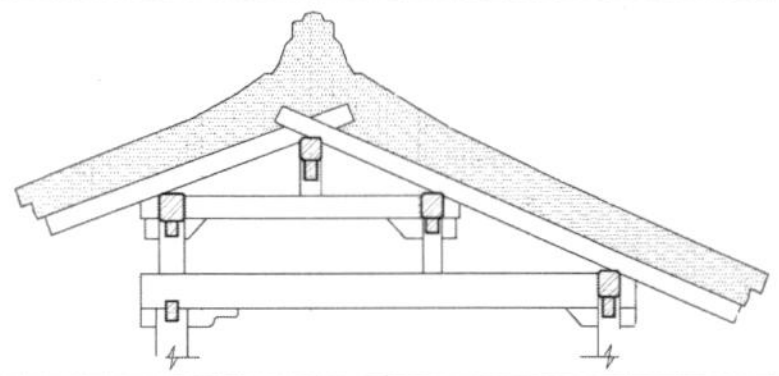 동일한 높이로 실내 일조환경 개선	

를 각각 걸쳐, 5개 도리를 서까래에 걸어 5량가(架)로 구성된다. 그 지붕형태도 가구방식에 따라 전면과 후면이 종도리를 기준으로 보면 지붕이 좌우대칭 형태가 된다. 이 형태는 5량가는 3량가에 비해 대청이나 안방의 깊이가 큰 평면을 확보할 수 있게 된다.

뜰집의 단면구성은 기본적으로 평면의 형태에 의해 결정되지만, 지붕 및 가구구조에 따라 차이가 있다. 지붕의 구조는 방형을 이루는 행간(行間)과 열간(列間)의 결합형식에 따라 두 가지의 기본적인 유형으로 구분된다. 지붕의 모양은 그 아래의 가구의 결구방식에 있어서 전면 행간의 종도리 위에 좌 · 우 익랑의 주심도리를 얹고, 좌 · 우 익랑의 종도리 위에 안채의 주심도리가 얹혀 순차적으로 단차가 낮아지는 형태, 즉 '서산각집'과 문간채와 좌 · 우 익랑, 안채 주심도리의 높이가 동일한 높이로 결구되는 '우산각집'이 있다.[56] (표 4-8 참조)

이들 두 가지 결구방식을 기본으로 각 채들 간의 다양한 구성이 이루어져 부분적인 높이의 차이가 형성되며, 사랑채의 지붕이 팔작지붕으로 형성되면서 채(棟) 상호간의 지붕모양이 다양하게 형성되는 구성은 복합형이라 할 수 있다.

서산각집에서 행간(사랑채, 안채의 방향)과 열간(익랑의 방향)이 연결될 때, 귀기둥에서 직각방향의 주심도리들이 만나면서 서로 다른 높이의 주심도리들이 만나는 구조를 보여준다. 이러한 귀기둥은 안채와 좌 · 우 익랑이 연결되는 두 곳과 좌 · 우 익랑과 사랑채가 연결되는 두 곳이다. 즉 일반적인 서산각집에서 주심도리에 높이차를 가지는 '직교도리'는 네 곳에 있다. 우산각집은 높이차가 없는 주심도리만으로 형성되어 있다.

56) 김화봉, [안동문화권 뜰집의 구조적 특성에 관한 연구], 대한건축학논문집 14권11호, 1998, pp.191~200

표 4-8 뜰집의 지붕유형

구분	우산각집(무단차형)	복합형(부분단차형)	서산각집(전체 단차형)
지붕도	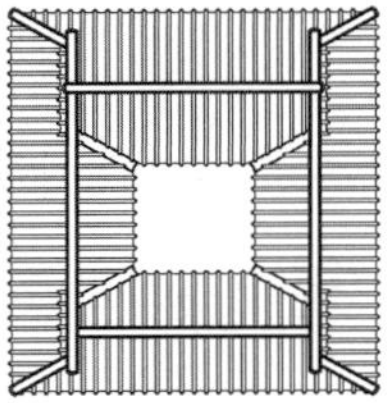	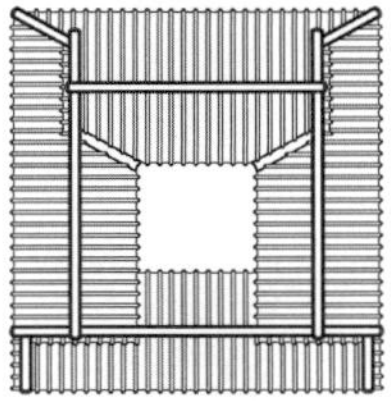	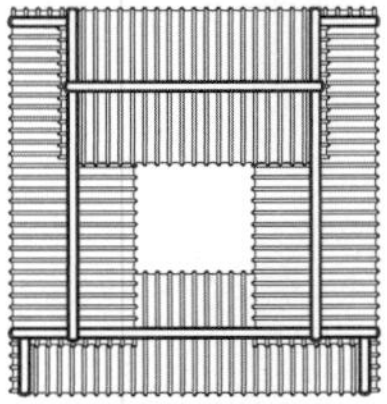
지붕유형별 개념도	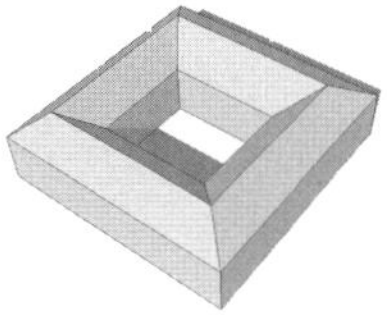	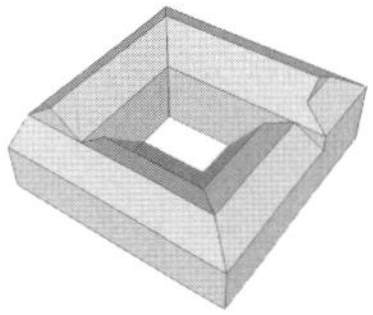	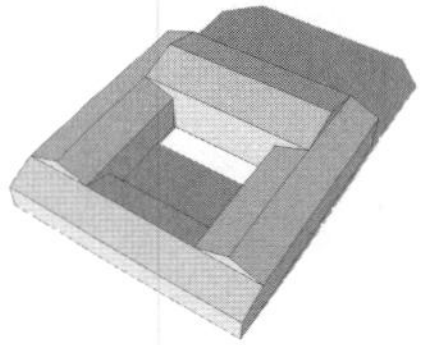
		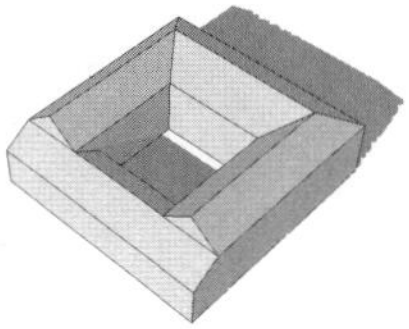	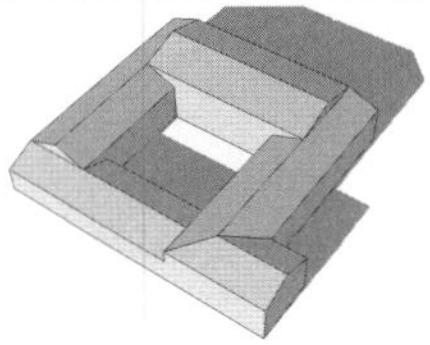
		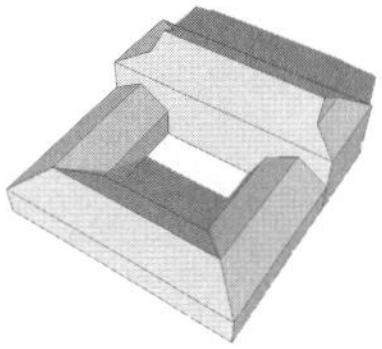	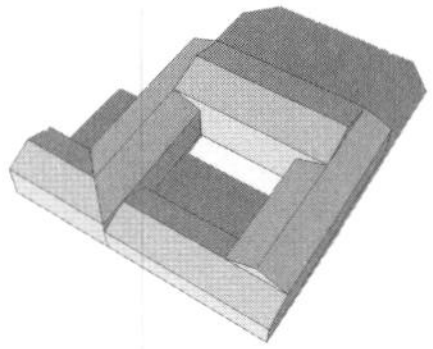

그림 4-5 채의 높이 차이에 따른 지붕조정

그림 4-6 세부상세

뜰집의 가구구성 방법은 대부분 3량가(三樑架)와 5량가(五樑架)이다. 그러나 울진지역에 분포하고 있는 뜰집에서는 안채의 가구구성이 비대칭인 4량가(四樑架)도 발견된다.[57] 소규모로 가구를 구성할 때 나타날 수 있는 일반적 형태인 3량가구는 채의 깊이와 추녀의 길이가 짧다. 이것은 도리에 걸리는 서까래의 길이가 한정될 수밖에 없기 때문이다.

표 4-9 서산각집 지붕

구분	지붕 및 가구결구	상세도
모식도	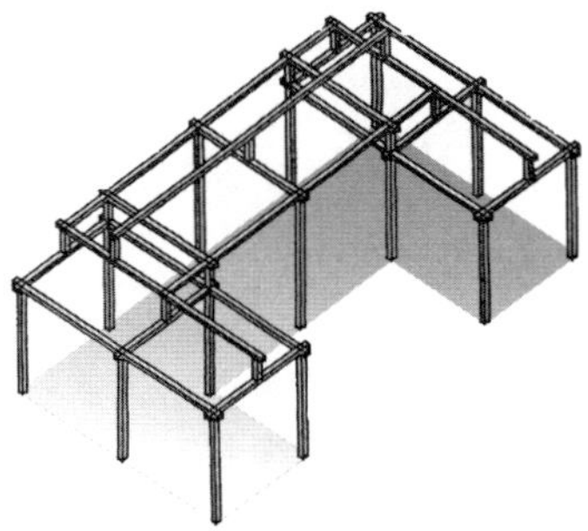	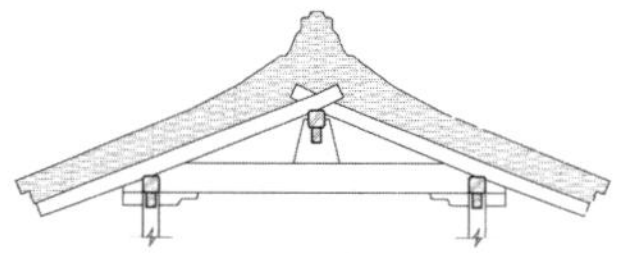 3량의 구성 

5량구조는 3량구조의 경우보다 채의 깊이와 추녀의 길이를 더 깊고, 길게 할 수 있는 구조이다. 즉 서까래를 받을 수 있는 도리 2개가 더해짐으로써 서까래를 장연과 단연으로 나누어 사용되는 것이다. 5량의 기둥 구성은 두 가지 형식을 취할 수 있다. 전체 기둥을 평주(平柱)만으로 구성하는 것과 또 하나는 외진(外陣)에는 평주만으로 구성하고 내진(內陣)의 기둥을 고주(高柱)로 세우는 방법이 채택된다.

57) 조성기,「울진 · 삼척지방의 'ㅁ' 자형 집의 4량 구조」,『대한건축학회 논문집』, 제11권12호, 대한건축학회, 1995. p.99

표 4-10 우산각집 지붕

구분	지붕 및 가구결구	상세도
모식도	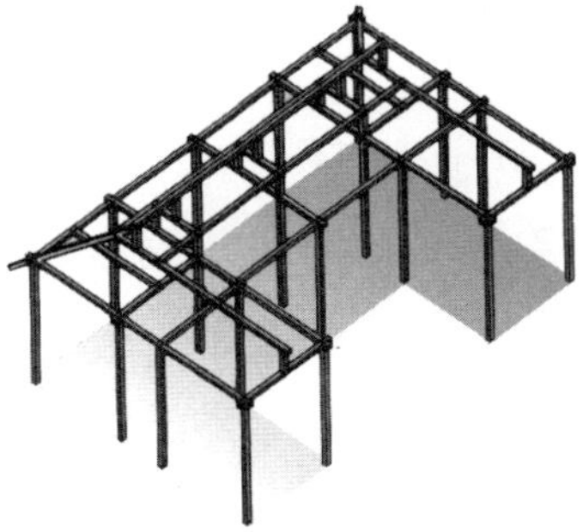	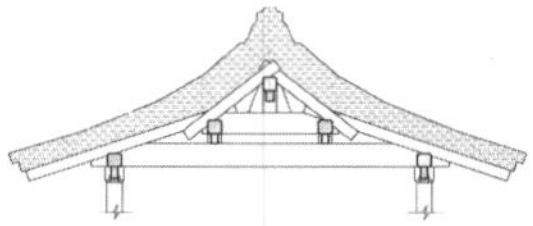 3량의 구성 

서산각집은 세 가지 유형으로 구분된다. 즉 사랑채의 지붕구성 위치와 유무에 따라 무사랑 지붕형, 좌사랑 지붕형, 우사랑 지붕형으로 나뉜다. 무사랑 지붕형은 안채, 좌 · 우 익랑, 사랑채를 순차적으로 낮게 구성하는 기본적인 형태이다. 우사랑 지붕형은 전면 우측에 사랑공간이 배치되어 사랑공간의 상부에 사랑지붕이 높게 형성된 유형이다. 좌사랑 지붕형은 우사랑 지붕형과 반대로 사랑지붕이 전면의 좌측에 형성되고 동익랑과 연결된 형태이다.

표 4-11 뜰집의 높이차 유형(※각 평면의 좌측 부분이 안채영역)

구분	서산각집			우산각집	복합형		
					안채무단차		안채 단차형
	무사랑 지붕형	우사랑 지붕형	좌사랑 지붕형		안채좌이익랑 무단차형	안채좌우익랑 무단차형	
형태 (상부 입면, 하부 평면)	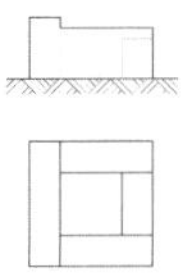	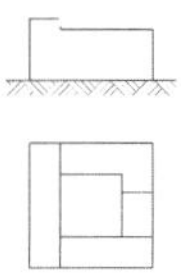	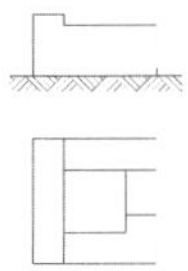	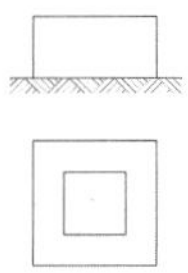	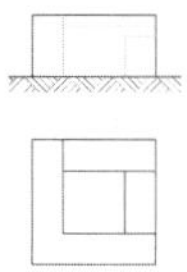	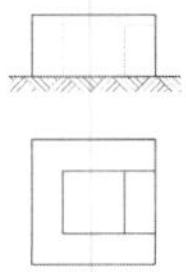	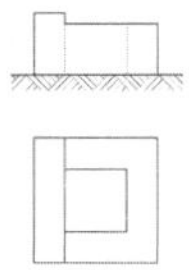

우산각집은 단차가 없는 무단차형으로 모든 채가 동일한 처마선을 유지하여 처마 상호간에 높이차가 없는 형태이다. 각 채 지붕연결부에는 회첨을 두며, 주로 평지인 지형에서 조영된다. 우산각집은 대규모 뜰집에 적용된다.

복합형 지붕도 세 가지 유형으로 구분된다.

첫째, 안채 좌익랑 무단차형은 안채와 좌익랑이 동일한 처마선으로 구성되거나 우익랑에 비해 높게 구성되어 있는 형태로 우익랑과 사랑채는 이보다 높이가 낮게 구성되어 있는 형태이다. 이와 반대로 안채와 우익랑이 높은 안채 우익랑 무단차형도 있으나, 결과적으로 일조환경에 동일한 조절방법으로 채용된다.

둘째, 안채 좌 · 우익랑 무단차형은 안채가 좌익랑과 우익랑 모두와 동일한 처마선으로 구성되어 있으며, 이보다 낮은 위치에 사랑채 처마가 결합된 형태이다.

셋째, 안채 단차형은 안채를 제외한 좌 · 우익랑과 사랑채 모두 처마선이 동일한 높이로 연결되어 있는 형태이다. 대부분 안채가 독립되어 있으며, 안채지붕 형태는 맞배지붕이나 팔작지붕이 적용된다. 맞배지붕으로 구성되는 경우에는 안채의 맞배지붕이 좌 · 우익랑의 종도리 위에 올라타고 있는 형상이며, 팔작지붕으로 구성되는 경우에는 좌 · 우익랑이 팔작지붕 밑으로 관입되어 있는 형상이다. 대개 대규모 뜰집은 안마당이 넓어 평지형 기단(우산각집)을 채택해도 안채 영역의 일조에 큰 무리가 없다. 또한 경사지의 경우 지형의 높이 차이가 있어 뜰집(서산각집)을 조영(造營)할 때 동일한 높이를 가진 기둥만으로도 사랑채와 양익랑채, 안채의 기단이 순차적으로 단차를 가지는 형태로 구성할 수 있다. 주로 대규모 뜰집에서는 높이차가 많지 않은 사례가 많고, 뜰집 규모가 소규모일수록 채의 각 부분이 순차적으로 높이차가 나타나는 경우가 많이 나타난다.

우리나라뿐만 아니라 중국과 일본에서도 박공지붕과 맞배지붕이 건축에서 일반화되

표 4-12 뜰집의 높이차 유형(※각 평면의 좌측 부분이 안채영역)

<table>
<tr><th>구분</th><th>단면도</th><th>평면도</th></tr>
<tr><td>서산각
기본형
지붕</td><td>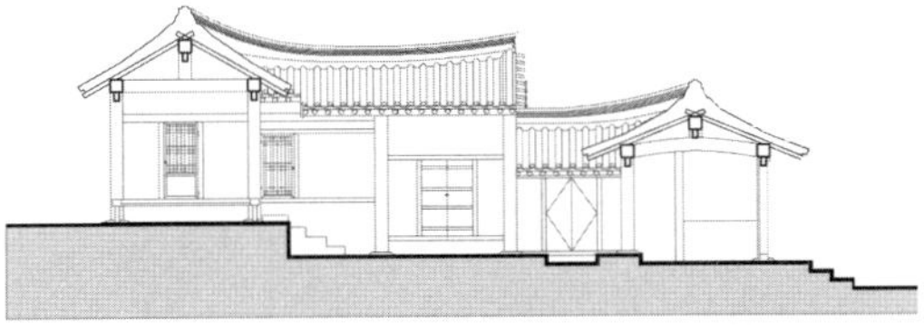
안동군 임동면 지례동 국란리 김종국댁</td><td>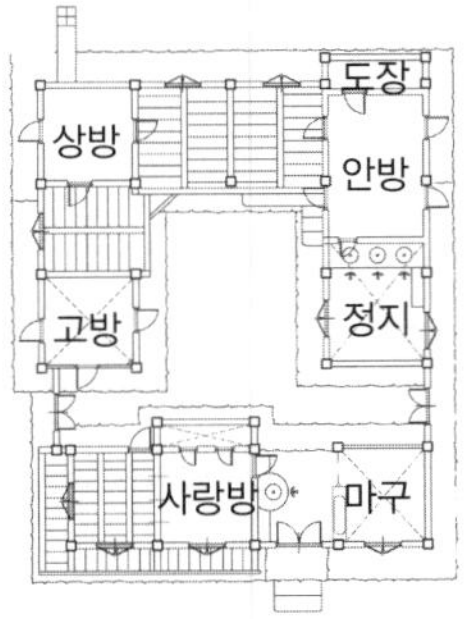
</td></tr>
<tr><td>우산각
날개형
지붕</td><td>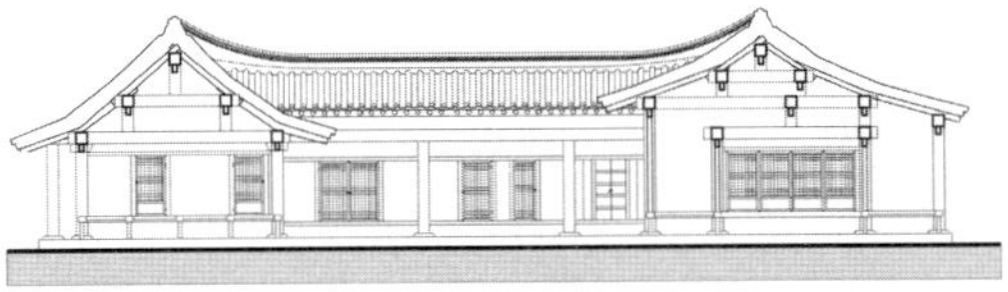
안동군 도산면 원천리 이원봉댁</td><td>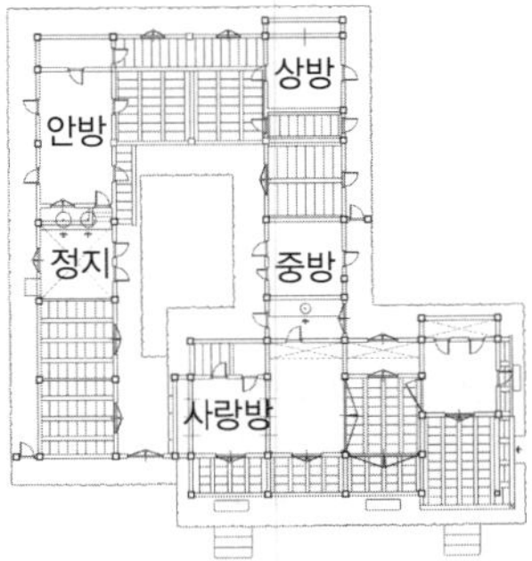
</td></tr>
</table>

었지만, 이들 지붕형태가 뜰집에서 볼 수 있었던 합성된 창의적 사례는 그 유례가 없을 것이다.

결합형 평면의 지붕형식은 독립된 지붕의 상호조합된 형태로 이루어지므로 이러한 지붕형태는 매우 다양한 지붕형식을 만들어내고 있다. 그럴 수밖에 없는 것이 一자형과 같은 기본적인 평면에 비해 채와 채가 서로 결합하게 되면 예상할 수 없을 정도로 다양한 지붕형태가 성립된다. 결합형 지붕은 그 바탕을 이루는 평면의 결합에 의해 달리하는데, 그 대표적인 주택

유형이 뜰집이다. 결합형 평면의 지붕형태는 기본적인 사각형 평면을 갖는 지붕과 다르며, 이들 지붕이 단순하게 결합되어 있다는 이상의 의미를 갖는다. 즉 사각형의 독립채 지붕은 기본형 지붕으로 가능하다. 그러나 결합형 평면에 얹어지는 지붕은 간단치가 않다. 다시 말하면 口자형 주택의 지붕은 서로가 전후 · 좌우, 그리고 위 · 아래 방향으로 높낮이와 치수가 조정되어야 하고 전체적으로는 조화를 이루어야 하기 때문이다.

전면 좌우대칭을 이루고 있는 박공면의 형태는 구조적 합리성의 결과가 의장적으로 드러난 사례이기도 하나 의장적 측면이 강조된 측면이 있다. 특히 口자형 주택의 전체 지붕형태는 맞배지붕, 우진각지붕, 팔작지붕들의 중첩(overlap) · 연결 · 독립에 의해 다양한 지붕형태를 만들어 내고 있다. 기본형 지붕의 중첩 · 연결 · 독립에 의해 이루어진 口자형 주택의 전체 지붕형태는 선인들의 의장적 욕구에 의해 평면과 밀접한 관련성을 가지고서 기본형 지붕들의 자연스러운 연결에 의해 단아한 결합형 지붕을 만들어 내고 있음을 알 수 있다.

안동문화권에서는 뜰집의 지붕형상을 서산각집과 우산각집이라는 특수한 용어를 사용하여 통용해왔는데, 서산각집의 지붕형태는 맞배지붕을 근거로 만들어져 있고 사변(四邊)의 동이 서로 중첩하여 연결되어 있다. 우선 가장 낮은 전면 맞배지붕의 양쪽 끝 간(間) 용마루 위에 후면의 박공이 직각방향으로 놓인다. 즉 안채의 지붕 단과 양쪽 측면의 익랑채, 그리고 전면에 구성된 대문간이 있는 사랑채 지붕의 구성이 3단으로 구성되어, 높이에 있어 엄연한 위계를 가지고 구성되어 있다. 이것은 지붕틀이 구성되는 보와 도리에 의한 면이 3단으로 구성되어 있는 것을 의미한다. 따라서 지붕 용마루선의 기본적인 구성은 가장 높은 안채의 용마루선에 측면박공의 내림마루로 내려오고, 이것이 다시 익랑채의 용마루선이 되며, 전면 익랑 박공의 내림마루로 이어지고, 다시 행랑채의 용마루선이 된다. 우산각지붕은 지붕틀이 모두 같은 평면 위에 놓여 있도록 주심도리의 면이 수평면을 이루고 있다. 따라서 우산각집은 처마선의 높이

변화가 없으나 팔작지붕의 처마선과 같은 곡선미를 가지고 있고, 서산각집에 없는 추녀와 회첨이 형성된다. 즉 전면과 후면의 입면에서는 처마선의 곡선미가 잘 나타나는 일반적인 팔작지붕과 다를 바 없다. 선자연(扇子椽)과 갈모산방을 사용한 추녀는 일반적으로 고급스런 건축에 사용되었는데, 외관의 의장성은 서산각집보다 우산각집의 입면이 보다 안정되어 있고 우수한 편이다.[58]

일체형 ㅁ자형 뜰집의 경우만 해도 사각의 평면을 덮기 위해 맞배, 우진각, 팔작의 다양한 조합의 결과를 보여주는 다른 사례 7가지가 나타난다.

즉 1. 김명섭 가옥(봉화군 물야면 오록 1리)과 같은 우산각 – 안채는 팔작 유회첨형, 2. 배재주 가옥(안동시 예안면 도목리)과 같은 서산각, 3. 김재헌 가옥(봉화군 물야면 오록 1리)과 같은 우산각 + 서산각 중 사랑채가 팔작인 경우, 4. 이준교 가옥(안동시 풍산읍 하리리)과 같은 우산각 + 서산각 중 사랑채가 우진각인 경우, 5. 이경연 가옥(봉화군 법전면 어지리)과 같이 안채가 독립된 팔작지붕에 익랑과 사랑채가 우산각인 경우, 6. 김종구 가옥(안동시 임동면 지례리)과 같이 서산각으로 ㄷ자 구성하고 一자 맞배지붕을 덮은 경우, 7. 박연이 가옥(예천군 용문면 상금곡리)과 같이 서산각 + 우산각이면서 경사지형에서의 높이차를 만회하기 위해 측랑의 지붕을 끊어 구성한 경우가 있다.

뜰집 평면은 무엇보다 안마당의 네 변을 둘러싼 주거공간을 형성하고 있다. 여기에서 좀 더 구체적으로 살펴보면, 뜰집의 전면에 사랑채가 배치되고, 후면 안쪽에 안채가 위치한다.

58) 김화봉, 앞책, pp.121~122

표 4-13 기본형 뜰집의 지분유형

우진각(평지)	서산각(경사지)	김명섭 가옥
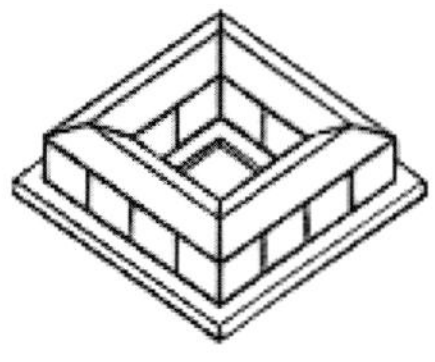	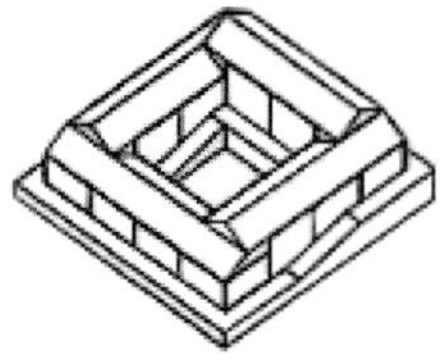	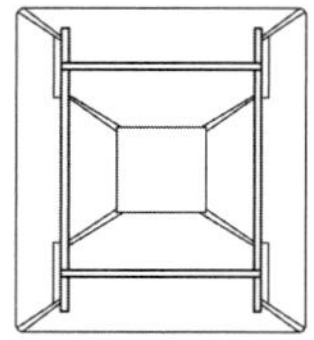
김재헌 가옥	**이경연 가옥**	**배재주 가옥**
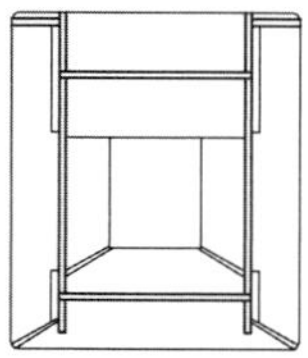	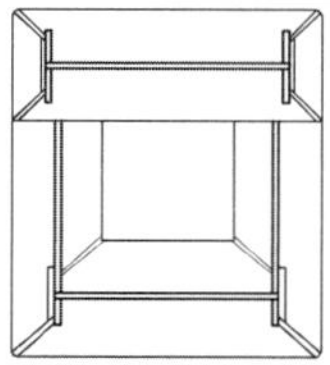	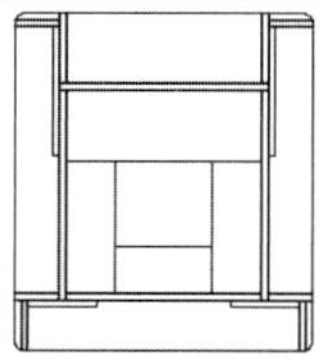
김종구 가옥	**이준교 가옥**	**박연이 가옥**
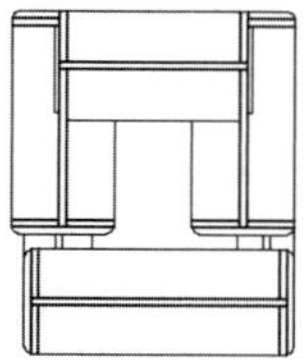	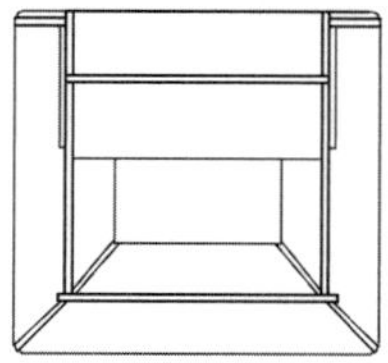	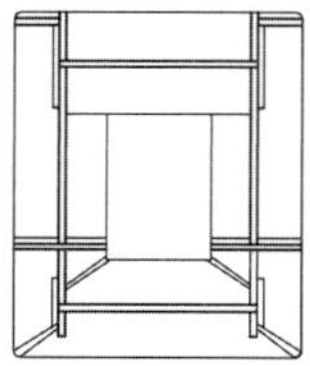

우리나라 중 · 상류주택에서 사랑채와 안채의 위계는 분명하다. 이에 따라 안채와 사랑채의 지붕은 의도적으로 주택의 정체성을 확보하려 한다. 왜냐하면 한옥(韓屋)에서 지붕은 생명체에 혼(魂)을 불어넣듯 절대적인 역할과 비중이 있기 때문이다. 여기에서 정체성의 방향은 다음과 같이 두 가지로 상정해 볼 수 있다.

첫째, 독립된 가옥에서와 같이 독자적인 지붕형태를 취함으로써 정체성을 확보하려는 경향을 보인다.

둘째, 가옥의 높이를 통해 채의 정체성을 확보하려는 경향을 보인다.

그러나 이상과 같은 채의 우위성만으로는 좋은 집이 될 수 없다. 문제는 이러한 채의 시각적인 우위성 이외에 각 부분이 어떻게 조화로운 조형(造形)을 이룰 수 있는가가 더 큰 과제가 아닐 수 없다. 더욱이 이러한 과정에서 유념해야 할 지붕은

첫째, 대지(垈地)의 고저차로 인한 건축적 문제를 어떻게 극복하고 활용할 수 있는가.

둘째, ㅁ자형 주택에서 채광과 관련된 일조(日照)환경에 어떻게 합치시키느냐하는 과제를 해결하지 않으면 안 된다. 적어도 안동문화권의 뜰집은 위와 같은 과제를 해결하고 극복함에 있어서 지혜롭고 창의적으로 풀어나가고 있는 사례라 볼 수 있다.

뜰집을 지었던 우리 선조들은 평지가 아닌 대지에도 일체형의 ㅁ자형 평면을 지을 수 있는 지붕을 결합하는 기술을 가지고 있었다. 지붕을 덮는 기술적 문제가 평면형을 결정하는데 있어 제약이 되지 않았다.

뜰집의 사랑채가 날개형인 경우 다양하고 규모가 있어 보인다. 그럴수록 사랑채의 구

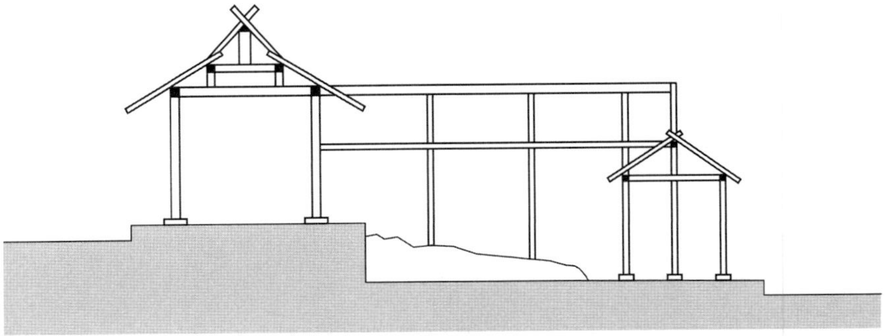

그림 4-7 경사지형에 위치한 뜰집의 지붕 단면

조는 툇집이 되거나 겹집화되고 있다. 따라서 규모가 확대된다는 이유만으로 날개집이 등장한 것은 아닐 듯하다. 즉 날개집의 등장은 규모를 확대시키려는 열망도 있으나 전면 지붕에 박공이 등장할 때 박공의 밑자리를 깔아줄 수 있는 날개가 필요하기 때문이 아닐까. 다시 말하면 날개집의 박공과 뜰집의 박공은 품격이 다르기 때문에 상류계층의 주택으로서 뜰집이 갖추어야 할 위계성 및 정면성을 위해 날개를 달았을 것이다.

4.3.3 뜰집의 정면성

1) 사랑채 지붕의 위계성

정면성이란 관찰자가 건물을 지각할 때, 측면이나 배면보다도 정면을 강하게 인지하도록 하는 것으로 정면의 조형으로 인해 건축물의 상징적인 의미를 표현하고 지각하게 하는 건축수법이다. 특히 전통건축에서는 정면으로부터의 관점만 강조되는 정면성이 현저한데, 정면성은 조형상의 관심이 정면에만 집중되므로 주된 건축물을 돋보이게 하기 위해서는 정면을 강조하려는 것[59]이다. 상류주택의 구성에서 대문채를 지나면 대체로 우리의 시야에 사랑채 정면이 들어온다. 이곳은 집주인이 거처하는 남성공간으로 다른 어떤 정면보다도 힘차고 의젓하다. 이 공간의 성격은 외향적이고 개방적인 것으로 그것이 정면에 그대로 표현되어 있어 대문채 내로 들어오는 사람들의 시선을 압도하는 장면이 바로 이곳이다.[60]

59) 정영철, 전통건축의 인간중심적 특성에 관한 연구, 대한건축학회논문집, 12권, 2호, p.107, 1996
60) 김기현, 앞책, p.29

상류주택의 외부 정면이라고도 할 수 있는 사랑채의 정면은 특히, 다른 채와의 결합 유무에 따라 매우 다르다. 즉 다른 채와 연결된 경우와 독립된 경우로 나누어 볼 수 있는데, 연결된 경우는 사랑채 정면이 좌우에 대문채나 행랑채와 같이 연결되어 구성되는 경우로, 이때 사랑채는 주로 높은 팔작지붕을 사용하고 옆의 대문채나 행랑채는 낮은 맞배지붕으로 구성된다. 이렇게 되면 건물의 전체적인 입면 느낌은 중첩된 지붕에 의하여 다양하고 조화된 분위기 속에 사랑채 정면의 팔작지붕이 더욱 인상적으로 표현되어 결국은 시선을 압도하게 되므로 사랑채의 정면성이 강해진다. 그리고 독립적으로 구성된 경우는 사랑채가 다른 채가 연결되지 않고 별동으로 구성될 때로 사랑채의 모습만이 깨끗하게 나타나면서 어느 부분도 흐트러짐 없이 정형화된 모습을 취한다.[61]

즉 ㅁ자형 기본형에서는 완전한 ㅁ자형 평면을 만들고자 하였던 평면형태에 대한 집착이 강하였고, 지붕의 다양한 조합을 통해 그것을 실현화시켰다면 날개집의 경우는 역으로 반가로서의 위계성 및 정면성을 표현하는 수단으로 지붕이 중요한 역할을 하였고, 정면에서 반가의 지붕이 때로는 위엄성 있게 때로는 역동적으로 보이게 하기 위해 평면형을 날개형 또는 별동형으로 구성하였다.

날개형에서 양날개형과 편날개형이 있는데 양날개형을 할 경우 좌우대칭을, 편날개형을 할 경우 비대칭적인 구성을 취하게 된다.[62] 즉 서울 · 중부형이나 영남형 두 유형 모두 대칭적으로 평면이 구성되는 경우가 많다. 일부 편날개형 및 별동형도[63] 상당한 사례가 남아 있다.

61) 김기현, 앞책, pp.50~51

62) 서울 · 중부형에서 좌우대칭인 것은 기본형과 양날개형이라 할 수 있는데 이는 98채 중 63채로 64.3%이며, 영남형에서는 29채 중 20채로 69%이다.

63) 편날개형 및 별동형으로 서울 · 중부형 35.7%, 영남형 31%가 남아있다.

전통건축의 입면구성은 좌우대칭 형태를 기본으로 하고 있다. ㅁ자형 주택의 정면을 구성하고 있는 문간채와 사랑채의 지붕형태 역시 대칭성에 근간을 두고 있는 선인들의 의장적 사고에 기인한다고 생각된다. 맞배는 맞배지붕과 만나야 하고, 팔작은 팔작지붕과 만나야, 그리고 우진각은 우진각지붕과 만나야 좌우대칭을 이룰 수 있어 집의 형태상 일관성이 유지된다. 또 ㅁ자형 주택의 전면의 칸을 구성하고 있는 대문간채가 문간채와 사랑채를 입면얼굴을 중분(中分)해 비대칭을 이루게 한다. 그러나 전면부 칸의 상부를 덮고 있는 지붕은 좌우대칭을 이루고 있는 것이 일반적이다. 이는 우리 전통주거건축의 특징인 '비대칭적 대칭' 의 특성을 보여주는 것이라 할 수 있다.

비대칭적 지붕형태는 일반적으로 대칭적 형태보다 훨씬 역동적으로 보인다. 비대칭적 지붕형태를 구성하는 주요요인은 위계감을 표현하려는 의장적 욕구에서 나타나는데, 대부분의 건축구성에서는 공간 사이에 실제적인 차이가 있고 공간의 중요 정도에 이러한 차이점이 감각적으로 반영되어 비대칭적인 형태를 갖는 지붕을 구성하게 된다.

일반주택의 대문간채에서는 솟을지붕으로 구성하여 위계를 높이고 있으나 뜰집에서는 건물 전체 지붕형태의 조화, 안정감 및 역동성을 통해 정면성이 강조되어 전체 주택 중 전면부의 위계를 표현한다.

2) 뜰집 정면의 길이

날개형 뜰집은 사랑채의 방향과 같은 도리방향으로 돌출된 날개형과 사랑채 방향에 직교하며 보방향으로 돌출된 날개형이 있다. 도리방향으로 돌출된 날개형 뜰집은 사랑채의 정면 길이를 확장시키는 역할을 한다. 정면의 길이가 긴 것은 짧은 것에 비해 반가(班家)적인 풍채가 부각된다.

ㅁ자형 기본형 뜰집에서 날개형으로의 확대에 있어 양날개형과 편날개형을 선택하여야 했다. 양날개와 편날개는 앞서 말한 대칭성과 비대칭의 정면성과 관련이 있다. 아울러 서울 · 중부형의 경우는 양날개형과 편날개형이 거의 비슷한 정도로 나타나지만 영남형에서는 양날개형보다 편날개형이 많다.[64] 영남형에서는 왜 양날개형에 대한 선호가 낮았는지 생각해 볼 만하다.

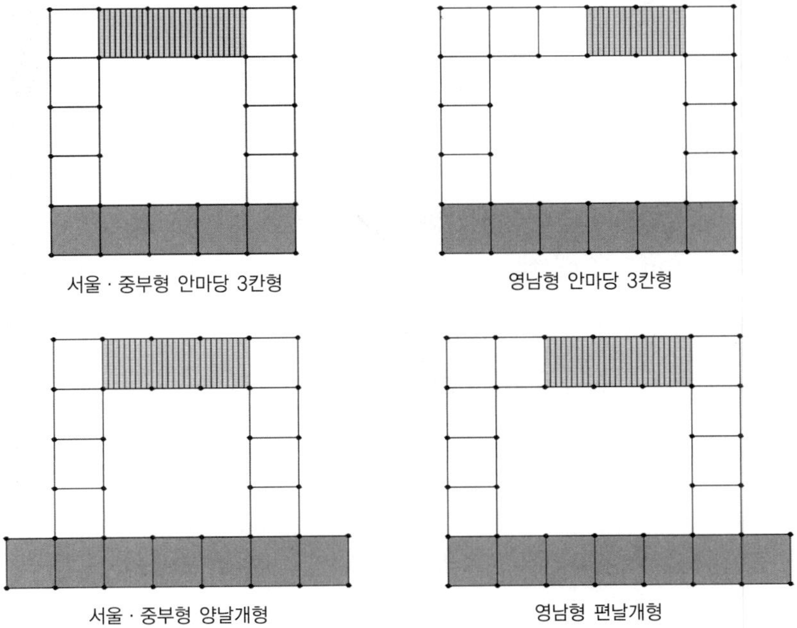

그림 4-8 뜰집의 정면길이

64) 영남형 뜰집의 경우 기본형 이외에 양날개형은 2개, 편날개형은 8채가 남아 있다.

서울 · 중부형 날개형의 정면길이[65] 칸수의 평균을 내어 보면 2칸 편날개형은 5.2칸으로 2칸 기본형 4칸에 비해 1.2칸 확대되고, 양날개형은 6.1칸으로 2.1칸이 확대된 것이다. 3칸 편날개의 경우 6.6칸으로 3칸 기본형 5칸에 비해 1.6칸 확대되고, 양날개형은 7.4칸으로 2.4칸 확대된 것이다. 3칸 별동형은 7.3칸으로 기본형 5칸에 비해 2.3칸 확대된 것이다. 서울 · 중부형 날개형의 평균 정면길이는 6.5칸이다.

영남형의 3칸 편날개형은 6.3칸으로 3칸 기본형 5칸에 비해 1.3칸 확대된 것이고, 3칸 양날개형과 별동형은 9칸으로 무려 4칸이 확대된 것이다. 4칸 편날개형은 7.8칸으로 기본형 6칸에 비해 1.8칸 확대된 것이다. 영남형 날개형의 평균 정면길이는 7.6칸이다.

일체형 뜰집 양날개형 33채[66] 중에서 서울 · 중부형이 영남형보다 압도적으로 많은 이유는 다시 말해 영남형에서 양날개형을 선호하지 않았던 것인데, 이는 정면의 길이와 상관 있다. 서울 · 중부형 전면 3칸 안마당 유형 중 양날개형은 정면이 7.4칸이며, 영남형의 전면4칸 안마당 유형 중 편날개형이 정면이 7.8칸이다. 그러므로 두 유형 모두 정면길이는 7칸에서 8칸 정도인데, 이 전면의 길이감이 당시 반가에 가장 적합하다고 인식되었을 것으로 추정된다.

3) 뜰집의 정면성

뜰집은 오랜 동안 자연적 환경과 사회적 환경 속에서 다듬어져 하나의 문화적 형식이라 할 수 있다. 따라서 주택 중 본질적인 영역은 지속적으로 전승되며 지역적 전통문화를 간직

65) 뜰집의 안채가 뒤로, 사랑채가 앞으로 향하도록 ㅁ자형 뜰집 평면을 두고 마당에서 보이는 정면칸수를 산정하였다. 날개의 경우, 사랑채의 도리방향의 날개가 주류이지만 보방향으로 전면또는 후면으로 날개가 날린 가옥도 있다. 이 경우에 정면의 칸수에는 영향을 미치지 않기 때문에 통계는 도리방향 날개형 뜰집만을 대상으로 하였다.

66) 일체형 뜰집 중에서 양날개형은 33채이고, 이 중 서울 · 중부형은 31채로서 영남형의 2채에 비해 압도적으로 많다.

하게 된다. 한편 인간은 자신의 개성이나 신분을 표현하려는 본능을 갖는데, 주택에 장식을 부가하거나 칸수, 층고의 크기를 확대하거나 정면을 강조하기 위해 지붕형태를 부각시키는 방식 등으로 평면과 입면을 강조하여 사회적 지위를 표현하게 된다. 평민들의 주택에도 상층신분 지향적인 의식을 반영시키고자 하는 의지가 주택의 개별성으로 표출되는 경우도 있다. 전통주택의 경우에도 이러한 경향은 뜰집의 경우에도 잘 드러난다. 대체로 생존에 필요한 기능을 갖춘 민가(民家)는 지역 내에서 큰 변화 없이 전승되는 반면, 반가(班家)의 경우에는 가문이나 주인의 개성 및 사회 · 경제적 능력이 주택의 정면부나 지붕에 반영되는 경향이 강하다.

뜰집의 경우 배면부에 안채영역과 전면부에 사랑채영역이 결합되어 있어 독특하게 내 · 외부 공간과 지붕형태가 독특하게 구성된다. 즉 뜰집의 경우 ㅁ자형 평면 중 남성들의 사회적 공간에 해당하는 바깥 정면부에 칸수를 늘린 날개형 뜰집[67]이나 전면부로 돌출시켜 지붕의 의장이나 상징성을 부각시키기 위해 지붕의 합각이나 회첨골 형태를 달리하거나 바닥 높이를 조정해 누마루를 가진 뜰집으로 발전되기도 한다. 반면 안채영역은 대청의 규모나 층고 높이나 제례를 위한 장치를 제외하고는 공간구성상 큰 개별적인 차이는 없고 지역성이 그대로 보존되어 지속되고 있다.

따라서 16세기 이후 유교가 보편적인 생활문화로 정착되었다. 유교문화는 주택에도 반영되어 성립[68]된 뜰집의 경우 주로 사회적 차별성은 주택의 전면부에 해당하는 '사랑채영역'

67) 뜰집은 ㅁ자 형태로 채가 완전히 결합된 일체형 뜰집이 있는데, 지붕이나 평면이 ㅁ자형인 뜰집을 기본형이라 하고, 기본형에 칸[間]이 한쪽만 부가되는 편날개형과 양쪽 방향으로 칸을 덧붙인 양날개형으로 분류된다.

68) 중국의 송, 명대에는 ㅁ자형 주택이 널리 번창하였고, 현재에도 당시 조상된 마을 내 고가옥(古家屋)들이 보존되어 있다. 유사한 시기인 고려시대 목은(牧隱) 이색(李穡, 1328~1396)의 저서 목은시고(牧隱詩藁 33券)에서 ㅁ자형 주택이 있다고 전해지지만, 유교가 정착된 조선후기와는 다른 특성을 지닐 것이라 추측된다.

에 지역성은 '안채영역' 에서 지속되고 있음을 알 수 있다.

4.4 경계구조

뜰집은 안채와 사랑채가 연결되어 안채와 사랑채간의 공간적으로 구분시키기 어려운 독특한 구성을 하고 있다. 조선시대의 주거에서 인간관계의 특이성은 유교적 주종관계와 남녀유별의 영향에 의해 형성되었다고 해도 과언이 아니다. 따라서 여성공간과 남성공간의 분리와 여성을 외부로부터 보호하고자 하는 의식이 강했다. 그러나 가족이라는 끈끈한 유대감 속에서 생활상의 공간과 공간의 연결 관계도 충족되어야 했다. 그러므로 여성공간과 남성공간의 분리와 연결이라는 양면성을 주거공간구성에서 해결하기 위한 노력은 뜰집의 공간구성에 반영되며, 특징적으로 나타난다.

조선시대 중 · 상류 주거는 대부분 유교적 생활관에 의하여 안채와 사랑채의 분리가 이루어진 공간구성을 취하고 있다. 그러나 뜰집은 완결된 ㅁ자형에 안채와 사랑채가 함께 결합되어 있어 안채와 사랑채가 담장으로 영역이 분리된 보편적인 조선시대 상류주택과는 다른 공간구성을 취하고 있다.

「내훈(內訓)」에 의하면 "남녀는 한자리에 앉지 말고, 횃대에 함께 옷을 걸지 말며, 수건과 빗을 함께 사용하지 말고, 친하게 지내서도 안 된다." "형수와 시동생은 서로 문답하지 말고, 제모에게 속옷을 빨게 해서는 안 된다." "밖의 이야기가 문 안에 들리지 않게 하고, 안의 이야기가 문 밖으로 새지 않도록 해야 한다." "혼인을 한 여자는 큰 변고가 생기지 않는 한 친정에 출입하기 말아야 하고, 고모의 손위 누이와 손아래 누이, 딸들이 이미 혼인을 하여 친정에

돌아왔을 경우에는 형제가 한자리에 함께 앉지 말 것이며, 또한 한 그릇에 식사를 함께 해서도 안 된다."고[69] 하여 남 · 녀지간에 지켜야 할 예의에 대해 훈계하고 있다. 이는 가족지간에도 예(禮)를 바탕으로 한 철저한 남녀간의 생활의 분리를 강조하는 내용이다.

이러한 남녀간 생활의 분리는 주택에서 공간적인 분리가 구조화되었다. 남부지방 상류주택의 경우 보편적으로 전면에 사랑채를 배치하고 담장으로 사랑채영역을 확보한다. 사랑채영역 후면에 안채를 배치하여 외부에서 안채를 볼 수 없도록 보호하고 있다. 안채와 사랑채는 각각 一자형 혹은 ㄱ자형의 독립된 채로 구성되어 있다. 그러므로 안채와 사랑채간의 거리조절이 용이하여 안채와 사랑채는 시각, 청각 등의 감각전달을 감소시킬 수 있는 충분하게 떨어진 곳에 적당한 크기로 안마당을 구성한다.

즉 외부의 시선으로부터 사랑채는 안채의 전면에서 보호하는 경계구조의 역할을 해주며, 담장으로 구획되어 안채영역과 사랑채영역의 독립성이 확보된다. 따라서 안채와 사랑채의 연결성보다는 분리성과 보호성 측면이 강조된다. 그러나 뜰집의 경우 안채와 사랑채과 口의 틀 속에 함께 공간이 연결되어 있으며, 안마당 크기의 한계성과 함께 안채와 사랑채간의 충분한 거리를 확보하기 어렵다. 다시 말해 기본적으로 폐쇄적인 안뜰을 가진 뜰집이 되기 위해서는 안채와 사랑채가 연결되어야 뜰집의 기본조건이 충족된다는 사실에서 본다면 뜰집은 안채와 사랑채 상호간의 연결관계를 중심으로 살펴보아야 한다.

69) 소혜왕후 한씨, 이민수 校註,「內訓」, 홍신, 1994, p.17

4.4.1 안채와 사랑채의 배치

ㅁ자형의 틀 속에서 안채와 사랑채를 가장 원거리에 배치하는 방법은 안방과 사랑방을 대각선상에 배치하는 방법이다. 그리고 안마당에 면한 사랑채 후면 공간에 개구부를 두지 않고 안채영역과 구획시킨다.

날개형 뜰집의 경우 사랑채 공간이 안마당에 면하지 않도록 한다. 봉화의 권익봉 가옥의 예에서 보듯이 사랑방이 모서리에 위치하고 그에 따라 사랑대청이 완전히 외부로 돌출된 유형이다. 방은 폐쇄적인 공간임에 반해 대청은 개방적인 공간이므로 사랑대청이 안마당에 면하게 될 경우에 안채와 사랑채간의 차단시키기 어렵게 된다.

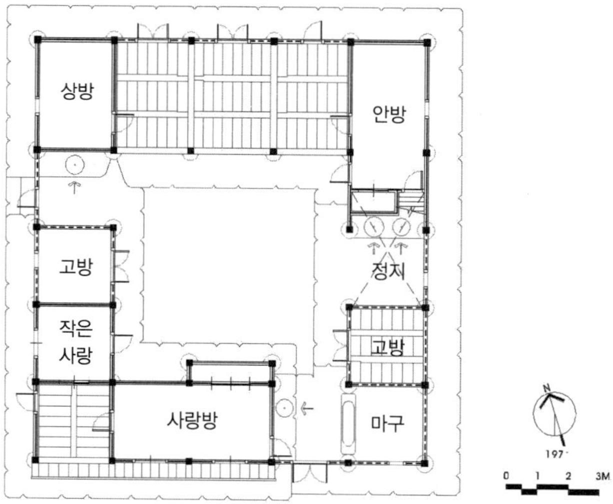

그림 4-9 안동 김재선 가옥

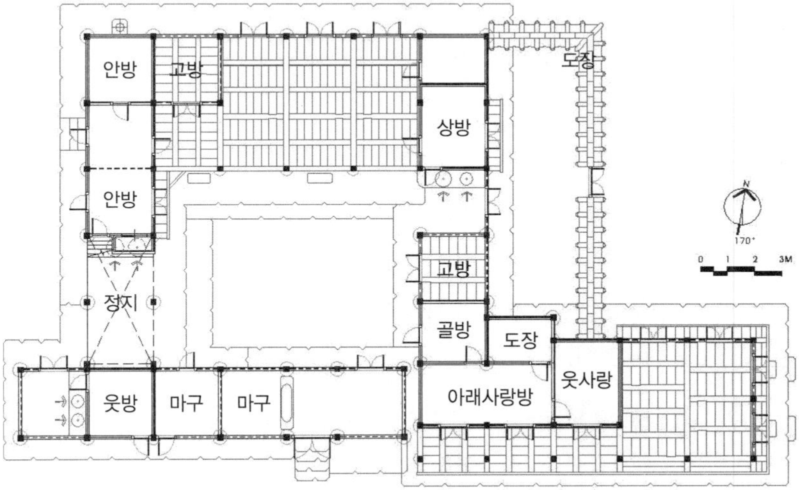

그림 4-10 봉화 권익붕 가옥

4.4.2 뜰집의 외부에 대한 방어구조

전통 중 · 상류 가옥은 '우리 집'에 대한 경계의식이 강하여 외부인에 대한 방어구조가 발달되어 있다. 그 중에서 대표적인 것이 담장이 발달되어 있다는 것이다. 담장은 물리적 투과성이 매우 낮으며, 인간의 출입을 막는 기능을 하는 것으로 영역분할과 시선을 차단하는 대표적인 경계구조이다. 담장을 경계로 두 영역을 분리시킬 수 있다.

뜰집에서 담장은 주로 사랑채의 전면이나 사랑채와 안채의 중간에 설치된 경우가 많다. 그리고 외부의 시선이나 동선을 차단하는 용도의 내외담이 있다. 내외담이란 주택의 마당에 시선차단을 주목적으로 세워진 것이다. 그 명칭은 내외간의 구별을 위한 담이라는 뜻에서

붙여진 것으로 생각되며, 다르게는 기능상으로는 차면담, 위치상으로 샛담(사잇담), 재료 · 의장적인 측면으로는 죽담, 흙담으로 불렸다. 실제로 많은 곳에서는 마땅한 명칭 없이 사용되었다.

중문 앞의 내외담은 대문과 중문이 일직선상에 있어 안채의 내부공간이 바로 보이는 엇을 막기 위해 설치된 것으로 순수하게 시선을 차단시키기 위한 구조물이다. 안채에서 이 내외담을 볼 때에는 여성들로 하여금 중문 밖의 공간을 보지 못하도록 하는 의도가 있으며, 심리적으로는 口자형의 공간의 폐쇄적인 한계를 느끼게 해준다.

뜰집에서 또 특징적인 것으로 내외문을 들 수 있다. 출입문이 선으로 구성된 것과 공간으로 구성된 것은 공간 전이에 있어 큰 차이가 있다. 전통가옥의 대문과 안중문은 칸으로 구성되어 있는데, 이는 하나의 독립된 공간으로 외부에서 내부로 진입하기 위한 중간영역이 된다. 그리고 의도적으로 안채 진입시에 동선을 꺾이게 하기 위한 방법들이 사용된 것이 특징이다. 뜰집의 경우 안중문에서 안채로의 동선거리가 짧기 때문에 의도적으로 동선을 꺾거나 문짝의 수, 여는 방법의 조절을 통해 폐쇄의 정도를 조절하였다.

동선을 굴절시킨 이유는 공간을 통과하는 시간을 연장시킴으로써 실제 물리적 공간의 거리보다 길게 느껴지게 한다. 그리고 동선의 굴절과정에서 내부의 공간이 가려지므로 내부공간으로의 진입에 어려움을 느끼게 되어, 물리적인 것 이상의 심리적 경계감을 느끼게 된다. 이러한 유보인 경계적 장치가 반복될 경우 그 내부공간의 위계성은 높아진다.

4.4.3 안채영역과 사랑채영역의 차단구조

조선시대 상류계층은 여성은 안채에서 남성은 사랑채에서 각기 생활하였으며, 비록 부부일지라도 내외가 함께 있는 경우를 집안의 다른 사람들에게 발견되는 경우는 거의 없었다.

그림 4-11 대문간에서 본 내외담

그림 4-12 안중문 앞 내외담

안채에서 마련한 매끼의 음식은 아랫사람들이 사랑채로 운반하였고 의복 또한 안에서 내다가 입었다. 상류가정 부인은 자기의 거주공간인 안채 중문 밖으로 발걸음을 내닫지 않은 것을 이상으로 삼았다.[70] 12m 정도의 이격 거리를 표정식별 가능한 최대거리라고 하는데 전·후 배치 유형에서 안채와 사랑채가 12m 이상 떨어져 배치되는 경우는 거의 없다. 따라서 6~8m 정도 거리의 안마당은 시각적으로 식별이 가능한 거리이므로 사랑채에서 안채공간이 보일 수밖에 없다. 그러므로 적당한 안마당의 크기를 유지하면서 안채와 사랑채 간의 시선이나 동선을 차단할 수 있는 경계구조를 마련하는 것이 필요하다.

사랑채 후면에는 대부분 벽장을 설치하고 있는데 벽장은 수납공간이라는 기능도 있지만 경계의 측면에서 그 이상의 의미가 있다. 안채에서 벽장이 설치된 사랑방을 볼 때 앞이 꽉 막힌 듯한 차폐감을 느끼게 된다.

가림벽은 건물의 하중을 견디는 단순한 구조물이 아니며 시선차단을 목적으로 부가한 벽으로 시선차단이 필요한 어느 곳에서나 위치할 수 있다. 주로 나무판벽이 많고, 건물의 벽체와 동일한 흙벽으로 된 것도 있다. 안마당에서 사랑방 후면으로 연결되는 출입구 앞에 설치되어 시선을 차단하는 것과 대문간에 설치된 것으로 내외벽과 유사하지만 동선상의 굴절은 없으며 단지 시선차단을 위해 부가된 것이다. 그리고 문의 형상을 하고 있으나 이 문을 경계로 영역이 분리되지 않기 때문에 두 공간의 연결하는 기능보다 심리적 공간분할과 시선차단이 주목적인 가림벽이라 할 수 있다. 이러한 가림벽은 한정된 공간적 틀 속에서 안채영역과 사랑채영역

70) 김광언, 「한국의 주거민속지」, 민음사, 1994, pp.103~104

그림 4-13 안중문에 면한 가림벽

그림 4-14 안중문의 내외벽

이 인접해 있는 상황에서 건축구조적인 큰 변화 없이 두 영역간의 시선을 차단할 수 있는 간편한 방법이다. 그리고 뜰집의 사랑채 퇴의 측면을 벽으로 막거나 문을 설치하는 경우가 있다. 이는 주로 사랑채에서 안채가 바라보이는 경우나 중문이 보이는 경우에 시선을 차단하기 위하여 세운 것이다. 유형으로는 판장문, 골판문, 교창+골판문, 심벽, 심벽+골판문, 심벽+세살창 등과 같이 다양하게 나타난다. 툇간문의 용도는 사람의 출입을 위한 것이 아니다.

사랑채 툇간에 설치된 툇간문은 일차적으로 여성의 출입이 이루어지는 곳인데, 시선을 가리기 위하여 설치된 것이다. 뜰집에서 대문간과 사랑방이 인접해 있는 경우 사랑채 툇간에 설치된 벽이나 문은 남녀간의 시선을 차단시키기 위한 중요한 구조물이 된다.

안마당에 면한 사랑채 후면의 벽장

사랑채의 가림벽

그림 4-15 안마당에서 본 사랑채의 벽장

4.4.4 안채영역과 사랑채영역의 연결구조

남성공간과 여성공간이 분리만 되어 있다면 생활에 있어서 크나큰 불편을 겪게 될 것이다. 특히 남녀가 제각기 생활하는 경우 문제가 되는 것이 이들의 부부생활을 위해 젊은 주인이 그의 아내 방에 드나들기 위한 비밀통로를 따로 마련해 두는 것이 일반적이었다.[71] 그리고 반가에서 접빈객을 매우 중요시하였는데, 안채에서 마련한 음식을 사랑방이나 대청으로 배선하기 위한 연결통로는 최소한의 동선과 시선을 고려한 접점이었다.

즉 가족간의 생활을 원활하게 하기 위해서도 남성공간과 여성공간을 연결하는 최소한의 구조가 필요하다. 일반적으로 조선시대의 중·상류 계층의 주거공간은 채의 분리에 따른 기준으로 안채와 사랑채로 구분되며, 여기에 생활공간이 아닌 보조공간인 행랑채가 있어 크게 세 가지 영역적으로 구분된다고 할 수 있다. 뜰집에서는 행랑이 채로 분화되어 있는 경우와 되지 않은 경우가 있으며, 행랑은 하나의 공간으로 영역화되지 않고 사랑채와 안채 사이에 존재하면서 두 공간의 영역적 구분을 위한 매개공간으로 사용되고 있다. 행랑영역에 해당하는 공간은 안마당과 바깥마당을 연결하는 통로인 대문간, 통래간과 마구간, 행랑간, 고방 등의 부속공간 등이다. 안채영역과 행랑영역간에 출입은 이루어지지 않으며, 반드시 마당이라는 매개공간을 통하여 이루어진다.

행랑영역과 사랑채영역 사이의 경계구조 역시 출입이 소극적으로 이루어지거나 단절되어 있는 것이 일반적이다. 그러므로 행랑영역은 안채영역이나 사랑채영역과는 단절되어 있

71) 김광업, 앞의 책, pp.103~104

그림 4-16 관가정의 사랑채와 안채를 연결하는 매개공간

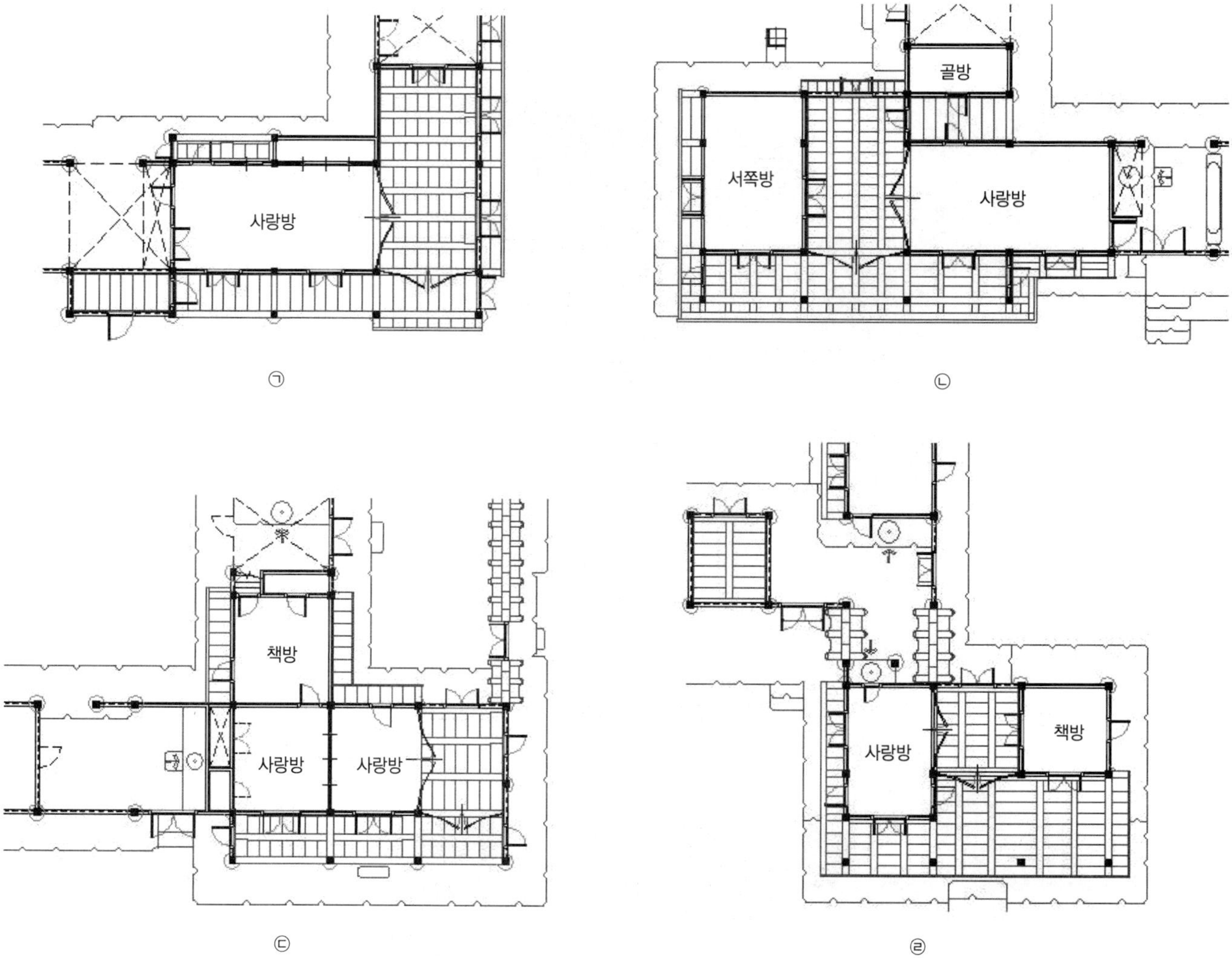

그림 4-17 매개공간의 유형

으나 평면적으로 두 영역을 이어주는 연결고리와 같은 역할을 한다.

안채에서 사랑방으로의 연결은 사랑채 후면에 쪽마루를 달고 한짝 여닫이문을 낸 유형이 있다. 이때에도 안마당에 면한 쪽마루 부분에는 벽을 구성하여 사랑방에서 문을 열더라도 안채영역이 보이지 않도록 한다.

한국 전통주택의 쪽마루는 마당에서 실내로 진입하기 위한 중간영역 역할을 한다. 쪽마루가 설치된 곳은 내부로 출입할 수 있음을 의미한다. 출입을 차단시키기 위한 곳에는 쪽마루를 달 필요가 없다. 그리고 안채에서 사랑채 간의 동선연결을 위하여 전이공간이 사용되기도 한다. 안마당에서 사랑방이나 사랑대청으로 직접 출입하는 개구부 없이 차단하는 경우에는 사랑방과 사랑대청에 인접한 공간을 거쳐서 연결되는 연결방법을 간접적으로 사용한다.

뜰집은 완결된 口자형의 틀 속에 안채와 사랑채가 연결되어 있다. 이는 조선시대의 남녀유별된 삶을 구현하기에는 어려운 점이 있다. 안채와 사랑채 사이에는 행랑영역이나 보조공간이 매개공간으로 연결되어 있으며, 사랑채와 안채 사이의 영역간 시선과 동선 차단을 위해 사랑채 후면에 벽장을 설치하거나 사랑채를 날개형으로 내달아 사랑대청을 안마당에 면하지 않게 배치하도록 한다. 뜰집은 안채와 사랑채의 접근성에 따른 한계를 극복하기 위해 내외담, 내외벽, 가림벽, 툇간 벽과 문의 설치 등의 특이한 경계구조 장치가 발달되어 있다.

5장 뜰집의 지역간 교류성

안동문화권의 '뜰집'은 안동의 동남지역인 경주와 동북지역인 울진, 삼척, 동해, 강릉, 양양지역(영동문화권)에도 분포한다.[72] 영동문화권의 뜰집은 안동문화권에 비해 그 분포 빈도가 약하고 보존 상태도 양호하지 않다.[73] 영동문화권은 강원도 태백산맥을 경계로 나누어지는 동측 부분인 영동지역에 해당된다. 원주를 중심으로 한 영서지방에 비하여 강릉을 중심으로 한 영동지방은 매우 다른 문화상을 보여준다. 교통이 비교적 편리한 영서지방은 서울과의 교류가 잦아 중앙문화의 영향권 아래 있었지만, 영동지방은 지형적으로 험준한 지형의 차단으로 대관령이 유일한 통로였기 때문에 중앙의 영향보다 오히려 독자적으로 영동문화권을 형성해왔다.

더욱이 영동지방은 동해안을 따라 남북으로 190여 Km에 이르며, 강원도 명주군과 삼척군 사이에는 미령을 비롯한 준령이 또 있어 남북간 교통도 어렵게 해왔다. 이로 인하여 영동북부와 영동남부는 예부터 생활권과 문화권을 달리 하였다. 이러한 사실을 예로 들면, 영동문화권의 민가형에 있어서 영동 북부와 영동 남부 지방은 다소 다른 양상을 보이고 있다는 의미이다.[74]

72) 그 동안 뜰집에 관한 많은 선행연구가 진행되어 왔으며, 안동문화권과 영동문화권의 울진지역은 지역별 분포특성이 연구된 바 있으므로, 본 연구지역에서는 제외 한다: 김화봉,「안동문화권 뜰집에 관한 연구」, 부산대 박사학위논문, 1999. 및 유재우, 이형삼, 김화봉 「울진지역 사랑뜰집 가구법과 일조환경 조정 특성 연구」, 대한건축학회 논문집, 2008.12 등

73) 훼손에 대한 안타까움으로 동해 북평지역을 대상으로 4채의 뜰집에 관한 조사연구가 있었다(최장순, 홍대형,「동해 북평지역 뜰집의 공간구성에 관한 연구」, 대한건축학회논문집, 제12권 9호, 1996,9). 연구대상 채집 주택의 도면과 인터뷰 내용은 조사 당시의 상태에 근거하여 표현되었으며, 조사 시기는 대부분 2000년대 초반까지 이루어졌다. 이후 논문을 진행하면서 보완 조사를 진행하였다

74) 조성기, 지호경,「영동지방 민가의 조사연구(Ⅱ) -영동 · 남부지방을 중심으로-」, 대한건축학회논문집 3권1호, 1987.2

5.1 영동문화권의 지역토착 의식

강원도는 태백산맥의 영향으로 산악문화가 발달되었으며 그 역사는 오래다. 자연환경에 영향을 받고 나름의 문화를 형성해온 강원도 사람들의 의식은 자연에 순응하는 삶을 영위해온 화전민들뿐만 아니라 신앙적으로 산에 의탁하려는 심성을 가진 사람들에 의해서도 유지되어 왔다고 볼 수 있다.

삼척지방을 중심으로 한 영동의 마을신앙은 실로 다양하고 독창적인 면이 적지 않다. 마을신앙의 독창성과 다양성은 곧 지역주민들의 신앙체계가 복잡하고 실체를 파악하기 힘든 부분도 있다. 그러나 이는 또한 지역문화의 전통성과 창의성이 잘 발휘되었다는 반증이기도 하다. 긍정적 측면이든 부정적 측면이든 마을신앙은 지역사회의 구성원에게 있어서 중요한 의미를 갖고 있다. 마을이라는 생존의 틀 안에서 동질성과 친밀성, 자급자족성, 결속의 지속성이 이루어지고, 체계적 믿음이 수행되며 금기와 절제, 권선징악, 순리와 인정, 질서와 화합의 우주적 세계관이 통용되고 있었다.[75]

우리는 마을신앙에서 영동문화권 지역민의 두 가지의 인성적 측면을 가늠해 볼 수 있다. 우선 자연에 순응하며 신앙화하여 안착하려는 측면과 더불어 호환(虎患)과 산악지형의 열악한 기후환경을 극복하는 요소 대처능력을 동시에 가져야 함을 알 수 있다. 이러한 영향인지 이 지역주민은 지금도 생활력이 강하다는 것이다.

75) 장정용,『강원도 민속연구』, 국학자료원, 2002, pp 349~ 362: 삼척지방의 마을신앙 고찰을 통해 지역민의 새로운 문물에 대한 태도를 엿볼 수 있다.

또, 강원도 사람의 인성을 상징적으로 '암하노불(岩下老佛)' 또는 '감자바우' 라는 용어로 집약한다. 이를 분석하면, '암하' 는 품성적 불변성(不變性, 긍정적 신뢰의 성격, 초지일관의 지조, 겸양의 인격)을 뜻하고 '노불' 은 현실적 초속성(超俗性, 사소한 이권의 초월, 전체적 이익대변, 미래지향적 관념)을 의미한다. 또 '감자' 는 실용적 다용성(多用性, 풍토 적응력, 전인적인 기능인, 건강한 정신 소유)을 '바우' 는 인성적 질박성(質朴性, 순수한 인간미, 헌신적인 수범)을 표현하는 것이다.[76] 이렇게 볼 때, 영동문화권의 토착 의식은 자연합일적인 큰 틀에서 전통을 중시여기고 실용적인 생활태도를 지녔다고 볼 수 있다.

5.2 영동문화권 민가의 지역성

주택은 단순한 물리적 형태에 머무는 존재가 아니다. 집을 짓는다는 것은 문화적 활동의 결과이기 때문이다. 집의 형태와 방의 조합은 그 집에 속해 있는 문화적 환경에서 큰 영향을 받는다. 어떤 문화권 안에는 반드시 민가의 원형(原型)이 있다. 이때 원형에 대한 수정과 변형은 부분적인 민가요소이며 원형이나 민가형의 큰 틀에서 벗어나는 것은 아니다. 영동지방의 전통적인 주거양식을 한반도의 민가형 분류에서 보면 '함경도형' 의 주거문화권에 속해 있다는 가설이 지배적이었다.

76) 강원지역 풍수지리나 민속에 나타난 지역민들의 자연관 등을 서술하고 있다(앞 책, p729).

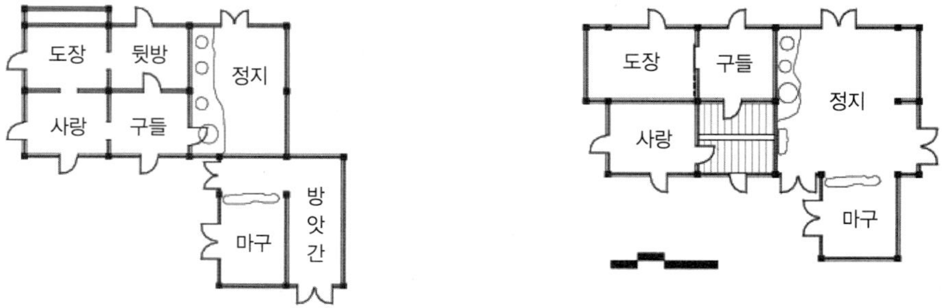

전면 3칸집

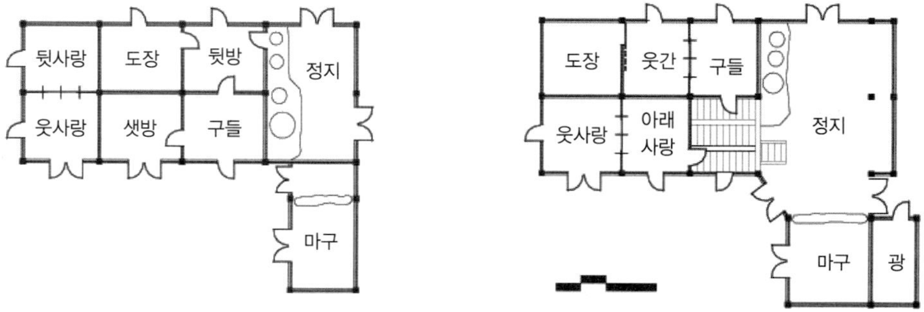

전면 4칸집

그림 5-1 강원 · 영동지방의 민가형(조성기, 1987)

영동문화권 민가의 평면특성은 田자형태로 결합된 침실구성을 보여주는 겹집인데, 몸체의 부엌에서 외양간을 달아내어 집의 바깥모양이 ㄱ자를 이루고, 돌출부는 지붕 밑에 붙이고 있다. 방의 호칭은 앞줄의 방을 구들, 사랑, 뒷줄의 방을 뒷방 도장이라 부르며 방의 용도는 구들이 침실이다. 뒷방은 부침실로 사용되거나 구들의 부속실이다.

도장은 알곡식을 독에 넣어 수장하는 방인데, 뒷방에서만 출입되고 가끔 침실로 사용되기도 한다. 사랑은 주인이 거처하거나 손님을 위한 공간이다. 이러한 민가의 일반적인 취침 습관은 사랑에 할아버지가 거처하고 할머니는 사랑에 손자들과 생활하며, 아들 내외는 뒷방에서 어린애들과 기거한다. 그러나 아들 내외가 살림을 맡으면 뒷방에서 구들로 옮기고 할머니는 뒷방이나 사랑으로 옮긴다. 이러한 유형의 민가는 기본적으로 취침, 접객, 수장의 세 부분이 田자형의 평면 속에 합리적으로 배치되어 있고, 부속사가 발달되지 못한 이 지방에서 웬만한 가족형태는 융통성 있게 수용될 수 있는 일반적인 민가이다.

田자형 평면을 가진 민가보다 규모가 커지면 전면 3칸에서 사랑방을 도리방향으로 덧

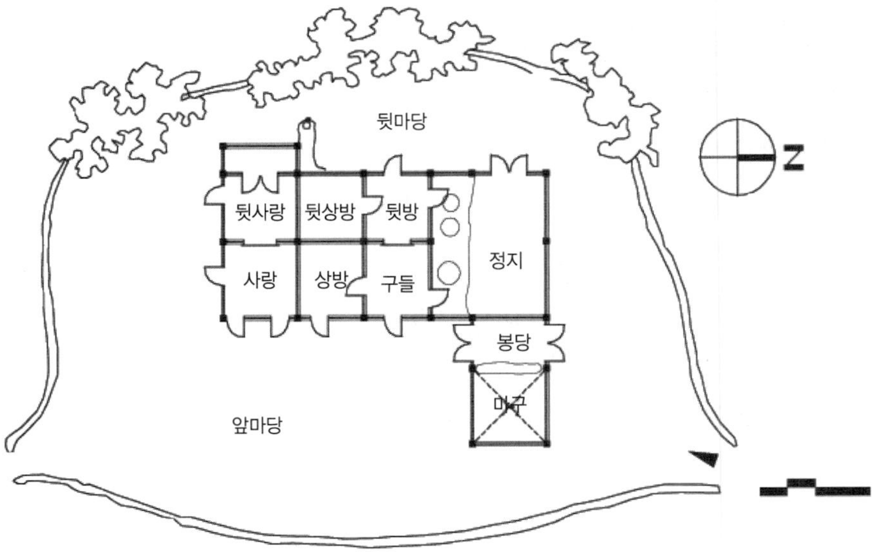

그림 5-2 강원도 명주군 구정면 학산1리, 조철현 주택(필자조사, 1999)

붙여 4칸 구조가 된다. 평면상의 변화는 田자형 구조의 사랑방 위치에 샛방이 들어서고 이 방의 주된 용도는 며느리방이다. 그러므로 이러한 유형은 주생활에 어느 정도 여유가 있는 집이다.

여기에서 전면 4칸 겹집(그림 5-2)에 대해 구술로 들은 생활상을 옮겨볼 수 있다.

조씨는 모친을 여의고 자녀들이 성장하자 사랑방에 거처하고 구들에는 부인이 거처하였다. 큰 아들이 결혼하자 아들 부부에게 상방을 내어주고, 둘째 아들이 결혼하자 뒷방을 내주었다. 집에 따라서는 뒷사랑을 내주기도 한다. 그리고 셋째가 결혼하기 전에 둘째를 분가시키고 셋째에게 뒷사랑이나 뒷방을 줄 계획이다. 집에 따라서 뒷방을 취사준비 혹은 안손님이 왔을 때 묵게 한다. 뒷상방은 곡물이나 귀중품을 두기도 하지만 침실로는 사용하지 않는다.

이러한 규모의 살림집은 마루가 있는 경우와 없는 경우로 나뉜다. 마루가 있을 때는 부엌쪽에서 앞열에 1칸이나 2칸의 마루와 단부쪽에 사랑방이 배열되고 뒷열에 2칸 침실과 도장이 배열되어 일반형의 기본적인 평면과 유사하다. 그러나 마루가 없을 때는 방의 배열방식이 달라진다. 즉 안방이 마루의 위치를 차지하면서 횡방향의 2칸 크기로 안방영역이 배열되고, 사랑방 또한 횡방향으로 2칸을 차지하게 된다. 그리고 그 사이에 뒷열의 도장과 앞열의 샛방이 위치하게 된다. 도장의 위치는 대부분 안방영역에 인접시켜 배치된다.

이 지역 민가형이 田자형 두렁집이라 하여도 이처럼 평면이 다양하게 발달하여 있고, 지역별로 너와집, 굴피집, 저릅집, 초가집, 돌능애집 등의 다양한 용어로 불리어졌다. 영동문화권의 민가는 생활 필요 내용을 적극적으로 담아내고 민가형의 다양성이 잘 발달된 지역이며 자연환경의 대처된 내용이 아주 뚜렷한 민가형을 형성하였음을 알 수 있다.

5.3 주문화(住文化)의 교류환경[77]

예로부터 영동문화권과 안동문화권은 왕래가 잦았던 것으로 보인다. 김정호의 대동지지(大東地志)에 '태백산은 안동도호부 북쪽 120리에 있는데 북쪽으로 영월, 정선, 삼척 땅에 접해있고 남쪽으로는 안동, 예안, 봉화와 접해 있다...' 로 되어 있다.[78] 이는 태백산을 지역의 성산(聖山)으로 보며 안동에서 삼척에 이르는 일대를 같은 영역으로 보고 있으며 경계가 불분명한 표현을 한 것이다.

강릉으로부터 영덕에 이르는 동해안 지방에는 예부터 재지양반들이 많이 거주하였고, 강릉지방은 특히 사대부들이 많이 거주한 고을이어서 관동 문화의 중심지였다. 따라서 강릉에 남아 있는 대표적인 건축문화재로는 오죽헌(烏竹軒, 보물 제165호), 해운정(海雲亭, 보물 제183호), 그리고 선교장(宣敎莊, 민속자료 제5호) 등이 있다.

또 유림의 전통에 있어서도 북쪽의 강릉지방은 율곡 이이(1536~1584)의 주기론을 따르는 유학적 전통이 있었고, 남쪽의 안동문화권은 퇴계 이황(1501~1570)의 주리론(主理論)을 따르는 전통이 있어왔다. 주리론이란 불변하는 이(理)의 가치를 극대화하고 중시하고 변화를 갖는 기(氣)의 가치를 가볍게 여기는 보수적 성향이며, 주기론(主氣論)이란 理와 氣의 가치를

77) 영동지방에서 발굴된 자료에 근거하여 향촌사회의 시간적 공간적 특성을 지방색이라는 시각에서 이 지역 양반사족들의 전통계승과 새로운 문화 도입의 특성들을 밝히고 있는 이규대의 저서(『조선시기 향촌사회 연구』, 신구문화사, 2009)나 안동 김문의 형성과정에 관한 내용으로 조선후기의 정치, 학풍, 문예 등의 활동을 통하여 그들의 문물에 대한 수용 태도나 삶의 방식에 대해 기술한 이경구의 저서(『조선후기 安東 金門 연구』, 일지사, 2007) 등을 참조해 연구자는 강릉 · 영동지역의 양반과 안동지역의 양반사족들의 삶의 방식에 대한 비교를 위하여 두 책의 내용을 중심적으로 활용하고자 한다. 책의 내용이 방대하고 전문적이므로 직접 인용보다 해석적 서술 형식을 취했다.

78) 삼척군, 『삼척군지』, 1984, 재인용

모두 긍정하며 조화를 강조하는 진보적 사회개혁 성향을 갖는 것으로 볼 수 있다. 영동남부의 안동문화권은 퇴계가 도산서당을 중심으로 성리학을 개화시킨 것은 잘 알려져 있거니와 그의 문도들이 도산서원을 거점으로 성리학의 이념을 발전시켜 안동문화권뿐만 아니라 많은 유학층과 사대부층에 크게 영향을 미쳤다. 이에 비해 강릉지방은 율곡을 따르는 인재가 있었지만 안동처럼 도산서원과 같은 거점이 없어 학문적 열기와 인재양성, 그리고 영동북부 사대부층에 미치는 영향은 크지 않다.

더욱이 안동문화권은 여말선초에 당시 중앙문화에 동화되었던 많은 재경관인(在京官人)들이 낙향하여 세거지로 삼았으며, 이후 중앙과의 많은 교류가 있었으므로 일찍이 중앙의 주거문화가 안동문화권에 직접 이식되었을 것으로 보인다.[79]

이에 비해, 영동문화권은 지방사림인 향호 최운우(1532~?)와 율곡의 교우관계를 통하여 살펴볼 수 있다. 향호는 성균관에서 수학한 후 23세에 도산으로 퇴계를 알현하고 이 지방 문인들과 계속 교류하였으며 율곡에게도 퇴계의 알현을 권유하게 되는 양상을 띠고 있다. 이후의 정치활동이나 집필 작업에서도 안동문화권의 퇴계 이황과의 지속적인 교류를 유지하고 있었다.[80]

사대부의 주거는 유학자들의 생활규범이 내재된 시대적 · 문화적 산물이라고 볼 때, 유학자들의 주거공간은 자신들의 이상적인 이념이 그대로 표상된다. 따라서 영동문화권, 안동

79) 이경구, 『조선후기 安東 金門 연구』, 일지사, 2007 : 안동문화권 대표적인 안동 金門의 형성의 예를 보더라도, 金門의 한 지파가 서울의 세족이 되어 지방과의 교류를 지속하였던 과정에도 국가적인 양반으로 자리매김할 수 있었던 이유가 있었다. 서울은 그들이 형성되고 번성할 수 있었던 유 · 무형의 배경이었다. 서울에서 인근지역에 이르기까지 생활공간을 확대해가며 그들의 정치적 · 문예적 역량의 범위를 넓혀 나갔다. 이는 중앙과 지방이 밀접한 관계를 유지하며 세력을 굳건히 할 수 있는 기반이 되었다. 이 과정에서 중앙과 지방의 문화적 동질성이 유지되었다고 보인다.

80) 이규대, 『조선시기 향촌사회 연구』, 신구문화사, 2009

문화권의 상층주거문화의 영향에서 완전히 벗어날 수 없었지만, 영동문화권에서는 율곡 이이를 비롯하여 실용적인 사고를 지닌 지도자들을 배출해 왔고,[81] 안동문화권과의 교류에서도 무조건 수용의 태도가 아닌 그들의 필요한 것을 취하는 실용적 태도를 지니고 있었다.

이러한 선택적인 태도는 주거문화 교류에서도 나타날 것으로 짐작된다. 즉 안동문화권은 중앙의 주거양식을 상당한 수준으로 이어받고 있는데 반하여, 영동문화권은 영동지방 주거양식을 여전히 따르면서 안동문화권의 상층문화를 접맥시키는 경향이 있을 것으로 짐작된다.

5.4 영동문화권 뜰집의 분포 및 유형

영동문화권 뜰집은 이 지방 문화중심지인 강릉을 중심으로 약 60Km 남측의 삼척지방까지의 인근 영역에 비교적 집중적으로 분포되어 있다. 특히 강원도는 2000년대 이후 홍수와 대형 산불 등의 자연재해로 인하여 도로 및 전통주택의 유실이 많아서 뜰집의 보존상태가 급격히 악화되었다.

81) 윤덕희, 「보수적 퇴계의 주리론과 진보적 율곡의 주기론에 관한 연구」, 한국교원대, 석사논문, 2000. 이성수, 「전통사상을 통한 공간구성방법 도출에 관한 연구-율곡 이이의 사상중심으로-」, 대한건축학회논문집, 제23권 12호 2007.12

표 5-1 강원 · 영동지역의 조사대상 뜰집

구분	주택주	주소	건립시기	비고
1*	심상열	강원도 동해시 이원동 687번지	19세기	강원도유형 문화재 2호
2*	김진배	강원도 삼척군 근덕면 방림리 294번지	미상	–
3*	최선평	강원도 강릉시 주문진읍 장덕리 164번지	미상	–
4*	정의문	강원도 강릉시 옥계면 천남리 3반	미상	–
5*	남진용	강원도 강릉시 담산동 313번지	19세기초	강원도 문화재 자료 60호
6*	김덕래	강원도 강릉시 구정면 학산리 859번지	미상	–
7	최근배	강원도 강릉시 노암동 1번지	20세기초	강원도 문화재 자료 55호
8	조옥현	강원도 강릉시 난곡동 264번지	19세기초	강원도 문화재 자료 62호
9	김낙윤	강원도 삼척시 원덕읍 옥원리 204-15	19세기	강원도 유형 문화재 95호
10	김영우	강원도 삼척시 미로면 고천리 393	1935	강원도 문화재 자료 96호
11	김득래	강원도 강릉시 죽헌동 454번지	19세기초	강원도 문화재 자료 56호
12	심상진	강원도 강릉시 운정동 256번지	16세기	강원도 유형 문화재 79호
13	최대석	강원도 강릉시 박월동 526번지	17세기말	강원도 유형 문화재 81호
14	정의윤	강원도 강릉시 구정면 학산리 795번지	19세기말	강원도 유형 문화재 93호
15	조수환	강원도 강릉시 노암동 511번지	19세기말	강원도 유형 문화재 96호
16	조실환	강원도 강릉시 유산동 540번지	18세기말	강원도 문화재 자료 54호
17	김윤기	강원도 강릉시 죽헌동 389번지	20세기초	강원도 문화재 자료 57호
18	김윤기	강원도 강릉시 노암동 300번지	18세기초	강원도 문화재 자료 58호
19	이광로	강원도 강릉시 초당동 475-3번지	16세기	강원도 문화재 자료 59호
20	조옥현	강원도 강릉시 난곡동 264번지	1820경	강원도 문화재 자료 62호
21	이진기	강원도 강릉시 성산면 위촌리 395번지	19세기말	강원도 문화재 자료 89호
22	박창규	강원도 강릉시 강동면 하시동리 497번지	18세기초	강원도 문화재 자료 91호
23	김성래	강원도 양양군 현남면 북분리 391번지	19세기중	강원도 문화재 자료 79호
24	조규승	강원도 양양군 현남면 포매리 106-1번지	18세기초	강원도 문화재 자료 80호

5.4.1 영동문화권 뜰집의 개요[82]

조사한 영동문화권 뜰집은「한국의 건축문화재」에 등록된 18채와 직접 조사한 6채를 합하여 총 24채이다. 건립시기가 명확히 밝혀지지 않은 것을 제외하면 대체로 19세기 이후에 지어진 경우가 73% 정도로 안동문화권[83]에 비하면 후대에 건립된 편이다. 주택주의 출신성분도 사대부계층보다는 부농계층에 해당하는 경우가 많았다.

5.4.2 유형별 특성

영동문화권의 뜰집 중에 조사한 사례를 대상으로 주택의 특성을 살펴보고자 한다.

[사례 1] 심상열 주택

– 강원도 동해시 이원동 687번지, 그림 5-3

이 주택은 이 마을 입향조가 이주하여 세웠고 현재 9대째 살고 있다고 하므로 집을 지은 지 대략 270년 내외가 될 것으로 추정된다.

82) *표시한 주택은 연구자의 조사 당시 평면을 기준으로 논술하고 나머지 주택의 평면과 주택주는 조사 당시(『한국의 건축문화재』-강원편 – 박경립, 기문당, 1999년)를 기준으로 한다.

83) 김화봉,「안동문화권 뜰집에 관한 연구」, 부산대 박사학위논문, 1999. p73 참조: 건립연대가 표기된 주택에서는 18세기 이전의 주택이 대부분임

주택의 안채는 지은 지 200년이 넘은 것이라 전해지는데, 강원도 유형문화재 9호로 지정된 집이다.

그러나 건립 당시는 안채만 세웠을 뿐, 사랑채는 여러 해 후에 세워질 것으로 보인다. 안채는 영동북부지방에서 흔히 볼 수 있는 전자형의 온돌방의 구성이다. 그러므로 一자형의 안채와 口자형의 사랑채가 좌우대칭으로 합성된 형태이며 이밖에 동쪽으로 사당이 동쪽으로 10여m 떨어져서 퇴가 있는 단칸 규모로 배치되어 있다. 심씨 주택은 강원도 유형문화재 제82호로 지정되었으며, 안채의 지붕가구는 5량, 사랑채는 3량 구조로서 안채의 지붕형태는 팔작지붕, 사랑채는 우진각 지붕이다.

사랑채는 대문간을 경계로 오른쪽 익랑은 2칸 크기의 고방과 마구가 부엌에 인접되어 있어 대문간 왼쪽에는 2칸의 사랑방과 1칸의 윗사랑이 툇마루를 두고 남향으로 앉았다. 특히 사랑방 뒷면은 벽

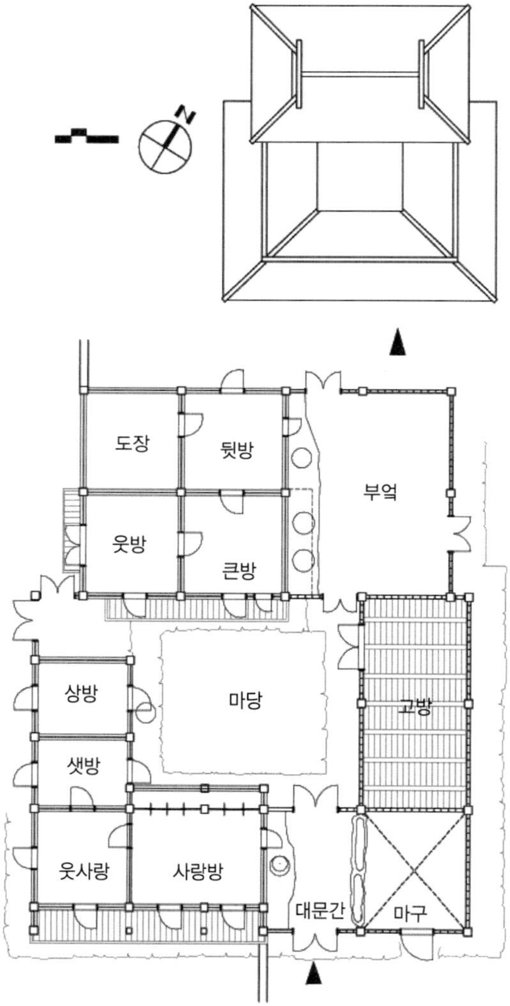

그림 5-3 강원도 동해시 이원동, 심상열 주택(필자조사, 2001)

장을 설치해 안마당쪽의 시선을 차단시켰고, 사랑방에서 왼쪽익랑에는 샛방과 상방에는 온돌방을 배치하였다. 심씨 주택은 안채와 사랑채에서 고상식(高床式) 마루가 없다. 이는 추측컨대, 이 지방은 기후적인 여건으로 보아 마루의 활용면에는 여유가 있었겠으나 안채의 규모로 보아서는 마루보다 온돌방을 확보하는 것이 우선인 듯하다.

이외에도 심씨 주택은 부엌과 고방의 규모면에서 특별하다. 부엌은 기후적인 영향으로 취사 이외에도 가사작업과 곡물이나 가사도구의 저장 등에 필요한 고방의 규모로 볼 때, 상당한 수준의 부농이었음을 짐작하게 한다. 이 주택의 안채는 영동북부지방의 田자집에다 사랑방 두 칸이 더해진 모습인데 田자형 침실 앞쪽으로 툇마루를 설치하고 안사랑 측면에는 쪽마루

그림 5-4 강원도 삼척군 근덕면, 김진배 주택(필자조사, 2001)

를 내어 후원(後園)을 조망하였다. 사랑채의 구성은 대문간을 경계로 오른쪽 익랑 부분은 부엌 쪽에서 모방, 고방(흙바닥), 외양간 순으로 구성되었고 사랑채 부분은 2칸의 사랑방과 사랑대청이 툇마루를 두고 전면을 향해 앉았다. 사랑대청 뒤쪽은 두지와 아랫방이 왼쪽 익랑을 구성해 안채에 접속되었다.

사랑채는 대문간에 인접해 안채로 출입하는 동선을 관리하는 인상이지만 사랑방의 뒷면은 모두 벽장을 두어 안채 쪽과는 완전히 단절되었다. 한편 양익랑 끝에 있는 모방과 아랫방은 안채에 인접되어 안사랑의 역할을 할 수 없도록 하였다. 안채의 뒤안은 안채의 폭 만큼 낮은 담장을 쌓아 여성 전용공간을 조성하였다. 뒤안에는 장독대와 고방을 두었는데, 고방은 2칸 크기이며 고방 입구만 뒤안의 영역에 들어오게 구획한 것은 흥미로운 계획이다.

(그림 5-4) 김씨 주택도 一자형의 안채와 口자형의 사랑채가 좌우대칭으로 합성된 '연결형 뜰집' 형태이다. 이때 안채 부엌과 익랑의 모방 사이의 통래간과 안채 사랑과 익랑의 아랫방 사이의 양쪽 통래간은 유연한 관절(關節) 역할과 같은 접속 기능을 훌륭하게 수행해 '연결형 뜰집' 을 조영한다.

[사례 2] 최선평 주택

- 강원도 주문진읍 장흥리, 1구 2반, 그림 5-5

이 주택은 지은 지 80년 밖에 되지 않은 뜰집이다. 이 주택의 안채는 부엌을 제외하면 전면 3칸의 겹집인데, 이는 영동 북부지방의 민가형과는 구성이 다르다. 우선 6칸 겹집 구성에서 전열부 중앙에 안마루가 있다. 최씨 집의 주부권은 며느리에게 이양되어 있어 부엌쪽의 안방과(구들) 뒷방에 며느리와 어린 자녀들이 거처하고 상방은 시어머니 방이다. 뒷방에 도장이 부속하지 않는 것은 민가 규모를 벗어난 최씨 주택에서는 별 의미가 없어 보인다. 왼쪽 단부의 안사랑은 성장한 자녀들의 침실이면서 안손님을 위해 배려되었다. 이러한 가족구성에서 안마루의 위치는 퍽 요긴하게 쓰인다. 시어머니와 며느리, 그리고 자녀들이 자연스럽게 만나는 소통의 공간이 안마루이다.

최씨 주택의 사랑채는 대문간을 중심으로 왼쪽 전면에 배치되고 있다. 바깥사랑으로 호칭되는 2칸의 큰사랑과 1칸의 작은사랑이 사랑대청을 사이로 각각 영역을 달리하고 있다. 2칸 큰사랑의 사이벽, 사랑과 대청의 사이, 그리고 대청의 외벽면은 모두 들어열개분합문으로 처리되고 있다. 이러한 벽면의 개방구조는 사랑대청에서 제사를 지내는 최씨 주택에서는 요긴한 구조가 아닐 수 없다.

주택 내외부간의 출입은 사랑채 쪽의 입구와 안채 대문간 쪽 입구로 양분하여 영역이 구획되고 있다. 그리고 사랑방과 문간방 사이에 낮은 담장으로 사랑마당과 바깥마당으로 구획하고 그 사이에 중문을 내었다. 문간방은 머슴방이며 대문간에 인접해 있어 마구의 관리를 비롯한 여러 가지로 역할에 편리한 위치이다. 큰사랑방의 안마당쪽 뒷벽은 제대로 차단되었으나,

그림 5-5 강원도 강릉시 주문진읍, 최선평 주택(필자조사, 2001)

작은사랑방에서 안채로 통하는 동선은 쪽마루로 연결되어 있다.

최씨 주택의 안채 구조는 전면 4칸반, 측면 5칸 겹집으로서 모두 각기둥을 사용하였다. 겹집의 특성대로 기둥은 모두 같은 높이이며, 기둥 위에 보가 앞뒤로 걸치고 중앙에 동자주를 세워 종보를 걸치고 그 위로 동자대공을 세워 종도리를 받게 하였다.

처마길이는 1.2m이며 홑처마 팔작지붕이다. 정의문 주택(그림 5-6)은 지은 지 300여 년이 될 것으로 전해지는 뜰집이다.

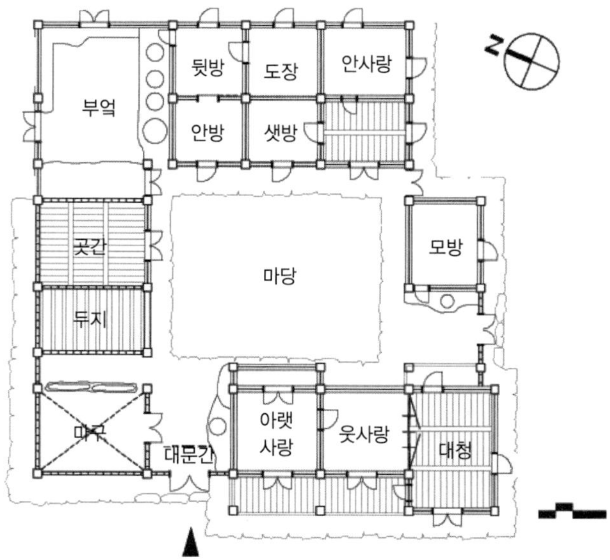

그림 5-6 강원도 강릉시 옥계면, 정의문 주택(필자조사, 1997)

[사례 3] 남진용 주택

- 강원도 강릉시 담산동 313번지, 그림 5-7

이 주택의 안채는 지은 지 200여 년이 된 것으로 전해지며, 강원도 문화재 자료 60호로 지정된 집이다. 이 주택의 안채는 정지를 제외하면 전면 3칸 겹집인데, 특징으로는 전열부 3칸 중 안방과 앞대청을 각각 1.5칸씩 나누어 조정하였다. 남씨 주택은 뜰집의 형태를 갖추었으나 대문간을 중심으로 대체로 성격이 분명한 안채와 사랑채가 튼 ㅁ자를 이루고 있다. 정지 아래의 고방 3칸은 마루 1칸과 흙바닥 2칸으로 되어 있고 마구는 없다. 이러한 구성은 사랑채

그림 5-7 강원도 강릉시 담산동, 남진용 주택(박경립, 1999)

에서 7.2m 앞쪽으로 줄행랑채가 있어 잡다한 공간을 담아 보완해 주기 때문이다. 즉 행랑채의 내용은 왼쪽부터 고방(2칸), 대문간, 머슴방, 부엌, 마구 등 총 6칸으로 구성되었다. 남씨 주택의 사랑채는 사랑 아랫방과 웃방, 그리고 사랑대청으로 구성된다. 사랑방과 대청 사이에는 넉장 미서기로 구획되지만 대청과 툇마루 사이에는 4분합 들어열개로 외부공간이 막힘없이 열리도록 하였다. 이러한 사랑채 공간은 안마당쪽 뒷벽이 밀실하게 차단되어 있어 더욱 안정되어 있다. 사랑대청의 안쪽 칸은 원래 감실의 용도로 사용되어 왔으나 지금은 사랑대청과 통간하여 그 흔적을 찾을 수 없다.

남씨 주택은 종가집으로서 6 · 25한국전쟁 때 폭격으로 옆 동산에 있던 제실이 소실되었고 사랑채마저 피해를 입었다. 그 이후 사랑채는 빈약한 수준으로 정비하는 과정에서 안채와 균형감과 조화가 다소 훼손되었다. 사랑채 벽감은 제실의 소실 이후에 대체된 것이며 안채의 상방과 안대청은 이러한 사정을 보완하는데 여러 가지로 도움을 주었다. 남씨 주택은 강원도 문화재 제88호로 지정되었다.

[사례 4] 김덕래 주택

– 강원도 명주군 구정면 학산리 859번지, 그림 5-8

안채에서 부엌을 제외하면 전면 4칸 겹집인데, 영동지방에서는 보기 드문 규모이다. 부엌쪽 田자형의 구성은 이 지방의 민가에서 흔히 보는 안방계열의 사례이다. 그러나 나머지 상방과 마루를 이채롭게 구성해 안사랑 기능을 부여하였다.

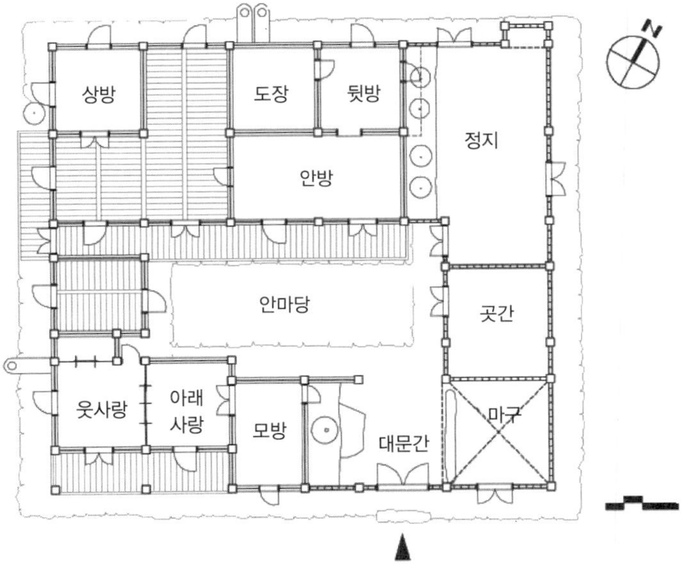

그림 5-8 강원도 강릉시 구정면, 김덕래 주택(필자조사, 1999)

5.5 영동문화권 뜰집의 특성

5.5.1 뜰집 안채에 민가 안채형 채용

영동문화권의 뜰집과 안동문화권의 뜰집은 서로 다른 점이 많다. 주택 가운데에 안마당을 두는 형태는 같지만 지역적으로 주거문화의 전통의 차이로 주거양식의 정체성은 다르다. 영동문화권의 뜰집은 안채의 공간구성에서 이 지방에서 발견되는 민가형인 북부형 겹집형식을 취하고 있다. 돌출된 마구를 견지하며 겹집형태를 고수하고 있는데, 추위와 열악한 자연환경 때문에 가사노동공간이 수용되는 집약적인 민가적인 주거형식을 포기할 수 없었을 것으로 짐작된다. 이는 주거형의 고정성을 입증하는 사례가 되며, 안동문화권의 뜰집에서도 안채의 형식이 영남형과 서울·중부형의 형식을 채용한 사례가 압도적으로 많은 현상과도 일맥상통한다.

오랜 세월동안 편리함이 입증된 지역 고유의 안채형식을 유지하고자 하는 의식이 큰 것이다. 그러나 이 지역에서 겹집인 안채와 홑집인 사랑채가 결합되어 뜰집을 조성하는 것은 안동문화권에서 홑집인 안채와 사랑채가 결합하는 경우와 다른 주거형태적인 특성이 강하다.

우선 영동문화권의 뜰집은 안동문화권처럼 일체형의 뜰집을 보여주지 않는다. 이는

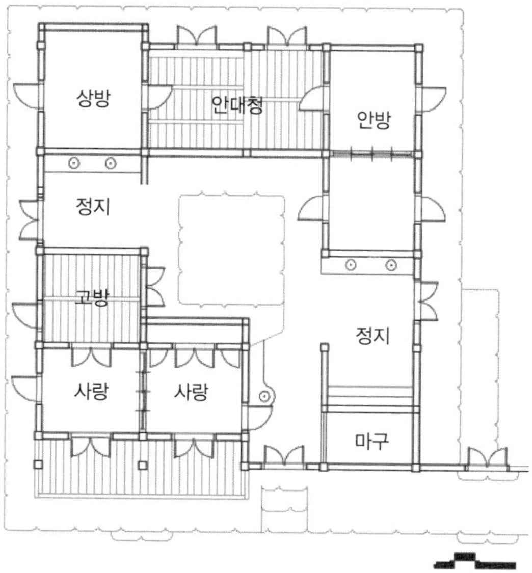

그림 5-9 안동문화권 뜰집 사례(필자조사, 1999)
(북후면 도진리 소재, 필자 2009조사)

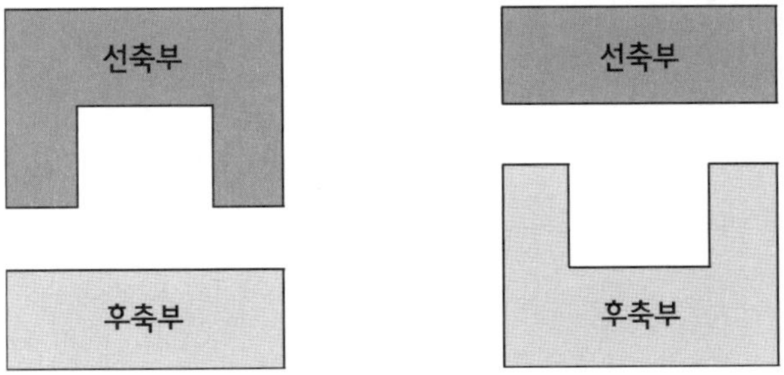

그림 5-10 선축부와 후축부의 지역별 비교

홑집과 겹집의 꺾음부 결합관계가 기술적으로 어렵기 때문으로 보인다. 또 선축부(先築部)와 후축부(後築部)의 관계가 다르게 나타난다. 안동지역에서 ㄷ자형의 안채가 선축부이고 一자형의 사랑채가 후축부인 것과 달리 영동문화권에서 선축부는 一자형의 겹집이고 후축부는 역ㄷ자형의 사랑채가 결합하는 방식이 일반적이다. 선축부인 안채의 규모가 크며, 사랑, 도장 등 살림집에 필요한 생활공간 규모가 대부분 포함된다.

5.5.2 지붕구조의 편리한 시공성(施工性)

조사된 뜰집은 주로 19세기 후반에 지어진 것이다. 시기상 뜰집의 실험적인 단계를 모두 체험한 후에 지어진 경우가 대부분이므로 반가의 장점과 민가의 장점을 모두 수용한 형식으로 볼 수 있다.

채광을 고려하여 측면부보다 안채를 높이고 측면부는 낮게 연결된 형태이지만, 이는 또한 안채와 사랑채 사이를 복잡하고 어려운 결구방식으로 연결하지 않고 독립된 채의 형식으로 구성하는 형식을 채택한 것이다. 그러나 안채는 팔작지붕의 형태로 반가의 위용을 보여준다. 반면 사랑채는 우진각 지붕의 외연부를 이루는 채를 형성하고 있다. 기후 환경이 열악한 지역이어서 외정형의 마당에 내정형의 봉당을 모두 취한 구성을 하여 실용성을 최대한 구현한 주거양식이다.

전통 목조구조의 건축물은 지붕처마가 경사져 있기 때문에 지붕을 ㄱ자 등의 꺾인 형태로 구성하기 어렵다. 더구나 뜰집의 경우에는 전후나 좌우채 상호간의 높이 차이도 있어서 서로 다른 높이의 도리를 연결하거나 서까래의 기울기를 조정하는 등 구조적으로 고려해야 할 사항이 많다. 아울러 의장에 있어서도 추녀와 합각(박공)의 유무, 처마 끝선의 높이 관계 등을 적절히 설정해야 하는 과제가 수반된다.[84] 따라서 안채영역에 단차가 생기는 뜰집의 경우 지붕을 꺾은 형태로 결구하기 위해서는 보편적인 기술 이상의 수준이 필요하다.

안동문화권의 뜰집의 경우는 안채의 지붕구조와 꺾음부가 연결된 일체형이 많이 보이지만 강원, 영동지방의 뜰집은 안채의 지붕구조는 독립적으로 구성되어 있다. 그림 5-11은 자연스럽게 안채의 지붕이 높게 형성되고 측면부 지붕구조가 낮게 분리되어 시작된다. 그림 5-11의 경우는 연결부를 낮게 설치하여 도장으로 사용하고 안채 지붕과의 간섭이 없어지는 부분에서 지붕을 다시 높이는 경우이다.

또 안채의 처마부분을 고려하면 측면부에서 안채에 반 칸 정도 물리면서 채 구성을 새

84) 김정현, 김하나, 전봉희, 「조선시대 주택 꺾음부의 유형에 관한 연구」, 대한 건축학회 논문집, 25권 6호, 2009.6 p177

(가)

(나)

그림 5-11
안채와 측면부의 결합부 지붕높이 구성
(출처 : 저자 촬영)

그림 5-12
안채와 측면부의 결구부(반칸 겹침)
(출처 : 저자 촬영)

롭게 이루는 형식이 잦다. 이렇게 하여 마당을 쉽게 넓히는 유용성을 획득하게 된다. 안동문화권에 비해 뜰집 안마당의 밀폐감이 덜한 효과가 있으며 뜰집 안마당의 공간적 활용이나 공간감에는 차이가 난다. 강원 · 영동지방의 뜰집 안채에는 이 지역 민가의 안채형을 채용하고 있다. 그 결과 안채가 분리되며 반 칸 넓어진 안마당에는 노동공간이 내부로 편입시켜, 겨울철 안마당에서 이 지역의 극심한 추위를 완화시킬 수 있어 외부 활동을 할 수 있는 활용성을 증가시킬 수 있는 장점을 갖추게 되었다.[85]

5.5.3 마루의 변용

영동문화권의 전통적인 주거에서 부엌을 제외한 전면 3칸 겹집 규모는 뜰집에 알맞은 크기이다. 이러한 유형은 田자집에서 2칸의 접객공간이 더해진 것이다. 그러므로 강릉지방의 마루가 없는 겹집이 뜰집이 되었을 때 안채와 사랑채에서 사랑방이 중복된다. 물론 접객보다 부족한 침실로 대용될 수도 있다. 그러나 일반적으로 안채의 사랑방은 '안사랑' 으로 전용된다.

한편 이 지역 민가에서 마루는 보기 드물다. 마루가 있어도 겨우 부엌쪽 앞열 1칸 규모에 마루를 확보하는 것이 고작이다. 그러나 뜰집의 사례에서 보듯이 마루의 형태와 위치는 겹집의 구성에서 다양하게 나타나고 있어 어떤 정형으로 고정되는 것이 아니라, 각 거주자 생활 요구와 살림 규모에 맞도록 유통성 있게 구성한 것이다. 이 지역의 뜰집 중 안채의 마루를

85) 인터뷰상에서도 안동지역 뜰집 거주자들이 추위 때문에 불편함을 많이 호소하는 반면, 영동지역에서는 큰 불편은 느끼지 않는다고 답하였다 (정의윤家 며느리 전언).

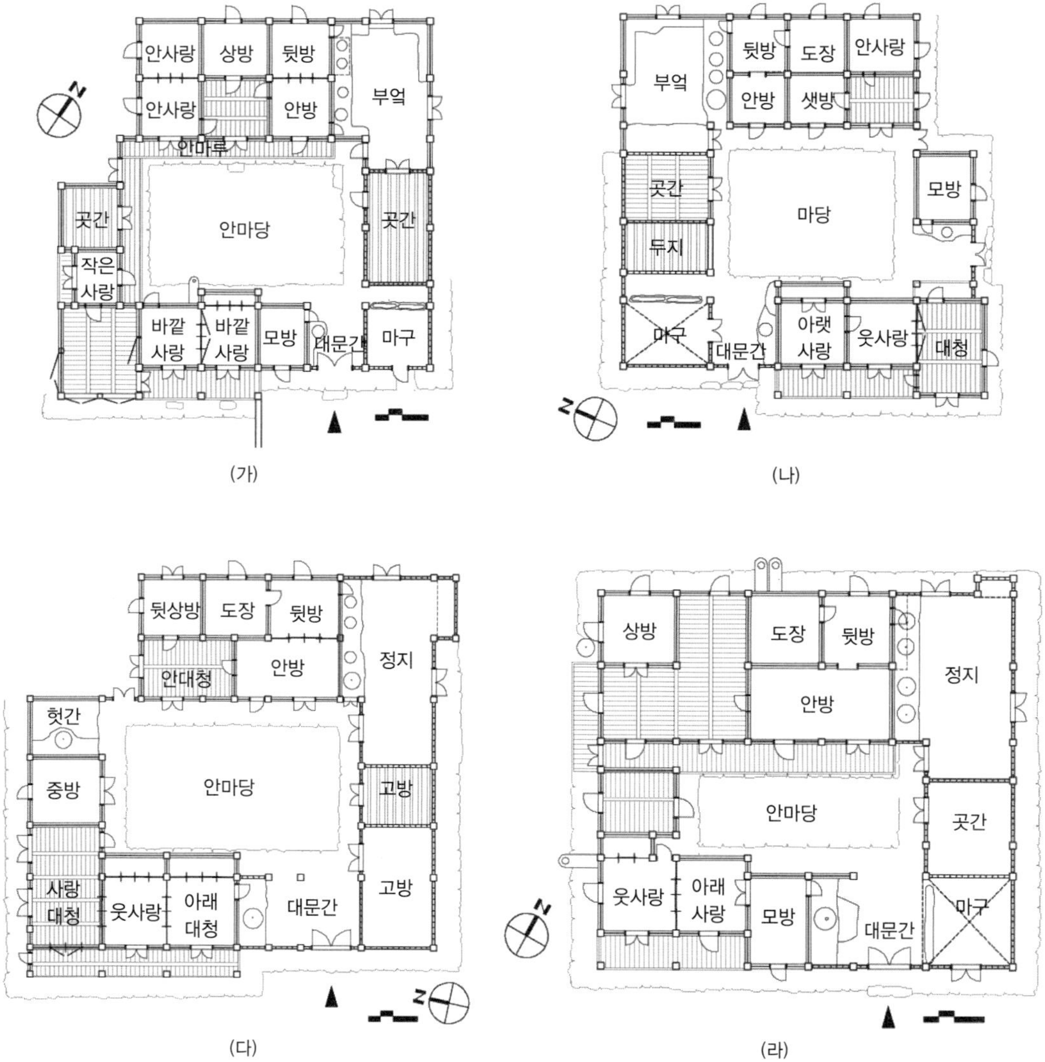

그림 5-13 영동문화권 뜰집의 안대청 규모 비교

살펴볼 때 전면 4칸의 비슷한 규모에도 불구하고 마루의 규모와 차이를 발견할 수 있다.

그림 5-13의 (가), (나)와 같은 1칸 마루, (다)와 같은 1.5칸 마루, (라)와 같은 전면 2칸 후면 1칸, 총 3칸 등 다양한 규모를 갖는 마루계획을 볼 수 있다. (가)의 경우는 마루가 1칸에 불과하지만 그 위치가 안마당의 중앙에 면하여 위치하고 있어 공간의 위계성이 느껴진다. (나)의 경우에는 마루방 1칸이 다른 방의 칸보다 규모가 큰 것으로 보아 의도적으로 넓은 마루공간을 지향했음을 알 수 있다. 또한 거주자들이 이곳을 안대청으로 칭하는 것으로 볼 때, 마루공간이 실용적인 용도를 갖는 공간인 동시에 의례적인 기능을 수행했음을 짐작할 수 있다.

(다)의 1.5칸 주택과 (라)의 전면 2칸 주택의 경우, 안마당에서 볼 때 안대청이 차지하는 비중이 높아지면서 그 위계성이 안방과 대등하다. 마루방이 확대된 평면일수록 실용적인 면보다는 반가적인 위용과 위계를 갖추게 된다.

5.5.4 경계구조

경계구조란 사람들의 공간에 대한 연결과 차단의 의식이 물리적인 형태로 나타나는 것을 말하는 데 주택에서는 주로 담장, 벽, 창호, 대문, 바닥의 높낮이, 진입방식을 통해 표현된다. 이러한 물리적인 경계구조 분석을 통해 거주자의 의식을 역(逆)으로 살펴 볼 수 있다.

한정된 口자의 틀 속에서 뜰집에서 내외사상에 입각하여 남성공간과 여성공간을 분리시키는 방법은 안채영역과 사랑채영역을 가장 원거리가 되는 대각선상으로 배치시키는 것이다. 영동문화권의 뜰집의 경우 사랑채와 안채의 관계를 보면 안동지역 뜰집과 달리 대문간의 위치에 의해 가장 원거리에 안채를 배치시키지는 않았지만 대체로 대각선의 배치구조를 취하고 있으며 사랑방의 후면은 벽장으로 막아 안채와 사랑채의 분리된 경계구조를 보인다. 특히 좁은 안마당에서 내외사상을 지키기 위해서는 안채로 향하는 사랑채의 경계구조를 닫힌 구조로 하는 것이 필수적인데, 이 지역의 뜰집에서도 유교를 실천하기 위한 장소로서의 격식을 갖추고자 하였음을 짐작할 수 있다.

반면 강원도 뜰집은 안대문과 안채와의 시선처리 방식이 특징적이다. 내외(內外)사상을 엄격히 지키고자 하였던 안동지역의 뜰집의 경우 안대문에서 안마당으로 진입에 있어 내외벽을 사용한 시선차단이나 동선적인 굴절을 통해 심리적인 부담감을 완화시키고, 또한 안마당에 진입해서도 안방을 정면이 아닌 측면에 배치함으로써 시선을 엇갈리게 하여 안방의 은밀함과 공간적 위계성을 높이게 된다. 그러나 강원지역 뜰집의 경우 대문간 진입영역에 있어서 안동지역만큼의 의도적인 계획수법이 보이지 않으며 더욱 특징적인 것은 안대문을 들어서면 바로 안방과 정면으로 마주보게 된다는 것이다. 게다가 창호가 2짝으로 구성되어 있다. 이러한 배치에서 대문간을 들어섰을 때, 안방은 여성스럽고 수줍은 은밀한 공간이라기보다는 당당하고 대범하게 느껴진다. 이러한 배치에서는 대문간을 통해 들어가고 나가는 사람들의 동정을 안방에서 안주인이 내부를 살필 수 있고 통제가 가능한 공간적 경계구조[86]를 갖추고 있다.

강릉지방의 뜰집은 일찍이 안동지방의 영향을 받아 영동북부에까지 그 분포권이 형성되었다. 그래서 강릉 선교장의 초기 모습은 강릉지방 ㅁ자집의 형태를 지니고 있었다고 전해진다.[87] 강릉지방의 ㅁ자집이란 안채 부분이 田자형의 온돌방이 배열된 겹집구조를 말한다. 그러나 남쪽의 영동남부로 내려올수록 홑집계열의 서울 · 중부지방 주거형을 따르는 유형으로 바뀐

86) 이 지역 안주인의 위풍당당한 모습을 상상할 수 있다.
87) 김봉렬, 이상건축

다. 그러나 안동에서 북쪽으로 다소 거리가 멀어지면 이러한 유형을 찾기가 어렵다. 이를 다른 말로 표현하면 뜰집의 조영에 필요한 고도의 건축술(術)이 강릉지방까지는 미치지 못했다는 말이 된다. 따라서 강릉지방의 뜰집을 주택형태로 보면, 안채와 사랑채의 '대비'로 표현된다. 이것을 지붕형태로 보아도 팔작지붕의 안채는 중심채를 이루고 있고, 우진각 지붕의 사랑채는 외연(外緣)채를 이루고 있다.

이와 같은 강릉지방과 안동지방의 뜰집은 서로 다른 점이 많다. 집 가운데 안마당(뜰)을 두는 형태는 같지만 지역적으로 주거문화의 전통이 다름에서 오는 주거양식의 정체성이 다르다. 안동지방 주거의 전통적인 지역성은 영남지방 주택유형인 一자형을 취하거나 부분적으로 중부지방의 ㄱ자형이 변용된 ㄷ자형의 주거형태를 보여준다. 물론 이들은 홑집의 구조인 것이 큰 특징이다. 그러나 강릉지방 주거의 지역성은 외양간이 돌출된 겹집의 형태를 견지하고 있다. 그러므로 겹집인 안채와 홑집인 사랑채가 결합하여 뜰집을 조성하는 것은, 홑집인 안채와 사랑채가 결합하는 경우와 다르다.

다음으로 강릉지방의 뜰집은 안동지방 뜰집처럼 일체형의 뜰집 형태를 보여주지 않는다. 이는 앞서 말한 홑집과 겹집의 관계 때문이기도 하나, 선축부(先築部)가 있고 후축부(後築部)가 있기 때문이기도 하다. 선축부는 전통적인 一자형 겹집(ㄱ자형 안채에서 외양간을 제거한)이고 후축부는 ㄷ자형의 사랑채를 결합하는 형태가 일반적인 조성 과정이다. 이러한 경우 안동지방에서는 ㄷ자형의 안채가 선축부가 되고 一자형의 사랑채가 후축부인 경우가 많다. 뜰집은 규모가 크기 때문에 한꺼번에 완성되기가 어렵다. 그것은 건축자재의 조달에 있어서나 경제적인 어려움이 큰 이유이다. 그러므로 뜰집은 이상적인 뜰집의 형태를 상정해 두고 점진적으로 완성되는 경우가 많다. 이처럼 뜰집은 전체적으로 구상된 주거계획이 완성되었을 때 쓸모가 있고 아름답다. 뜰집의 점진적인 완성은 부(富)의 축적과 무관하지 않다. 그것은 조선 후기에 일어난 농업기술의 발전에 힘입어 농업 생산성이 높아짐으로써 영농에 의한 부의 축적이 가능했다. 이러한 현상은 강릉지방 뜰집에서 고방의 규모가 큰 사례를 보아도 유추할 수 있다.

강릉지방의 전통적인 주거에서 부엌을 제외한 전면 3칸의 겹집은 뜰집에 걸맞는 규모이다. 이러한 유형은 田자집에서 2칸의 접객공간이 더해진 것이다. 그러므로 강릉지방의 마루 없는 겹집이 뜰집이 되었을 때 안채와 사랑채에서 사랑방이 중복된다. 물론 접객보다 부족한 침실로 대응될 수도 있다. 그러나 일반적으로 안채의 사랑방은 '안사랑'의 용도로 전용되는 것도 사실이다. 한편 강릉지방의 주택에서 마루는 보기 드문 편이다. 마루가 있어도 겨우 부엌쪽 앞열 1칸이 마루가 되는 것이 고작이다. 그러나 강릉지방 뜰집의 사례에서 보듯이 마루의 형태와 위치는 겹집의 구성에서 다양하게 나타나고 있어 어떤 정형으로 말할 수 없다. 또 사랑채의 위치는 거의 대문간에 인접하여 앞면을 향해 있는데, 안동지방 뜰집과 같이 뜰의 모서리에 있어 강릉지방과는 다르기 때문이다. 그리고 사랑방의 안채쪽 뒷벽은 안동지방과 같이 벽장을 두거나 벽을 차단하여 안채와는 철저히 단절시키고 있다. 이는 뜰집과 같이 한정된 공간범위 내에서 내외공간을 최대한으로 격리시킨 결과이다.

결국 강릉지방 뜰집은 전통적인 지역적 특성이 갖는 외정형(外庭型)과 안동지방 뜰집의 영향을 받음으로써 내정형(內庭型)이 공존하는 독특한 주거형태를 보여주고 있다.

영동문화권 뜰집의 구체적인 특징으로는 첫째, 안채의 민가형 채용이다. 서울 혹은 안동문화권 사대부가의 ㅁ자형 주거를 모방하려는 의식보다는 안채를 지역의 기후환경에 적합한 민가형으로 채용하는 지역성이 나타나며 홑집계열의 중부형 안채평면을 채택한 수많은 뜰집과 구별된다.

둘째, 지붕 구성방식의 편이성 추구를 들 수 있다. ㅁ자형의 완결적인 지붕을 구성하기 위해서는 복잡하고 어려운 결구방식이 요구되는데 영동문화권의 뜰집은 안채를 독립적인 팔작지붕으로 만들고 측면부는 낮게 연결시키는 방식을 채택해 기술적으로 용이하고 실용성을 갖는다. 즉 안채의 팔작지붕은 반가적인 위용성을 보이고, 전체적으로는 口자형을 유지하면서도, 구조방식은 쉬운 방식을 채택하는 실용성을 보인다.

셋째, 안채의 공간의 의례적인 위계성을 들 수 있다. 안채의 田자형 평면에서 1칸에서부터 4칸까지의 안대청을 볼 수 있는데, 일상생활의 공간의 기능과 함께 의례적인 공간의 성격을 함께 가지고 있다. 대청의 확대는 비록 지역의 민가형을 채택하였지만 반가에서 수행되어야 하는 여러 의례적인 기능을 수용하기 위한 불가피한 변용이라고 볼 수 있다. 따라서 대청의 위치는 모서리에서 안마당의 중심으로, 규모는 작은 것에서 넓은 것으로 발달했을 것으로 추정할 수 있다. 영동문화권의 뜰집의 경우 타지방의 뜰집과 마찬가지로 제한된 口자의 틀 속에서 안채와 사랑채를 원거리인 대각선상에 배치하고 안마당에 면한 사랑채 후면부의 공간을 차단시킬 수 있어 남녀유별을 엄격하게 지키는 반가적인 면모를 보이고 있다. 그러나 안대문간과 안채를 일직선상에 배치하고 안채의 창호를 과감히 개방시켜 둔다. 이는 은폐적이며 보호적인 경계구조를 취하는 뜰집과 달리 당당한 안주인으로서의 공간적 통제권을 가진 위계적인 경계구조를 가진 특징으로 볼 수 있다.

이상을 종합해 볼 때 영동문화권의 뜰집은 기후에 적합한 田자형 평면 채택과 실용적인 지붕구성 및 지역민 특유의 강인함을 보이는 시선처리 등 지역적 특징과 내외사상을 지키며 반가의 정형인 口자형 틀을 유지하고자 하는 등의 위계성을 보이는 특징이 교집합처럼 공존하고 있어, 아래로부터의 주문화(住文化)와 위로부터의 주문화가 수렴되는 지역적 특성을 보인다고 할 수 있다.

6장 뜰집의 계층간 교류성

주문화권에는 문화의 중심부가 있고 주변부가 있다. 안동지방의 뜰집은 그 문화적 동질성을 철저하게 반영하고 있는 중심부가 있으나 반면에 중심부의 주거문화에는 미치지 못하고 인접 문화권의 영향을 받은 주변부, 즉 강릉지방의 뜰집이 있다.

한편으로 안동지방에서 소규모의 뜰집에는 뜰집의 형태를 갖추었지만 민가형에 속할 법한 유형의 뜰집도 자생하고 있다. 즉 여칸집 계열의 민가와 유사점이 많다. 이들은 다 같이 안동지방 주변에서 자생하고 있다는 점에서 그 존재가 특별하다. 이들의 소규모 뜰집은 사례를 통해 뜰집의 또 다른 모습을 보여주게 될 것이다.

6.1 지역문화 환경

기후는 토양조건과 함께 간접적이지만 동식물의 생육에 영향을 끼치고 있다. 동식물을 비롯한 자연계의 모든 종과 개체들은 스스로 자신에게 맞는 환경적 틈새를 찾아 생존을 도모해 왔다. 우리 인간도 하나의 생물인 이상 토양과 기후의 영향을 받지 않을 수 없어, 결국 인간의 의식주 생활은 여기에서 자유롭게 벗어날 수 없다. 어떤 지역에 자생하고 있는 민가는 그 지역에 생식하는 생명체와 같다. 다시 말해서 그 지역의 일조와 온습도 등 특정 기후 환경에 적응하며 살아가는 생명체와 같은 것이다. 더욱이 지역별 인간의 삶의 방식은 세월의 흐름에 따라 하나의 문화계를 형성하게 되었다. 따라서 민가는 지역에 따라 특징적인 형태와 기능을 갖고 그 지역의 풍토에 맞게 자생하는 것이다.

각 시대의 주거형은 그 지역의 고유한 자연적, 사회적, 경제적, 문화적 가치체계를 반영하며 독특한 형태를 갖게 된다. 이러한 주거형은 다양한 환경 변화요인에 의해 또 다시 크고 작은 변용을 거듭하며 또 다른 다양한 주거 유형을 파생시켜 왔다. 따라서 주거형은 지역마다의 독특한 환경 내의 공간적 범위와 일정한 시간적 범위 내에서 주거문화권을 이루게 된다.[88]

문화는 진공 상태에서 형성되는 것이 아니라 일정한 역사적 상황의 누적과정 의한 사회적 소산의 결과로 나타난다. 그러므로 두 문화가 접촉하여 서로의 유사성이 증가해가는 변화과정이다. 서로 다른 두 문화의 접촉으로 문화요소가 전파되어 변화되거나 새로운 양식 체계로

88) 이영, 「문화적 배경에 따른 주거공간의 비교연구」, 서울대 석사논문, 1980. p93

변화되는 과정이나 그 결과[89]를 포함한 개념을 문화접변 현상이라고 한다.

이 장에서는 신분 질서와 경제 및 사회구조에 큰 변화가 있었던 조선 후기의 주문화에 나타난 문화접변 현상으로 인하여 나타나는 '민가형 뜰집' 에 관하여 기술하고자 한다. 조선 전기에는 신분질서에 따라 상류층 주거인 반가와 하류층 주거인 민가로 양분되었고, 이는 경제력과도 일치하는 것이었다. 그러나 조선 후기의 주거형 중에는 민가와 같은 반가, 반가 같은 민가의 유구가 발견되고 있다. 그래서 주거란 생명력을 가지고 지역적, 시대적 환경 속에서 '조정과 진화' [90]라는 과정으로 발전한다는 관점에서 주문화(住文化) 접변현상이라는 배경에서 접근하고자 한다.

6.1.1 지역적 범위와 민가 분포 특성

강원도 남부에서 경북 북부는 태백산맥을 따라 여러 지역으로 나누어지는 산지와 그 산세 사이로 조성된 분지평야가 서로 만나 다양한 형태의 정주지(定住地)가 형성되어 있다. 이 지역에는 태백산맥을 사이로 영동(嶺東)과 영서(嶺西)지역, 그리고 산자락과 해안을 따라 다양하고 독특한 정주지가 발달되어 있어, 다양한 지형적 특성에 따라 민가의 보고(寶庫)라 불릴 만큼 다양한 민가 유형이 최근까지 남아 있다.

88) 두산백과사전 참조

89) '진화' 란 생물이 외계의 영향과 내부의 발전에 의하여, 간단한 것으로부터 복잡한 것으로, 저급한 상태에서 고급한 상태로 그 체계를 바꾸어 발전해 가는 과정을 의미한다 (이규목, 「인간과 환경의 관계에 대한 현상학적 접근 방법연구」, 대한건축학회 논문집, 1988. 2, p37 참조)

이 지역에는 대표적인 반가(班家)인 '뜰집'과 민가(民家)인 '여칸집' 유형이 있다.[90] 두 주거형 사이에는 주택배치와 평면적인 유사성이 있다. 이 외에도, '반가형 뜰집'과 '민가형 여칸집'[91]이라는 계층 간(間)의 문화접변 영향에 따른 주거형이 변화될 수 있다는 가정을 해 볼 수 있다.

6.1.2 사회적 배경 및 지역적 특성

1) 조선 후기의 사회이동

조선 후기는 신분적 계층관계에 커다란 변동이 일어났던 시기이다.[92] 당시 상업을 중심으로 실사구시(實事求是)적 중심의 사고가 형성되면서 조선후기에 양반과 상민계층을 중심으로 사회적 변동이 활발하게 이루어졌다. 이는 당시 계층적 사회에서, 농민들이 경제적 부를 배경으로 사회적 기회, 특권 등을 해소하고자 '사회이동'[93] 현상으로 나타났다. 이는 토지 소유권과 경작권의 획득을 두고 전개된 활발한 '신분내' 이동에서 '신분간'의 이동으로 확대되어,

---

90) 이 지역과 관련한 선행연구에서 조선 후기의 '집중식' 주거형을 대상으로 조사와 성과가 있었고, 전통주택의 지역성이나 계층성에 대한 연구도 진행되고 있다. 최근에는 문화접촉에 의한 주거 변용 사례를 포함한 주택형태뿐 만 아니라 주의식(住意識)을 포함한 연구영역으로 까지 확장되어 왔다.

91) '민가형 뜰집'이란 뜰집의 전형(典型)이 되는 구조는 유지하고 있지만 민가적 요소가 공간배치나 평면에 많이 반영된 주거형태를 의미하고, '반가형 여칸집'이란 여칸집의 전형이 되는 구조는 유지하지만 반가의 주문화 요소가 공간배치나 평면에 많이 반영된 주거형태를 지칭한다. 이 글은 대상지역의 뜰집과 여칸집을 문헌조사와 현지 실측조사(1999, 2001, 2008, 2009년)를 통해 발굴한 사례를 대상으로 분석하였고 주택배치와 평면을중심으로 분석하여 건축적 특성을 살펴본 것이다.

92) 차하순,「시대구분의 이론적 기초」, 역사학보 45집, 1970, p.144

93) '사회이동'이란 한 개인이나 집단이 하나의 사회계층에서 또 다른 사회계층으로 옮겨가는 것을 뜻하며, 사회적 위계상의 변화, 즉 계층구조에서 위치의 변화를 의미한다.

양반의 상민화나 상민의 향반 또는 양반화, 천민의 상민화, 상민의 천민화(賤民化) 등의 계층 변동현상이 나타났다.[94] 사회 전반에 걸쳐 계층간 사회이동이 활발해져 조선 전기에 세웠던 주거규범에 변화가 생기는 과정에서 상층지향적 의지를 보이며 사대부 문화를 모방하려는 경향으로도 표출되었다.[95]

조선 후기에는 이러한 사회 · 문화적 배경에서 구체적인 주거형태로 형상화되는 과정에서 타인으로부터 신분적 인정을 받으려는 '현시욕구'와 모방하고 보고 배우는 '동화욕구' 등으로 주거형태를 다양하게 변화시키게 되었다. 일단 이렇게 변화 · 조정된 주거형식이 일정한 지역 내에 대대로 정착되거나 타지역으로 전파[96]되었을 것이다.

2) 지역적 특성과 주거유형별 분포 특성

영동지방은 동해안을 따라 남북방향으로 길 지역이고, 강원도 명주군과 삼척군 사이에 미령(靡寧)을 비롯한 태백산맥이 이루고 있는 준령(峻嶺)이 있어, 지역간 왕래가 어려운 오지(奧地)였다. 지역적 폐쇄성으로 인해 조선시대에는 영동북부와 영동남부의 생활권과 문화권을 달리해 왔기에 이 지역의 민가형은 다소 다른 양상의 주거형이 형성되고 있었다.

영동남부지방의 주거문화는 지형적으로 동해안을 타고 울진, 영덕으로 이어지며 태백산맥을 넘어 봉화 안동에 이르는 것으로 파악된다. 강원 · 영동지역의 주거문화는 봉화 · 안동

94) 崔鳳永,『한국인의 사회적 성격 I』, 도서출판 느티나무, 1994, pp.74~75
95) 정창수,『한국사회론』, 사회비평사, 1995, p429
96) 이 영,「문화적 배경에 따른 주거공간의 비교연구」, 서울대 석사논문, 1980.

은 물론 울진 · 영덕지방과 주택의 형태적인 유사성을 지닌다.[97] 이는 상호간의 왕래가 빈번하였기에 동질적인 주거문화권역을 형성해 왔음을 의미한다.

강원도 남부에서 경북지역에 이르는 이 지역은 홑집과 달리 집중식의 평면을 가진 주거형이 분포하고 있다. 산간지역이라는 열악한 환경과 산업화에 따른 대대적인 개발이 최근까지도 비교적 파급되지 않았던 지역이므로 아직까지도 원형(原型)에 가까운 전통주택이 존재하고 있다. 이러한 강원 · 영동지방의 남부와 안동 · 봉화지방의 대표적 민가형인 '여칸집' 과 반가인 '뜰집' 은 남부지역의 홑집형태와 달리 주택이 폐쇄적이다. 두 주거형의 분포도(그림 6-1)를 볼 때, 여러 영역이 중첩되어 있다. 이러한 공존지역은 여칸집의 분포영역과 비슷한 양상이 있어, 계층간 문화적 교류 가능성이 큰 지역이라고 볼 수 있다.

3) 성리학과 반가 분포지역의 지역적 특성

조선시대 양반이란 유학층을 기반으로 하여 전 · 현직 관료와 품계를 가진 사람들을 지칭한다. 이들 양반은 성리학을 학문으로 삼았다. 우리나라 유학사상가 중 가장 대표적인 학자인 이황(1501~1570)과 이이(1536~1584)는 주자의 이기이원론(理氣二元論)적 사상을 계승하여 유학사상을 발전시켰다. 당시 이황은 안동에 이이는 강릉지역에 각각 지역적 거점을 두고 수많은 성리학자들을 배출하였다. 유림의 전통에 있어서도 강릉지방에는 율곡, 이이의 주기론

97) 임상규(「삼척지방 동서간 민가변화에 관한 연구」, 대한건축학회논문집, 2005. 11)와 서경태(「삼척지방의 민가에 관한 연구」, 건축학회논문집, 1987. 12)는 삼척일대의 민가연구를 통하여 지형적 혹은 지역적 변화에 따른 연속성을 지닌 주거형태 변화를 연구한 바 있다.

(朱氣論)을 따르는 전통이 있었고, 안동지방에는 퇴계, 이황의 주리론(朱利論)을 따르는 학문적 전통이 형성되었다. 영동남부의 안동지방은 퇴계가 도산서원(陶山書院)을 중심으로 성리학을 개화시켰다.

그의 문하생들은 도산서원을 거점으로 성리학적 이념을 발전시켜 안동지방뿐 아니라 주변의 많은 유학적 이념을 갖는 사대부에 큰 영향을 끼쳤다.[98] 이에 비해 강릉지방은 율곡을 따르는 인재가 있었지만 안동처럼 도산서원과 같은 기반이 없어 학문적 열의와 인재 양성을 위한 분위기는 상대적으로 적었고, 영동북부 사대

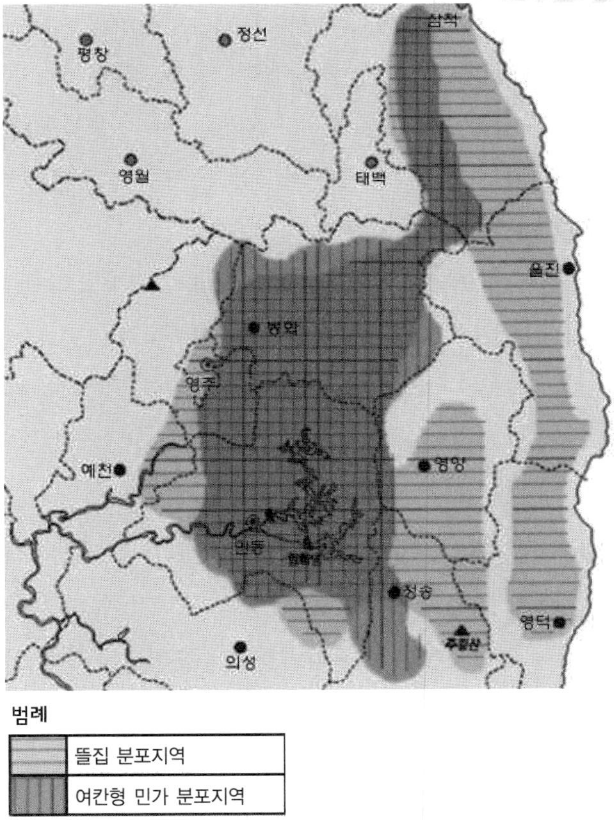

그림 6-1 연구대상지의 여칸집 및 뜰집 분포지역

98) 이규대, 『조선시기 향촌사회 연구』, 신구문화사, 2009

부층에 미치는 영향도 다소 적었다.[99] 더욱이 안동지방은 여말선초(麗末鮮初)에 당시 중앙문화에 동화되었던 많은 중앙에서 관료를 지낸 이들이 낙향해 거주지로 삼았으며, 이후 중앙과의 많은 인적 교류를 유지하고 있었다. 따라서 당시 안동지역에는 다른 어떤 지역보다 중앙의 주거문화가 안동지방에 전파되었고, 교류가 많았기 때문에 중앙 주거문화가 오랫동안 지속되어 왔을 것으로 보인다.[100]

이러한 현상은 안동지방과 강릉지방의 반가를 비교를 통해 살펴볼 수 있다. 즉 안동지방은 중앙의 주거양식을 대해 상당한 수준으로 이어받고 있는데 반하여, 강릉지방은 영동지방 주거양식을 여전히 따르며 중앙보다 안동지방의 문화를 더욱 가깝게 받아들이고 있었다.[101] 즉 사대부의 주거는 유학자들의 생활규범이 내재된 시대적 문화적 산물이라고 볼 때, 유학자들의 이상적인 이념을 주거공간에 표상하게 된다. 따라서 강릉지방의 영동북부는 안동지방의 상층 주거문화와 더욱 밀접한 영향권에 있었다. 이에 비해 영남지역 사림의 생활공간은 성리학적 세계관을 외형화하면서 지역, 학맥, 혈맥을 연결시키는 결절지 역할을 한다. 그들의 주거의 형태 속에 영남사림 사상을 자연스럽게 표현되어 지역적 특색을 형성해 갔다.

따라서 대상 연구지역은 성리학을 기반으로 하는 양반문화의 규범이 강한 인문적 배경을 가지고 있으며, 지역의 반가인 뜰집과 민가인 여칸집이 공존하여 분포하고 있는 곳으로 계층간의 주거 문화접변 현상을 고찰하기에 적합한 지역이라고 할 수 있다.

---

99) 이규대, 「16세기 후반 율곡과 강릉 사림의 교유와 향촌질서 모색」, 율곡학회논문 집〈율곡사상연구 제13집〉

100) 이경구, 『조선후기 安東 金門 연구』, 일지사, 2007

101) 조기현, 『강릉과 문화 -민족문화의 보고-』, 지방문화소개(1) -강릉편, 강릉문화원: 강릉이 서울에서 멀리 떨어지고 또한 정치적 관심이 소홀하였던 것이 지방의 전통문화를 이룩하는데 도움이 되었다는 내용과 안동지방과의 교류를 보여주고 있는데, 실제 전통 민가에서도 강릉지방은 독자적인 주거양식을 가장 뚜렷하게 보여주는 지역적 특색을 지니고 있다.

6.2 여칸집과 뜰집의 차이

6.2.1 여칸집의 일반적 특성

안동지역 일대 지역 주민들에 의하면 '여칸집' 이란 '여섯 칸' 집을 일컫는 말이다. 여칸집은 대개 전면3칸, 측면2칸 규모의 겹집이다. 여칸집은 안동 · 영주 · 봉화지역을 중심으로 집중적으로 분포하고 있다. 이 지역과 삼척을 잇는 계곡인 오십천 변에도 여칸집 계열의 민가가 분포하고 있다. 이와 같이 대개의 여칸집의 분포는 산세가 험하고 계곡이 깊어 일조시간이 짧으며 겨울이 긴 지역에 입지하고 있다. 이 분포 지역은 겨울철 강설량이 많은 때는 교통이 두절되고 며칠씩 고립되었다. 이러한 풍토에 따라 남부의 홑집형태와 달리 평면구성이 집중식으로 된 것이라 볼 수 있다.

여칸집의 일반적인 사례에 해당하는 조씨 주택(그림 6-2)은 정면 중앙의 두 짝 널문을 들어가면 내부에 흙바닥의 봉당이 있고 여기에서 마루를 마주한다. 마루를 중심으로 좌우에 안방[102]과 상방이 있어 침식과 기거를 위한 공간이 된다. 안방에서 아래쪽에 아궁이를 내어 정지를 두고 상방 아래에 쇠죽가마가 있는 외양간이 배치된다. 이처럼 여칸집은 대문과 봉당을 중심으로 주택 전면 부분은 흙바닥이고 후면 부분은 바닥을 높여 거주공간으로 양분시키고 있다. 특히, 봉당은 해가 진후 혹은 겨울철 옥내 작업장으로써 요긴한 공간이다. 그러므로 정지

102) 주민들은 여칸집에서 보통 '큰방'이라 부르기도 한다. 안방이라는 용어는 반가에서 주로 사용하였으며 최근에는 거의 확산되어 통용되는 경향을 보여준다.

부뚜막과 봉당 내에 조명을 위해 마루사이 벽에 화창(火窓)을 둔다. 여칸집은 폐쇄적인 외관 형태 때문에 아궁이에서 나온 매연은 지붕의 양쪽 합각부분에 뚫은 '까치구멍'을 통해 배출된다. 그러나 옥내 채광과 환기문제는 전반적으로 열악한 편이다.

안동군 월곡면 도목동에에 있는 〈그림 6-3〉의 주택은 여칸집이 분포되어 있는 지역에서 자주 접할 수 있는 유형이다. 이 주택[103]은 영양 남씨의 동족마을에서 약 200년에서 300년 된 것으로 추정된다.

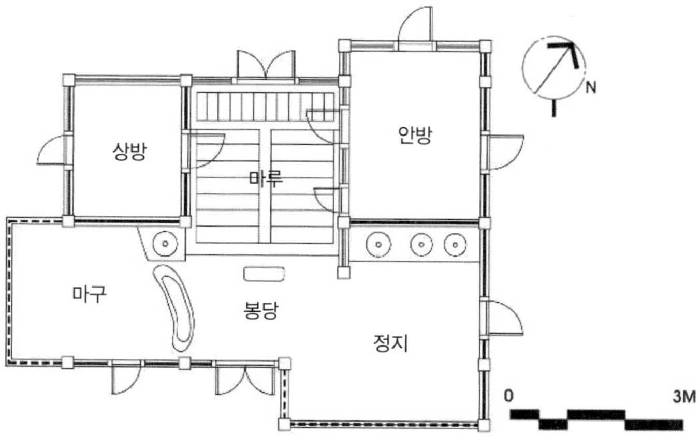

그림 6-2 경북 안동군 북후면
도진리 조씨 주택(1999, 조성기)

103) 일명 '까치구멍집'이라고도 불린다 (김일진,『옛집에 담긴 생각』, 도서출판 향토, 1996, p21)

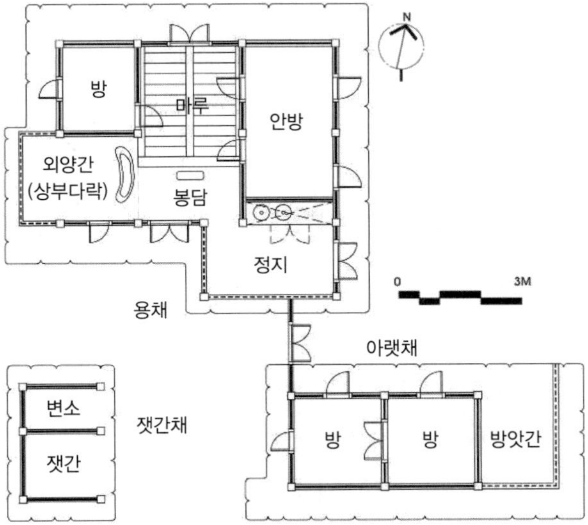

그림 6-3 경북 안동군 월곡면 도목동 주택(2008, 김경희 외)

이 주택은 경제적으로 여유가 생겨 살림집 규모의 확대시키기 위해 아래채를 본채와 연결시킨 형태로 달아내어 별도로 가장의 사랑공간으로 활용하고 있다. 아울러 본채와 아래채 사이에 담장을 치고 문을 달아 남녀의 영역을 구분시켰다. 이는 채광이나 환기 등의 개선이 요구되는 실용적인 문제보다 상류 주거의 규범을 따르고자 하는 거주자의 거주의지를 엿볼 수 있다.

6.2.2 뜰집의 일반적 특성

16세기 전후에 세워진 경북 · 안동지방의 반가는 중정형 ㅁ자 집으로 잘 알려져 있다.

조선시대의 민가는 유교적 윤리관에 의해 남녀관계를 규제한 내외법(內外法)이 중종조(1506~1544)에 조선사회 전반에 정착되면서 주거건축에 큰 영향을 미치게 되었다. 이후 조선시대의 주거건축, 특히, 사대부가는 유학적 생활규범을 바탕으로 남성과 여성공간 영역간의 분리가 일반화되었다. 안동지방의 ㅁ자형 뜰집은 지형이나 살림규모에 따라 안채와 사랑채, 그리고 행랑채 공간이 영역상으로 분리되어 있으나 채가 상호 연결되어 있거나 인접되어 전체적으로 ㅁ자형을 이루고 있는데 안동문화권(안동, 봉화, 영주, 예천, 영양, 청송, 울진, 영덕군)에서의 주민들이 주로 '뜰집' 이라 부르고 있다.[104]

대표적 사례인 경북 영덕군 영해읍 괴시1리 325 남응호씨 주택(그림 6-4)은 1856년경에 건립되었다. 이 주택은 지붕선이 일체로 연결된 형태인데, 정면 2칸 규모의 대청을 갖추고 있다. 뜰집은 안채 영역에 따라 두 가지로 구분[105]될 수 있다.

첫째는 남씨 주택처럼 뜰의 가로 폭과 동일한 폭을 갖는 대청이 있다. 이러한 유형은 부엌, 안방, 대청, 건넌방의 배열이 서울 · 중부형의 안채구조와 유사해 상대적으로 중앙의 지역성에 근거하고 있다고 볼 수 있다. 둘째는 안뜰의 가로 폭에 안방과 대청이 들어서는 형태이다. 이러한 유형은 부엌, 안방, 대청, 건넌방이 一자형으로 배열되어 있다. 뜰집의 안채에 해당하는 영역에는 영남지역의 안채와 유사한 평면 구성방법이 적용되고 있다.

104) 김화봉, 「안동문화권 뜰집에 관한 연구」, 부산대 박사학위논문, 1999, p65; 이러한 여러 형태의 ㅁ자집을 유형별로 나누어 보면 일체형, 연결형, 분리형으로 구분될 수 있다. 일체형 뜰집은 안채 사랑채, 그리고 행랑채 영역이 하나의 몸채를 이루고 있으므로 지붕의 마루선이 모두 연결되는 유형이다. 연결형 뜰집은 안채와 사랑채 등이 하나의 몸채를 이루지 못하여 분리되기도 하나 그 부분은 담장으로 연결하여 안마당의 경계가 명확하다. 반면 분리형 뜰집은 안채와 사랑채 등이 별채로 배치되므로 안마당의 경계 구분이 느슨하다. ㅁ자형으로 형성된 뜰집을 '완결형' 이라 명명하고 있다. 본 연구 지역인 봉화 · 안동지역에서 뜰집의 '완결형' 이 많이(68%) 분포한다고 조사하였다.

105) 뜰집의 안채 영역은 영남형이 30%, 서울 · 중부형이 70%를 차지하고 있다. 그리고 서울 · 중부형 중 전면 3칸 대청이 차지하는 구성은 42%, 2칸 대청은 58%를 차지하고 있어 두 칸 대청의 경우가 비중이 높다 김화봉, 전게서).

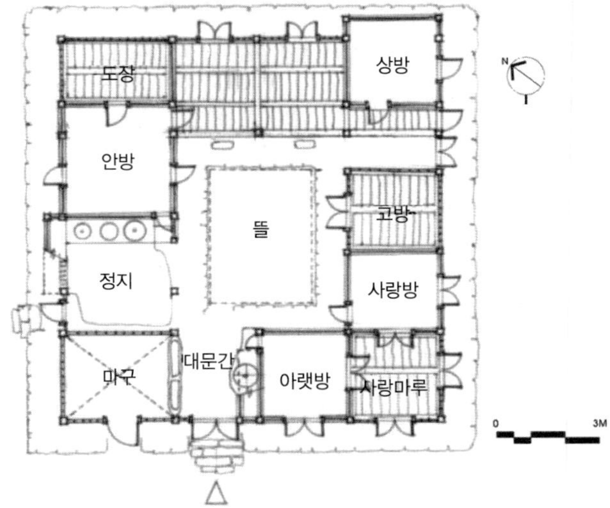

그림 6-4 경북 영동군 괴시1리 남응호씨 주택(2001, 조성기)

따라서 남응호씨 주택의 경우, 뜰집 내부의 사랑채 영역인 사랑방은 대문간과 인접되어 있다. 대문은 외부로부터 뜰집으로 들어오는 유일한 통로이다. 이밖의 통래간은 양익사(兩翼舍)에 두 군데에 둔다. 통래간의 문 중 한 칸은 부엌으로 통하는 부엌 뒷문쪽에 있고, 다른 하나는 건넌방과 사랑채 영역의 경계부에 있다. 이들은 모두 뜰집의 좌우 외연부(外延部)에 서비스 영역이 되는 공간과 동선을 유지시키게 된다.

뜰집은 口자형의 한정된 공간 안에 안채 영역과 사랑채 영역으로 구성되어 있다. 주택 내부의 작은 뜰을 경계로 안채와 바깥채의 영역간에 공간적 격리가 쉽지 않다. 그러므로 뜰집에서 일반적으로 중정을 중심으로 대각선 방향에 안채와 바깥채 영역을 배치시킨다. 특히 사랑방과 사랑대청에서 안뜰영역이 보이지 않도록 영역간에 경계를 명확히 구분하기 위해 사랑채 영역은 뜰집의 진입부 영역에 자리잡게 해서 전체적으로 주택의 정면성을 갖추게 된다. 또한 뜰집에서 외양간[106]은 가축의 관리와 위생적 측면 등을 고려할 때 부엌, 안방의 위치와 사랑방의 관계 때문에 그 위치 선정이 어려운 상황이었다. 대개 뜰집의 정면부에서 볼 때, 외양간 위치는 부엌과 인접된 곳에 두고 있다.

이러한 뜰집은 평면의 구조적 제약에도 불구하고 유교적 이념을 구현하기 위해 안채와 사랑채의 공간을 계획적으로 배려한 사례라 볼 수 있다.

6.3 '반가형 여칸집'

6.3.1 여칸집 분포지역의 문화접변과 진화

여칸집은 원래 서울·중부형의 곱은자형(型) 홑집에 옥외작업공간인 봉당을 옥내로 편입하면서 '여섯 칸'의 겹집화된 것으로 추정된다. 이는 다음과 같이 추정된다. 첫째, 죽령 남쪽의 영주시 서쪽지역과 예천군 동쪽 지역에는 서울·중부형 민가가 집중적으로 분포되고 있는 지역적 배경에서 단서를 찾을 수 있다.[107] 이들 주택은 여칸집 분포지역의 서쪽 경계에 인접

106) 외양간의 유무에 대한 조사에 의하면 전면 2칸 대청의 뜰집에서 외양간이 있는 경우가 47.8%, 없는 경우가 52.2%에 이르고 있다. 또 전면 3칸 대청의 경우는 외양간이 있는 경우가 34.7%, 없는 경우가 65.2%에 이른다 (김화봉, 전게서).

107) 조성기,「중부형 민가에 관한 연구, 대한건축학회논문집 35권, 1991.6

한 문화접변지역에 해당되고 있기 때문에 주거문화에 대한 교류가 활발하였을 가능성[108]이 있다. 둘째는 경북북부지역의 뜰집 중에서 서울·중부형의 안채의 연결질서를 유지하고 안채에 해당하는 기본 공간 이외에 좌우측의 익사에 외양간, 골방, 사랑방 등을 부가하여, ㄱ자의 민가형이 ㄷ자형으로 연장되는 사례에서 찾을 수 있다.[109] 이는 마루 정면의 토상(土床) 공간이 봉당이 되는 사례가 많다는 사실에서 연장·조정된 것이라 추정된다.

여칸집처럼 평면이 집중된 주택에서는 형태와 주생활 요구간 사이에서 나타날 수 있는 상충된 문제들을 해결해야 한다. 첫째, 방문객이 들어와 봉당에 섰을 때 부엌을 비롯한 어수선한 주택 내부의 생활공간이 쉽게 노출될 수 있다. 전통주택의 경우 방과 부엌, 그리고 접객공간 등 세 가지 기본적인 공간으로 구성된다. 침실과 부엌은 주택이 갖추어야 할 기본적인 공간이지만 접객공간은 반드시 그렇지 않다. 예컨대, 주거공간 안에서 접객공간 확보를 위해서는 주거공간을 개방시키는 방법과 폐쇄시키는 방법 중 선택적 문제가 된다. 전통주택의 사랑공간은 인간관계의 사회적 욕구를 채워주는 개방적인 공간이며, 그 가계의 정신적인 규범을 보여주는 공간이기도 하다. 그러나 여칸집 내부에서 외부인에게 공간을 개방시킨다는 의미는 한정된 짧은 동선 영역 내에서 공간적 제어장치가 마련되어야 하였다. 둘째, 여칸집 규모에서 다수의 가족이 기거할 방의 개수 확보와 함께 수장공간 확보도 중요하였다. 농경사회에서 혹한기에 외부와 고립되었을 경우를 생각해 볼 수 있다. 이때 가족의 생계와 직결되는 곡물 수장공간은 기

108) 김경희, 「민가의 평면계획과정에서 지역목수의 역할」, 대한건축학회논문집 계획계 15권 11호, 1999.11 : 경북북부지역에서 다양한 민가형을 경험한 지역목수들이 다양한 민가의 장점을 접목시킬 수 있는 계획운용능력 사례를 보여주고 있다.

109) 조성기, 「태백산간지역의 민가형식에 관한 연구」, 대한건축학회논문집, 15권 1호 1999,01 p151. 김경희, 『주문화권 중첩지역의 민가형에 관한 연구』, 부산대 박사학위논문, 2000, pp97-104: 예천과 안동지역 일대에서 〈여칸형〉 민가의 복합유형화 현상을 예를 들어 제시하고 있다.

본적으로 갖추어야 하므로 흔히 방과 겸용될 수 있지만, 어떤 측면에서는 생존을 위한 측면에서 곡물 수장 기능을 위한 공간적 확보가 우선되어야 하는 경우가 있었다. 이러한 여칸집은 폐쇄적인 옥내생활이 어느 정도 가능하도록 기본적인 공간만으로 구성된 집이다. 그러므로 자족적인 몸채 위주의 주거에서 부족한 공간에 대한 욕구를 어떤 형태로 채워 갈 수 있느냐가 큰 과제가 되었다. 조사한 여칸집 사례를 통해 이러한 주요구(住要求)를 수용하기 위한 주택 변용형태를 〈그림 6-5〉와 같은 평면적인 계열적 형태로 표현해 볼 수 있다.

첫째, A계통의 여칸집에는 사랑방을 확보하기 위한 주거욕구를 엿볼 수 있다. 이러한 계통의 여칸집에서는 도리방향으로 한 칸 늘려 사랑방을 확보하거나, 〈그림 6-6〉처럼 부엌 지붕마루 선을 연장하여 공간을 얻은 후 그 속에서 외양간을 배치하고 원래 외양간 자리에 사랑방을 확보하고 있다. 이러한 두 단계를 융합하면 〈그림 6-7〉처럼 여칸집 규모에서 사랑방과 사랑마루 그리고 고방을 확보한 평면형태가 된다.

둘째 B계통은 여칸집의 상방에 인접되었던 외양간을 아래로 끌어내려 돌출시키고 그 자리에 '가마정지'로 불리는 작은 부엌을 둔 형태이다. 여칸집에서는 집의 정면인 봉당 앞 공간이 출입동선의 집결지가 되어 가족동선이 방문객동선과 혼재되어 사생활이 외부사람에게 노출될 수 있는 우려가 높다. 따라서 B계통에서 봉당으로 출입하는 대문을 가족들이 사용하는 일상적인 안대문으로 한정시키고 방문객용 바깥대문 방향을 '마구정지' 쪽으로 돌려 설치한 형태이다. 아울러 마당도 바깥대문 앞에 확보해 방문객은 마당에서 직접 사랑방으로 오르거나 마구정지를 통하여 사랑방으로 출입하게 한 형태이다. 이러한 여칸집 유형은 안채에 속하는 영역과 안대문, 그리고 사랑채에 속하는 영역과 바깥대문이 기능적으로 적절하게 분리시켜, 내외법에 적합한 주거공간을 갖추게 된 것이다. 더불어서 민가의 정면은 팔작지붕의 정면에서 박공이 있는 측면에 두게 되어 측입(側入) 출입형 주택유형이 출현하게 된 것이다.

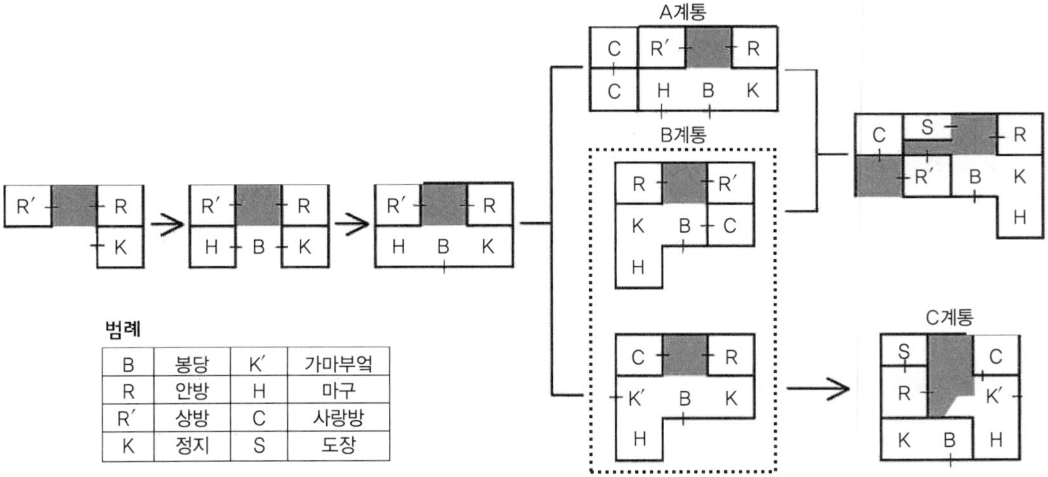

범례

B	봉당	K′	가마부엌
R	안방	H	마구
R′	상방	C	사랑방
K	정지	S	도장

그림 6-5 여칸집의 내부공간 변용 유형도

셋째 C계통은 여칸집 계열은 보(堡)방향으로 한 칸을 늘려 전면 3칸, 측면 3칸의 9칸집의 규모로 확대시킨 형태[110]이다. C계통은 B단계의 경우처럼 사랑방과 마구정지, 그리고 측입대문과 마당의 형태가 명확해 안채영역과 사랑채 영역의 분리가 된 평면 형태이다. 이러한 주택의 옥내공간의 중심에는 봉당과 마루가 있고, 마루 뒤편 부분은 수장공간이나 온돌방 등으로 칸잡이해서 구획하는 사례가 많다. 이러한 형태로 바라지문이 내부에 있는 채광창을 봉쇄하게 되어 마루공간이 낮에도 실내가 어둡고 환기가 열악한 환경이다.

110) 이러한 유형은 삼척지방에서 '두렁집', '두리집', '둘거리집' 등으로 호칭된다. 최장순(「태백산간 여칸집과 두렁집의 공간 확장에 따른 주거공간 구성 비교연구」, 대한건축학회 논문집 19권 10호, 2003. 10, pp124~126)에 따르면 안동권의 '여칸집'과 이와 규모 등의 면에서 발달된 삼척권의 '두렁집'으로 구분하고, 그 특성을 자세히 비교하고 있다. 여기에서는 여칸집과 같은 집중식 평면계통이라고 포괄해 살펴보고자 한다.

이와 같이 여칸집에서는 몸채에 주거공간이 집중 배치되는 경향이 있어 부속채가 발달되지 않았다. 따라서 여칸집은 험준한 산간지역에서 외부와 고립된 최악의 경우에도 폐쇄된 주택 내부공간에서 기본적인 주생활이 가능하도록 꾸준히 진화시켜 온 결과로 생긴 주택형태라 볼 수 있다. 또한 특정 지역에서 여칸집은 지역적 특성에 의해 정형적인 틀이 구축된 이후에도 계층별 또는 개인적 욕구와 취향에 따라 여러 가지 형식으로 유형으로 진화되어 왔다는 사실을 알 수 있다.

특히, 조사 대상인 강원도 남부지역과 같이 다양한 민가 유형이 공존하는 지역에서 조사된 이러한 주거형식을 통해 공간적으로 다양한 변용능력을 확인할 수 있다.

그림 6-6 강원도 삼척군 미로면 고천리
정웅교씨 주택(2001, 조성기)

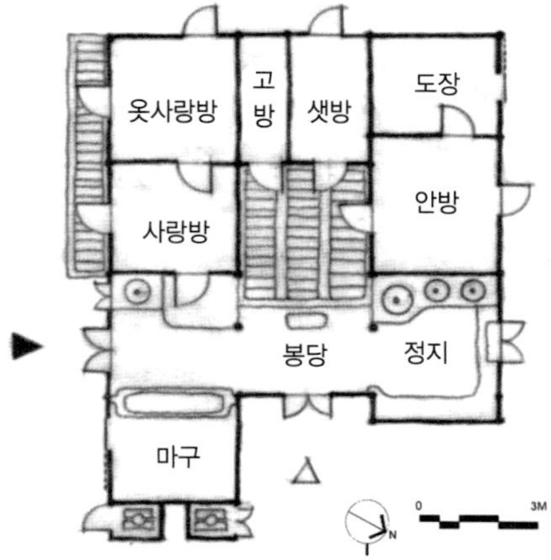

그림 6-7 강원도 삼척군 원덕읍 축전리
김씨 주택(2001, 조성기)

6.3.2 '반가형 여칸집' 사례와 특성

이 지역민들의 인식으로서, 여칸집은 품격이 아주 높지는 않지만 부농층에서부터 경제적인 여력이 부족한 양반층이 기거할 수 있는 수준의 주거유형으로 인식되고 있다.[111] 안동군 월곡면에서 조사된 〈그림 6-8〉과 같은 여칸집은 '반가형'이라 부를 만한 주택요소들을 많이 가지고 있다. 남성영역인 사랑채 공간이 채를 분리하는 방법에 의해 남녀공간을 뚜렷이 분화시켰을 뿐만 아니라, 내부를 담장으로 구획해 바깥마당과 안마당으로 구획하고 그리고 내부 봉당까지 점진적인 여러 단계의 영역으로 구분해 한 채의 주거 공간 내에서도 프라이버시를 최대한 확보하려는 의지가 내포시키고 있다. 또한 주택의 정면성을 중시하여 일반적인 상황과 달리 정지문을 측면에 반듯하게 내고 외부로 향하는 안방 출입문을 별도로 두었다. 이는 폐쇄적인 여칸집에서 안채의 정면에 달린 왼쪽 온돌방 앞에는 의도적으로 마루를 두어 마을 큰 길에서의 정면성을 확보하면서 외부로의 통행로를 마련한 것이다. 마루공간도 확대시켜 반가적인 주의식을 뚜렷하게 표현하고 있다.

〈그림 6-9〉는 1960년경까지 하회마을에 있었던 류민하 주택인데, 지금의 충효당 앞 공터에 있었다. 하회 류씨 가문이 살았던 주택을 류시주, 류시영 씨의 증언에 의하여 복원한 것이다. 민가로 분류하기에는 규모가 크고 당당하지만 여칸집의 형식을 따른다. 계획 내용면에서는 주택 구조를 종횡으로 한두 칸씩 더 늘여서 중앙에 마루를 5칸 규모로 확장시킨 형태이다. 일반적인 여칸집의 공간적 기본 틀을 그대로 유지하면서 좌우로 한두 칸씩을 늘인 구조이다.

111) 인터뷰 현장조사 결과이다.

이 주택은 하회에 다양한 민가의 유구가 남아 있을 당시에도 류씨 문중들에게 독특한 주택으로 기억되고 있다. 또 폐쇄적인 안채와 달리 개방적인 사랑채를 따로 두었다. 사랑채에도 퇴를 내어서 3칸집 형태를 취하고 있어서 여칸집의 정형을 염두에 두고 안채 외부에 남성공간의 채를 분리해 생활공간을 확대한 것으로 보인다. 여름에는 다습하고 겨울에는 추운 하회마을에는 주택 내부가 폐쇄적인 구조의 여칸집에서 주거환경적 이점을 실용적으로 취한 사례라 볼 수 있다.

특히 류민하씨 주택의 경우는 외부적으로 변용을 일으키기 힘든 민가형에 가까운 '여칸집' 의 폐쇄적 구조 속에서도 내부 마루를 개방시켜 확장을 꾀하여 규모를 확대해 반가형 '여칸집' 으로 진화시킨 형태이다. 이는 봉당 앞대문만 닫으면 외부환경으로부터의 영향을 손쉽게 차단시킬 수 있다. 또한 이 주택의 내부 마루를 확장시킨 결과 외관상으로는 뜰집의 틀과 흡사한 정도의 규모와 위용을 유지할 수 있는 반가형 주거 수준을 갖추게 되었다.

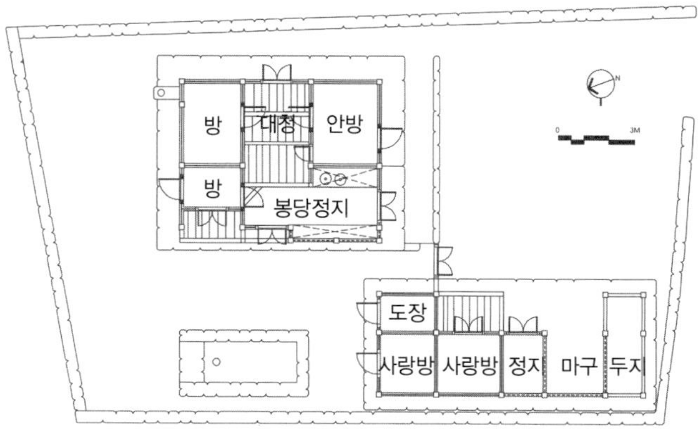

그림 6-8 경북 안동군 월곡면 도진리 주택(2009, 김경희 외)

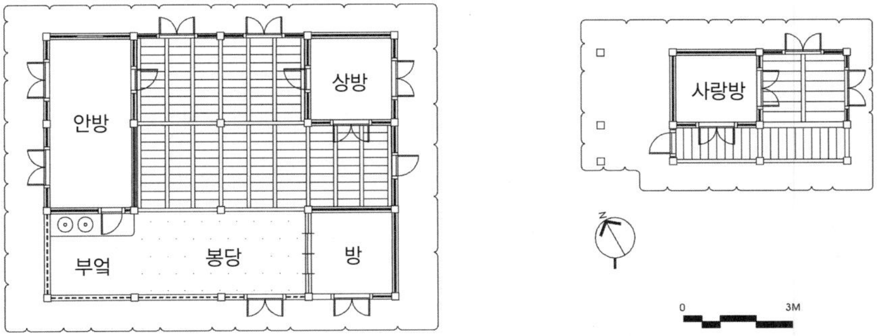

그림 6-9 충효당 앞 류민하씨 주택(1999, 김경희)

6.4 '민가형 뜰집'

6.4.1 계층간 문화접변(文化接變)과 뜰집의 변화

상류계층 주택형식인 뜰집은 권위적이고 봉건적인 공간구성 요소를 갖는다. 지배계층은 최하층이었던 노비들의 사역(使役)을 바탕으로 신분사회를 유지시켜 왔다. 그러나 거느릴 노비가 없는 가난한 양반의 경우는 현실적인 차원에서 뜰집의 형태나 규모를 조정해야 할 부분들이 많았을 것이라 짐작된다.

즉 사대부가의 위엄과 풍채를 느끼게 할 수 있는 규모가 큰 뜰집 이 외에도 규모가 작지만 반가의 품격을 최소한으로 유지할 수 있는 범위 내에서 민가에 가까운 반가에 대한 수요도 있었을 것이라 볼 수 있다. 이러한 관점에서 조사 지역에 대해 뜰의 규모가 큰 집과 소규모 뜰집에 대해 비교 조사 하였다.

먼저, 경북 영양군 석보면 김진기씨 주택(그림 6-10)은 뜰집 형태를 갖추고 있다. 그러나 1칸 규모의 마루를 두고 있어 민가와 유사한 규모와 모습을 갖고 있다. 대문을 들어서면 봉당을 중심으로 정지와 마구가 안뜰과 연접해 있다. 주택 정면에 있는 마루 우측의 정지와 안방, 도장방과 한 축을 이루고 있고, 좌측의 건넌방(상방)과 안채영역을 구성하고 있다. 사랑방은 좌측 익사 쪽에 입구를 잡고 외양간을 관리가 용이하도록 가마 부엌를 두고 있다.

따라서 김씨 주택은 측입문을 가진 '두렁집' 평면질서를 그대로 갖고 있지만, 뜰집의 장점인 내부 채광과 통풍 효과를 취하고 있어 반가의 형식을 두고 민가에 가까운 현실적인 주거조정이 일어난 사례라고 볼 수 있다. 〈그림 6-11〉의 경북 청송군 청송읍의 고수성씨 주택은 뜰집 형태를 갖추고 있으나, 가로 4.1m, 세로 3.4m 규모의 작은 뜰이 있는 민가와 유사한 소박한 모습이다.

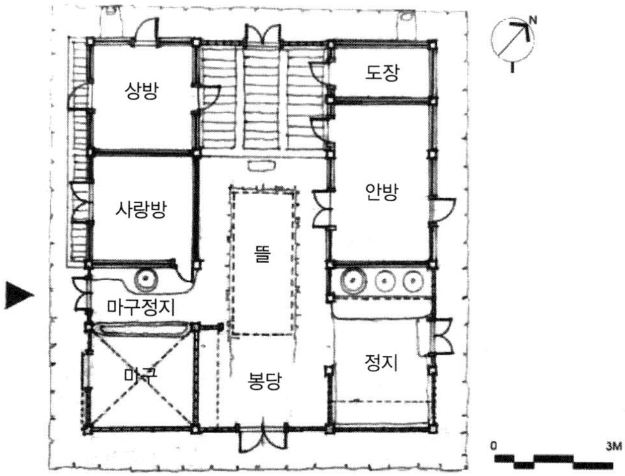

그림 6-10 경북 영양군 석보면 소계리 김진기씨 주택(2001, 조성기)

이 주택의 특성은 주거 내부로의 진입방향이 구분된다. 하나는 사랑방에 면한 앞마당 쪽이고 다른 하나는 여기에서 정지문쪽 방향으로 분리된다. 정지문 앞에는 디딜방아가 있고 한정된 범위 내에 울타리를 쳐서 마치 뒷뜰과 같이 옥외 보조작업 장소와 같은 분위기와 공간감을 느끼게 한다.

또 앞마당에서는 사랑으로 바로 오르게 하고 마구 출입구와 마구 정지가 인접시켜, 살강과 정지 안에 봉당을 두어 외양간을 관리한다. 이는 정지 아래쪽에 정지방을 낸 탓으로 보인다. 안방에는 도장이 부속되어 있고 대청마루는 정면 두 칸인 듯, 한 칸인 듯 애매한 규모인 대청폭을 가지고 있다. 또한 도리 위에 대청 상부의 보를 얹은 가구형태로 마당쪽 기둥을 생략시

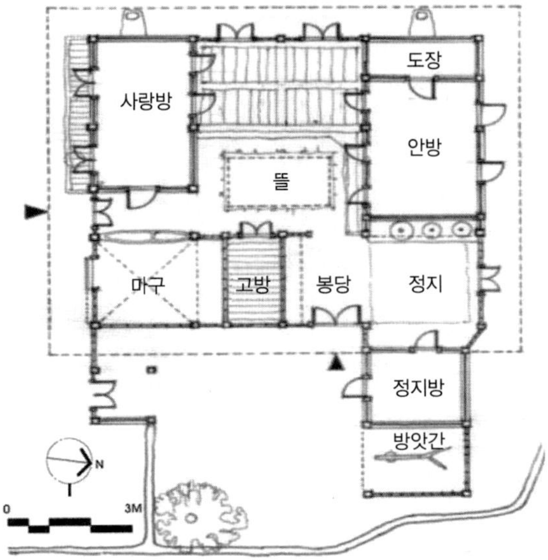

그림 6-11 경북 청송군 청송읍 청운동 고수성씨 주택(1999, 조성기)

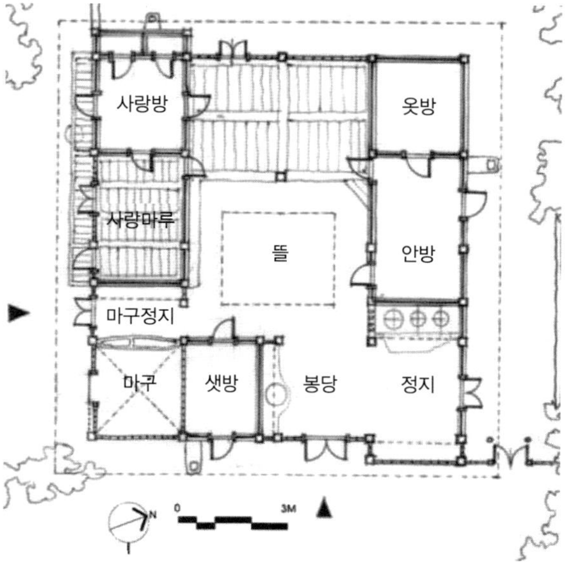

그림 6-12 경북 울진군 원남면 매화2리 윤두규씨 주택(2008, 김경희 외)

켜, 뜰을 최소한의 크기로 확보해 주택 내부에 빛을 도입하고자 한 의도를 볼 수 있다. 이러한 뜰집은 여칸집 규모와 유사하지만, 뜰집 형태를 실용적인 형태로 반가 주거형식을 최소한이라도 유지시키고자 한 사례라 볼 수 있다.

〈그림 6-12〉의 경북 울진군 원남면의 윤두규씨 댁은 2칸 마루에 가로 세로 2칸 규모의 뜰을 가진 뜰집이다. 동쪽대문으로 들어서면 봉당을 거쳐 중앙부의 뜰을 거쳐 마루에 이르고 오른쪽으로는 정지와 접한다. 따라서 마루를 중심으로 오른쪽 익사에는 정지, 안방, 도장으로 연결된 안채영역을 이루고 왼쪽 익사에는 마당쪽에 사랑, 사랑마루, 마구정지, 마구를 배열해 바깥채 영역을 이루고 있다.

특히 소규모 뜰집에서 사랑방 앞에 사랑마루를 들인 것은 쉽지 않은 배려라 볼 수 있다. 또 사랑방에 장방을 부속시키고 사랑마루의 뜰에 면한 문을 널문으로 처리한 점, 그리고 마당쪽으로 출입이 쉽도록 쪽마루를 낸 계획 방법 등은 사랑채 영역의 품격을 제대로 갖추고자한 의도로 볼 수 있다.

그 밖에도 마구와 봉당 사이에 샛방을 들인 것은 고방 대신 온돌방을 확보하기 위한 의도이며, 두 칸 마루 중 바라지문 대신 널벽을 둔 것은 세간을 안전하게 관리하기 위한 배려라 볼 수 있다. 그러나 윤씨 주택은 뜰집이지만 외부공간의 성격과 내부공간의 배열이 두렁집의 공간적 구성을 따르고 있다. 마구정지를 두고 측입(側入)문을 내어 실용성을 추구하고 있다. 봉당 앞에는 '마장' 이라 불러 낮에 소를 풀어놓는 곳이면서 집안 식구들이 출입하는 동선의 마당이다. 한편 바깥 외부공간인 사랑방 앞마당은 정갈하고 평탄하게 조성하고 있어 정지 앞마당과는 품격이 다르다. 그러나 두렁집 같이 박공이 있는 민가와 달리, 지붕의 정면성을 고려하지는 않은 모습이다.

이상과 같이 경북 울진, 삼척, 봉화 지역에는 유구가 많이 남아있지는 않지만, 한정된 영역 내에서 이러한 영세한 규모의 반가형인 뜰집 유형이 여칸집 등 민가와 유사성을 띄며 함께 공존하고 있다는 사실을 알 수 있다. 이를 통해 반가인 뜰집의 기본적인 외형적 틀은 유지하고 있지만, 민가적 주거요소를 수용해 실용적으로 주택형태를 조정한 사례를 찾아 볼 수 있었다.

6.4.2 '민가형 뜰집' 사례와 특성

〈그림 6-13〉의 경북 봉화의 거촌리 김동대씨 주택[112]은 외형은 반가형 뜰집의 틀을 유지하고 있으나 내부 계획에는 민가형 요소가 많이 내포되어 있다. 이 주택에는 2칸 규모의 안방 상부에 도장방을 두어 생필품을 두는 수납공간을 설치하였다. 그 결과 안방이 도장방의 깊이만큼 부엌 방향으로 돌출시켜 대청과는 일부만 면하게 되어 안뜰로 직접 나올 수 있는 문을

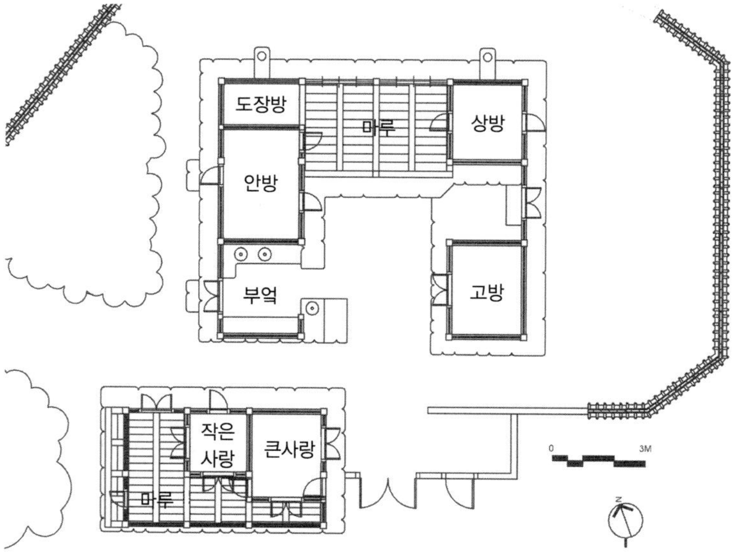

그림 6-13 경북 봉화군 봉화읍 거촌리 김동대씨 주택(1990, 이왕기 박명덕)

112) 이왕기, 박명덕, "한국전통주택 의 재조명-봉화의 황전마을-"「건축사」9011, p68~76

두었다. 이는 동선상의 편리함을 추구함과 아울러 안방의 측면 채광과 통풍 계획 등 복합적인 효과를 살리고자 의도를 알 수 있다. 또 상방 앞의 측문도 안방 영역과의 위계를 달리하며 동선상의 편리를 위하여 두렁집 형태를 적용하는 모습이며 부엌에도 측문을 달았다. 사랑채도 지붕은 안채와 연결되어 있으나 반가의 전형에서 벗어난 이 동네로부터 주된 진입로를 향해 대청이 돌출된 형태를 취하고 있다.

따라서 이 주택은 이 고장과 안동지방 일대에서 볼 수 있는 전형적인 반가 형태인 뜰집의 외형이긴 하나 전체적으로 반가로서의 규범적인 상징성보다는 편리한 실용성을 더 추구한 주택 형태가 되었다. 같은 마을에 있는 김동국씨 주택(그림 6-14)은 민가형 뜰집의 모습과 더욱 흡사한 사례라 볼 수 있다. 지붕이나 외관은 ㅁ자형으로 연결된 형태를 취하고 있으나, 내부로 들어가 보면 중부형 ㄱ자형의 안채와 사랑채, 부속채가 미묘하게 조합된 형태를 이룬다.

안방과 상방은 도장을 두지 않고, 부엌(정지)은 방의 가로 축열에서 한층 내려선 위치에 형성되어 있다. 안마당의 일조를 고려한 높이 계획을 고려하고 있다. 이어 부엌 앞으로 사랑채 영역이 있다. 사랑채는 외부로 툇마루를 두어 위용을 표현하려 했으나 거의 마을길에 접하고, 부엌과 안마당측으로 적극 문을 도입한 형태이다.

이는 사대부의 성리학적 정신적 배경에서의 내외분리(內外分理) 의식보다는 실질적인 동선상의 편리를 우선적으로 추구한 계획[113]이라 볼 수 있다. 부속채는 반 칸 동쪽으로 내어 마당을 반 칸 더 확보하고 대문간을 내었으며 우측으로도 측문을 두어 불완전하지만 ㅁ자형의 뜰

113) 민가형 뜰집은 남을 의식해 뚜렷한 사랑채를 내세울 수 없었다. 사랑채 영역은 뜰집에서 내외공간의 분리가 엄격하지만, 민가형 뜰집에서는 공간적 분리정도가 애매한 편이다.

표 6-1 강원 남부와 경북 북부지역의 여칸집 및 뜰집의 문화접변에 따른 주택유형 변화 시계열도

구분	뜰집 · 반가	계층간 문화접변에 따른 주거 조정		여칸집 · 민가
		상층 → 하층지향	하층 → 상층지향	
전형	그림4 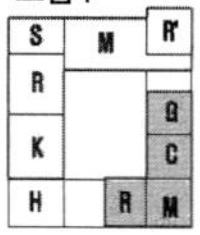	뜰, 규모축소, 측입형의 실용화, 민가화 그림10 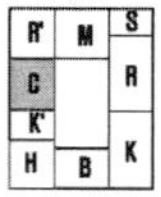 그림11 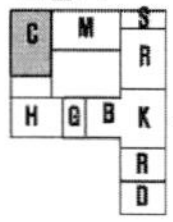 교류	규모확대, 채분리, 사랑분리, 반가화 그림9 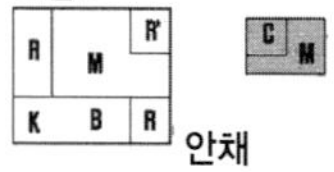 안채 사랑채	그림2 
문화접변 · 조정형		시차개념, 불완전 ㅁ자집 그림13 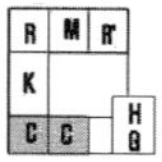 사랑방 부가형 그림14 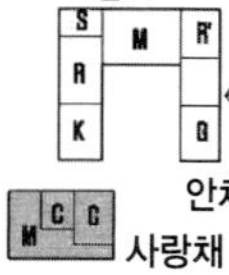 안채 사랑채 사랑방 분리형 교류	시차개념, 안채 · 사랑채 분리 그림3 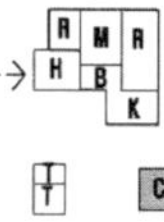 안채 사랑채 사랑방 부가형 그림8 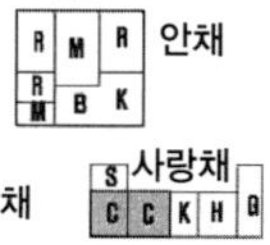 안채 사랑채 사랑방 분리형	B: 봉당 C: 사랑방 D: 방앗간 G: 창고, 고방 H: 마구 K: 정지 K′: 가마부엌 R: 안방 R′: 상방 S: 도장 T: 화장실 □ 여성공간 ■ 남성공간

집 구성형태를 취하고 있어 '민가형 뜰집' 으로 볼 수 있다.

이는 민가 안채형태에서 시간적인 시차를 두고 ㅁ자형태의 반가형 뜰집으로 확장시켜 온 과정적인 단계를 알 수 있는 사례라 볼 수 있다.

6.4.3 태백산간지역 소규모 뜰집의 특성

이러한 사례를 구체적으로 살펴보기 위해 안동, 영덕, 울진, 청송 주변에 분포되어 있는 소규모 뜰집과 지역 민가를 비교해 볼 필요가 있다(표 6-6, 6-7 참조).

첫째, 이 지역의 소규모 뜰집의 규모[114]와 이 지역 민가와 비교해 본다면, 여칸집의 규모는 가로 3칸 및 세로 2칸에 전체 6~7칸, 두렁집(두리집 또는 둘거리집)[115]은 가로 3칸 및 세로 3~4칸에 전체는 9칸 내외 규모이다. 두렁집 규모보다 더 큰 주택이 필요할 경우 채를 분리하는 방식 또는 채 내에 열을 증대해 필요한 칸수를 확보하는 방식이 있을 수 있다. 여기에서는 후자의 경우인 안뜰이 있는 뜰집 형식[116]이 채택되었다고 볼 수 있다.[117] 12칸집 보다 더 큰 공간을 확보하기 위해서는 외주변의 칸을 확장하는 방법과 채의 말단부에 칸을 부가하는 방법이 있을 수 있다. 전자의 경우 채의 외연부를 4×5칸으로 확대하면 실내공간이 2칸 늘어나는 효과만 있을 뿐이다(표 6-2 참조). 이때 안뜰도 같이 넓어지므로 확장을 위해 추가되는 목재 수량에 비해 실내 공간의 증가 효과는 미미하다. 이에 비해 후자의 경우는 특히 소규모 날개형 뜰집에서 필요한 실내공간을 얻을 수 있는 경제적인 방법으로 인식되어 적용되어 왔다고 볼 수 있다.

이는 제한된 범위 내에서 정면성(正面性)을 강조하기 위해 날개형 뜰집이 채택되는 경향이 크다고 볼 수 있다.[118] 이는 소규모 뜰집을 조영(造營)할 경우 물리적으로 최소한의 제한된

114) 전체 규모를 칸 수로 분석해 볼 때, 가로 4칸, 세로 4칸이고 안뜰 규모가 각 2칸일 경우 12칸집이 된다. 전체 규모는 8.5칸부터 최대 19칸까지이며, 평균 칸수는 13.8칸 이다. 전체 규모가 12칸집 이하는 10채(30%, 10/33)이고, 13칸집 이상은 23개 사례(70%, 23/33)이다. 지붕의 구조는 소규모라 5량집은 없고 협소한 안뜰의 채광환경을 개선시키고자 4량집도 있지만 대부분 3량집이다.

115) 조성기, 태백산간지역의 민가형식에 관한 연구, 대한건축학회논문집, 1999.1 참조. 이 외에 서경태의 삼척지방의 민가에 관한 연구(대한건축학회논문집, 1984.4) 및 최장순의 태백산간 여칸집과 두렁집의 공간확장에 따른 주거공간 구성 비교 연구(대한건축학회논문집, 2003.10) 참조

116) 뜰집의 경우 가로, 세로가 최소 각 4칸집인데, 주택의 깊이가 4칸 이상일 경우 단일 구조체의 지붕으로 처리하기가 어려웠다. 이는 가사규제와 백성들이 현실적으로 대형 목구조를 구축하기가 불가하기에 뜰을 만들어 가구 경간을 줄여 조영하였다. 이 경우 지붕의 구조체는 각 4칸으로 칸수를 확보되어야 가능하다. 그 이유는 뜰집 안뜰의 규모는 가로, 세로 각각 2칸이 되어야, 돌출된 처마 사이의 뜰 내부로 안채 내로 채광과 통풍이 가능해지기 때문에 뜰집으로서 최소한도의 크기에 해당하는 가로, 세로변이 최소 각 4칸이 될 경우 내부 공간은 12칸 이상이 확보된다

117) 여기에 실내 공간이 외부로 연장된 공간이라 볼 수 있는 안뜰이 최소 3~4칸 규모로 포함되기에 외부로부터 차단되어 프라이버시를 유지할 수 있는 실제로는 내부공간 활용효과가 크다.

118) 조사한 ㅁ자형 기본형 뜰집 13개 중 7개 사례가 12칸 규모 이하이다. 반면 날개형 뜰집은 15개 사례가 조사되었다.

범위 내에서 날개형 뜰집 등의 형태로 내부 규모의 증대 효과와 함께 정면을 강화시키고자 하는 의지가 강하게 작용하였을 것이다.

둘째, 태백산간지역의 소규모 뜰집[119]은 규모가 작은데 비해 사랑방의 칸들은 거의 모두 채의 세로방향으로 열간분화되는 특성이 있고, 책방이 전무(全無)하며, 모두 마구가 있어, 전체 주택에 비해 부속공간이 발달되어 있다. 또한 대청을 통해 사랑영역과 안채 영역이 접해 있어 남녀공간 구분이 모호하다.

또한 정지에 정지문이 없고 안뜰과 공간적으로 개방되어 있어 이는 여칸집이나 두렁집계열에서 볼 수 있었던 지붕이 있는 실내 마당에서 작업을 할 수 있는 봉당과 정지 사이에 공간적인 상호 구분이 없었던 형태와 유사하다.[120] 이와 같이 전체적으로는 반가이지만 일부는 민가와 유사성이 크다고 볼 수 있다.

셋째, 건립 연대를 알 수 있는 소규모 뜰집[121]만 시대별 지역분포를 살펴보면(표 6-5), 18세기 이후에 13채 중 12채가 건립되었고, 특수형 뜰집은 19세기 이후에 건립되었다. 따라서 조사한 뜰집은 대부분 18세기 이후에 해당된다. 이와 같이 경북지방에 남아 있는 보다 규모가 큰 뜰집의 경우 임청각(臨淸閣, 본채만 7×8칸, 1519년)을 비롯해 의성김씨 대종가(1590년경, 5×6칸) 등 예천 권씨 종가(1589년) 등 종가집 등을 포함해 15세기부터 16세기경의 경우 열의 발달로 규모가 크다. 또한 대청을 통해 사랑영역과 안채 영역에는 대체로 18세기 이후보다 대

119) 선행연구에서 이러한 열간확장형 뜰집을 아주 보기드문 특수한 유형(전체 중 3%)이라 다루고 있다(김화봉, 박론, 174쪽)

120) 서경태, '三陟地方의 民家에 관한 연구 II', 대한건축학회지, 1987.12, 22쪽 참조. 삼척지역 민가에서 정지와 안뜰간 개방적 구성에 대해 언급한바 있다.

121) 조사한 소규모 뜰집에 대한 정확한 시기는 알 수 없어 전체 흐름을 파악하기에는 다소 한계가 있어, 뜰집 유형별로 전체적인 시대별 경향만을 파악해 보기로 한다.

표 6-2 주택 유형별 열과 칸수의 증가 비교

여칸집 3x2, 6칸집 3x3, 7칸집	두렁집 3x3, 9칸집 3x4, 9+3칸집	뜰집 4x4, 12칸집 4x5, 12+2칸집
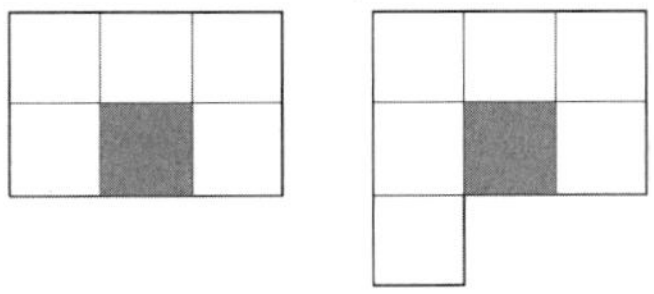	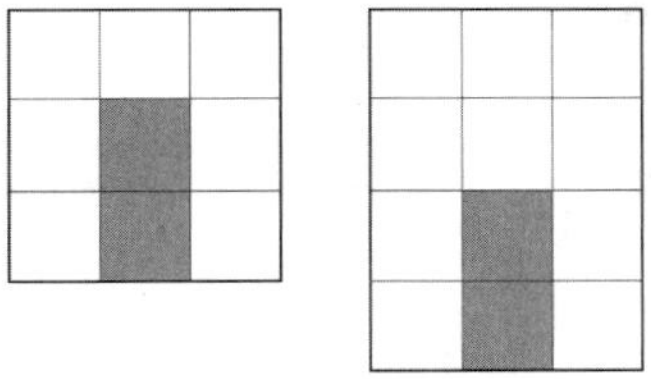	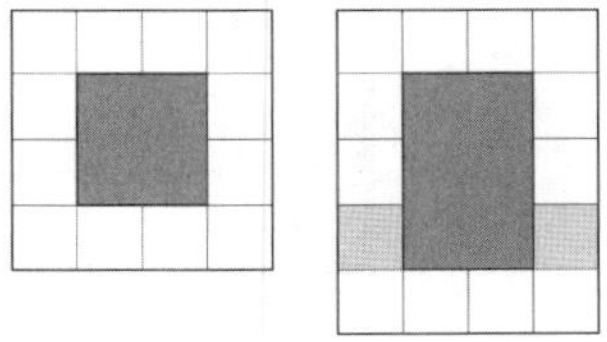

규모 뜰집이 많이 남아 있고, 19세기 이후로 갈수록 규모가 작아지는 경향이 있다. 이는 조선 후기에 양반으로 편입된 많은 신흥계층의 규모가 큰 사대부 종가집 수준의 규모보다는 소형 주택에 대한 관심과 수요가 많았을 것으로 추정된다.

넷째, 뜰집의 지역간 분포 특성을 살펴보면, 일반 뜰집은 안동문화권과 강원도 양양, 삼척, 그리고 경북의 울진, 영덕지역에 남아 있다. 태백산간지역의 소규모 뜰집은 이 지역 민가인 여칸집, 두렁집계열 분포지역과 겹치는 울진, 삼척, 청송 지역에 해당된다. 여칸집이 열간 확대된 형태라 볼 수 있는 삼척지역의 두렁집(표 6-3)은 특수형 뜰집과 공간 구성이 유사하다. 즉 이 두렁집은 3×4칸에 12칸집 규모인데, 규모면에서 이 지역의 뜰집은 두렁집에 부속간 1~2칸이 부가된 형태라 볼 수 있고, 공간적으로는 봉당이라는 내부마당이 2칸, 봉당으로 개방된 정지, 안방과 사랑방 사이가 마루로 분할과 칸의 열간분화 등은 일반 소규모 뜰집과 달리 민가에서 볼 수 있는 건축적 특성이 나타난다.

특히 열간분화형 뜰집은 남녀분리라는 측면에서 불리한 형태인데, 이는 두렁집의 사

표 6-3 민가형과 뜰집의 구성 비교

<table>
<tr><td rowspan="2">민가</td><td>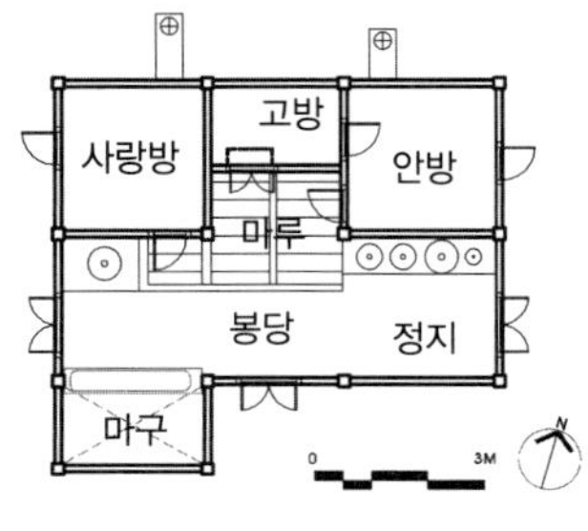
</td><td>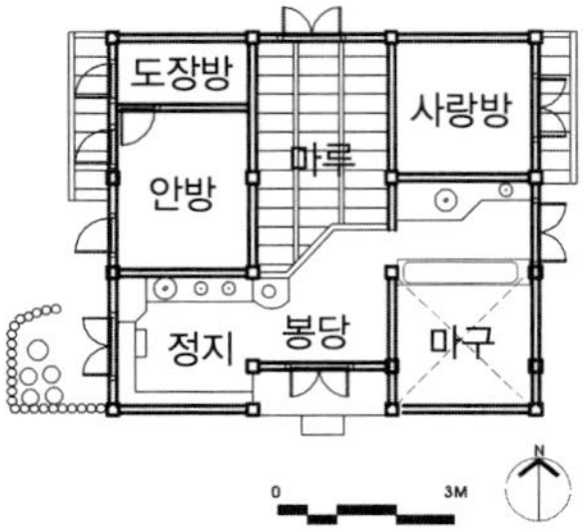
</td><td>
</td></tr>
<tr><td>삼척시미로면 김강금댁</td><td>삼척군 노곡면 이장인댁</td><td>삼척시 도계읍 강종기댁</td></tr>
<tr><td rowspan="2">뜰집</td><td>
</td><td>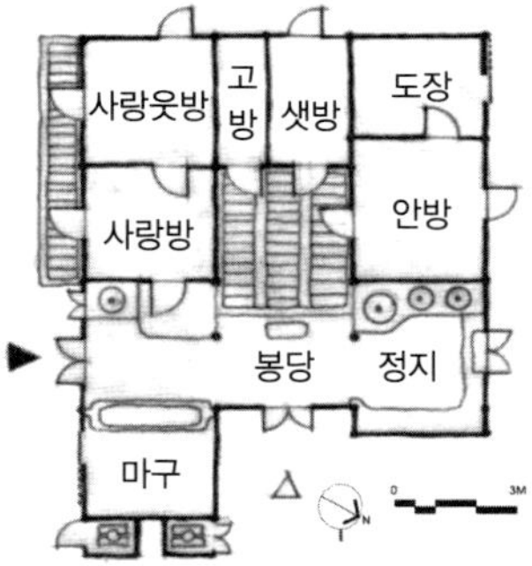
</td><td></td></tr>
<tr><td>영덕군영해면 남영준댁</td><td>삼척군 원덕읍 두렁집</td><td></td></tr>
</table>

숫자: 뜰집 기호를 표기, 도면 필자작성, 단, 김강금, 이장인, 강종기댁은 서경태 앞논문, 남영중댁은 김화봉 앞논문 참조 도면 재작성

랑방 영역이 안방의 맞은편으로 평행하게 세로 열간분화형(표 6-4 참조)으로 발달되는 사례도 일부 있다. 따라서 이 지역의 뜰집에는 민가의 공간적 특성을 지속시키고 있다고 볼 수 있다.

안동문화권과 주변을 포함해 소규모 뜰집과 특수형 뜰집이 분포되어 있는 지형도를 구성해 보면, 태백산간지역과 동해해안역에 집중적으로 분포되고 있음을 알 수 있다. 이 지역

표 6-4 뜰집 지붕 유형 변화 사례

장근덕댁(기본형)	금창업댁(횡간분화)	고수성댁(열간분화)
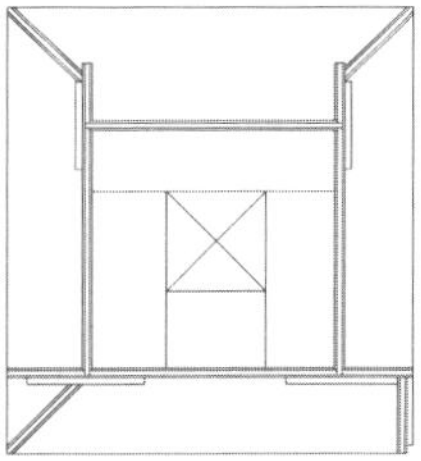	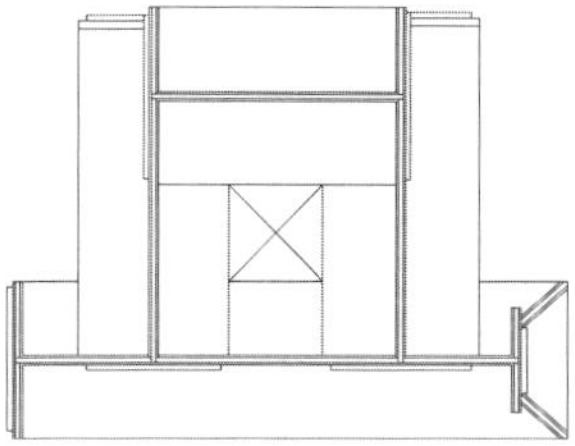	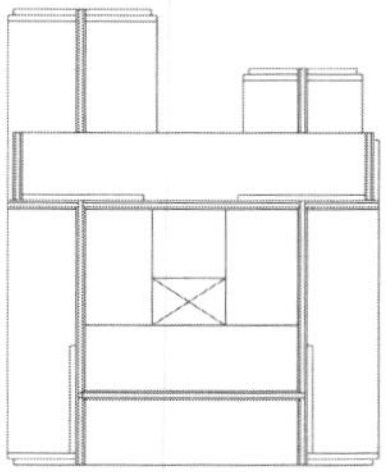

에는 18세기 이후 부농층 등 소규모 주택을 필요로 하였던 주민들이 기거할 주거형을 지역 민가형에서 차용(借用)해 조정한 행태라 볼 수 있다. 따라서 앞서 분류한 '특수형' 뜰집은 이 지역 민가형과 공간적 규모와 구성형태가 유사한 지역 민가형[122]과 동질성을 지니고 있어, 지역간 주거문화중첩 현상과 달리 계층간 주거문화교류의 흔적이 남아 있다고 해석할 수 있다.

따라서 경북과 강원지역의 소규모 뜰집의 특성은 먼저, 18세기 이후 전국에 널리 전파된 사대부 주택의 유교문화 정착현상과 상반되게, 작은 주택 규모에도 사랑방영역이 채의 세로방향으로 열간분화된 형태이다. 이러한 평면구성은 남녀구분이라는 측면에서 매우 불리할 뿐만 아니라 대부분 책방이 없다. 이러한 뜰집 유형은 측입(側入)출입 형식을 갖지 않고, 모두 농사

122) 선행연구(서경태 '三陟地方의 民家에 관한 연구', 대한건축학회지, 1986.4), 임상규('嶺東地方 民家의 변화과정에 관한 연구', 1997.3, 대한건축학회지, 1986.4), 조성기('太白山間地域의 民家型式에 관한 硏究', 대한건축학회지, 1999.1) 등)에 의하면 안동지역을 중심으로 민가형 상호간 영향으로 형태가 전이되는 사례가 보고되었다. 속초를 중심으로 동해 해안지역과 영남지역을 가로막는 백두대간을 넘는 통로인 五十川 溪谷을 통해 주거문화 교류가 나타나, 이 지역의 전자(田字)집, 여칸집, 두렁집 그리고 영서지역의 겹집이나 사방(四方)집 등과의 상호 유사성이 있었다. 서경태는 '앞논문'에서 삼척 북부의 전자(田字)집 등 함경도지역형과 울진 등 남동해안지역 민가간의 주거문화교류를 시사한 바 있다. 여칸집, 사방(四方)집의 개념과 민가형태는 윗 논문 참조.

표 6-5 연구대상 소규모 뜰집과 분포도

번호	주택주	소재지	지붕형태	뜰의크기	전면칸	지붕구조	안채유형	안채칸	사랑채칸	마구	건축연대
1	임태식	청송군청송읍	편날개	2×2	4	–	*	4	3	o	1900
2	고수성	청송읍청운리	편날개	2×2	4	–	*	4	2	o	1790
3	장덕중	울진군 북면	기본형	2×2	4	4량	ㄱ	7	4	x	–
4	장근덕	울진군울진읍	기본형	2×2	4	4량	ㄱ	8	2	o	–
5	임경낙	안동시북후면	기본형	2×2	4	3량	ㄱ	6	5	o	1935
6	금창업	안동시예안면	양날개	2×2	6	3량	ㄱ	8	4	x	1700
7	권영직	안동시풍산읍	편날개	2×2	6	3량	ㄱ	8	4	o	
8	남호정	영덕군영해면	기본형	2×2	4	3량	ㄱ	7	3	o	1690
9	김영락	영덕군지품면	양날개	2×2	6	4량	ㄱ	10	4	x	1800
10	신정순	안동시도산면	양날개	2×2	6	3량	ㄱ	8	4	x	1880
11	임명호	안동시임하면	기본형	2×2	4	3량	ㄱ	7	3	x	–
12	임연상	안동시임하면	편날개	2×2	5	3량	ㄱ	6	3	o	–
13	임치대	안동시임하면	양날개	2×2	7	3량	ㄱ	8	4	x	1870
14	임낙상	안동시임하면	기본형	2×2	4	3량	ㄱ	7	3	x	–
15	김시화	안동시임하면	양날개	2×2	6	3량	ㄱ	7	3	o	–
16	권종대	영덕군영해면	편날개	2×2	5	5량	ㄱ	10	3	o	18c말
17	주경호	영덕군창수면	편날개	2×2	5	3량	ㄱ	9	3	o	1890
18	김광옥	영주시문수면	편날개	2×2	5	–	ㄱ	6	3	o	–
19	권오중	안동시북후면	기본형	2×2	4	3량	ㄱ	8	3	x	1850
20	이우호	영양군석보면	기본형	2×2	4	–	ㄱ	8	3	x	1830
21	이용흠	안동시풍산읍	편날개	2×2	6	3량	ㄱ	5	3	o	–
22	유환우	울진군울진읍	기본형	2×2	4	4량	ㄱ	9	3	x	–
23	유상옥	울진군울진읍	기본형	2×1.5	4	4량	ㄱ	10	3	x	–
24	장용중	울진군근남면	기본형	2×1	4	4량	*	6	4	o	–
25	신태의	울진군원남면	기본형	2×1.5	4	4량	ㄱ	9	2	o	–
26	윤화규	울진군울진읍	기본형	2×1.5	4	4량	*	5	2	o	–
27	오원익	영양군영양읍	양날개	2×2	6	–	ㄱ	8	4	x	–
28	오창홍	영양군영양읍	양날개	2×2	7	–	ㄱ	7	4	x	–
29	김진기	영양군석보면	기본형	1×2	3	–	ㄱ	5.5	1	o	1735
30	남영국	영덕군영해면	기본형	2×2	4	3량	ㄱ	6	3	x	–
31	남익순	영덕군영해면	편날개	2×2	4	3량	*	9	3	o	–
32	채희표	삼척시마평리	기본형	2×2	4	–	*	6	2	o	–
33	김영우	삼척시미로면	기본형	2×2	5	–	*	6	2	o	–

범례: 뜰의 크기: 가로×세로 칸수, 경기형 뜰집: ㄱ, 미확인: –

표 6-6 소규모 뜰집 평면과 규모(도면자료 : 필자작성, 단, 3~21, 29 김화봉 박론 도면 참조, 30~33: 서경태 논문 참조)

	평면도			
서울·중부형 기본 뜰집		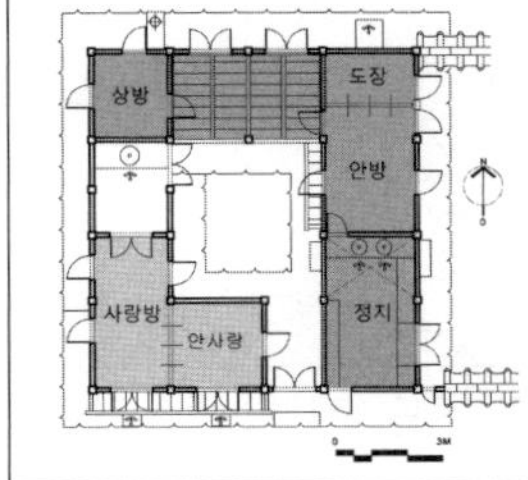		
	14.4×4(12)안동시임하면	11.4×4(12)안동시임하면	3.4×4(12) 울진군 북면	25.4×4(14)울진군원남면
	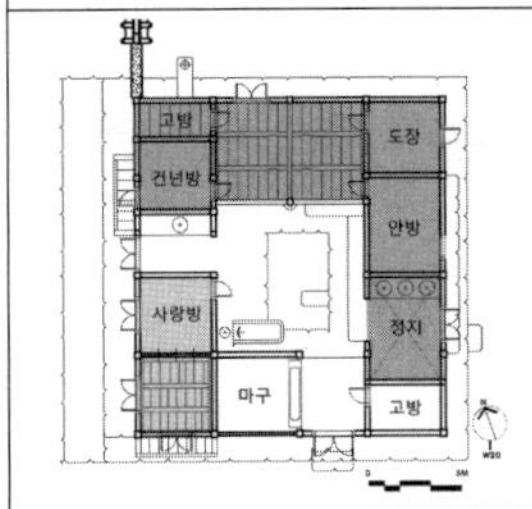			
	4.4×4(12)안동시북후면	19.4×4(12)울진군울진읍	23.4×4(14)울진군울진읍	8.4×4(15) 영덕군영해면
		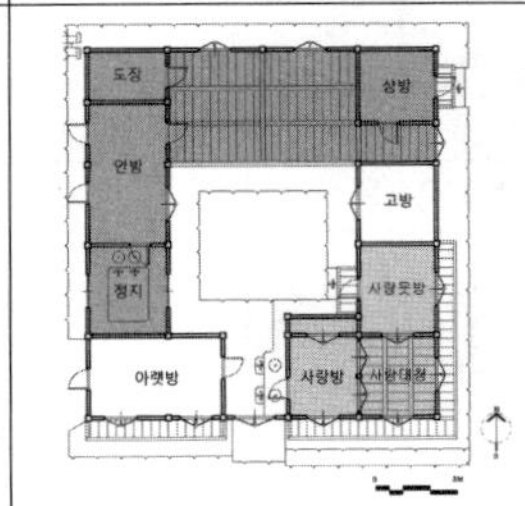		
	22.4×5(16)울진군울진면	20.5×5(16)영양군석보면	30.4×4(12)영덕군영해면	5.4×4(12)안동시북후면
서울·중부형 편날개 뜰집	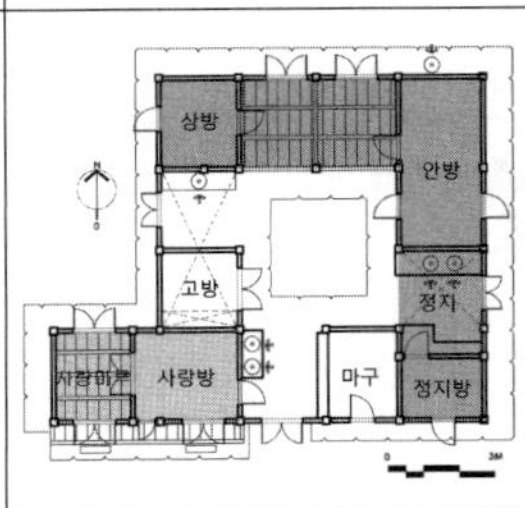	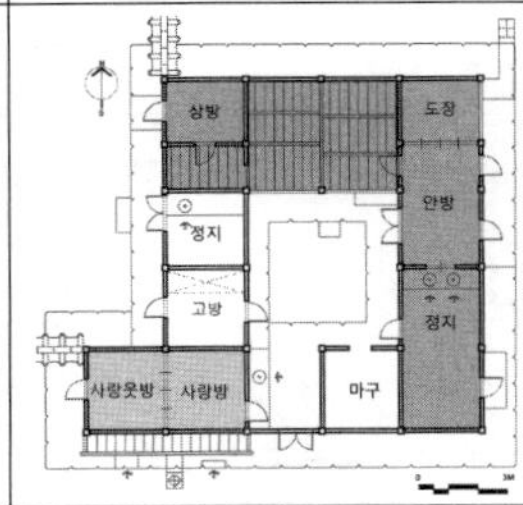	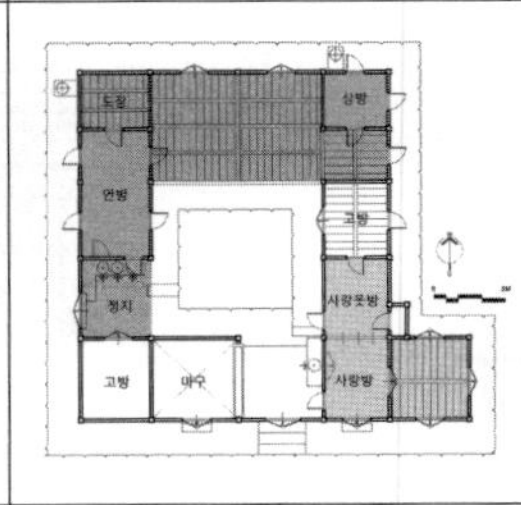	
	18.5×4(13)영주시문수면	17.5×5(16)영덕군창수면	16.5×5(17)영덕군영해면	

주) 도면 하단부 칸 내부 숫자는 조사 번호, 외연부 가로 칸수x세로 칸수, 전체 칸수, 주소지 순서로 표기. 1, 29, 33 도면은 표7.참조

표 6-7 소규모 뜰집 평면과 규모 (도면자료 : 필자 작성, 단, 3~21, 29 김화봉 박론 도면 참조, 30~33: 서경태 논문 참조)

	평면도			
서울·중부형 양날개 뜰집	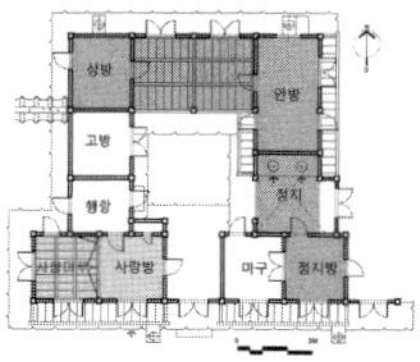	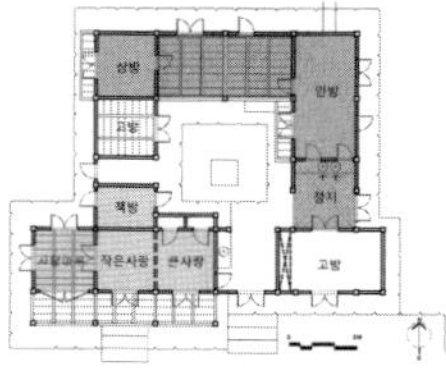	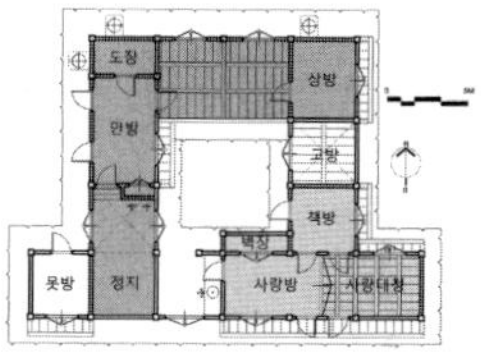	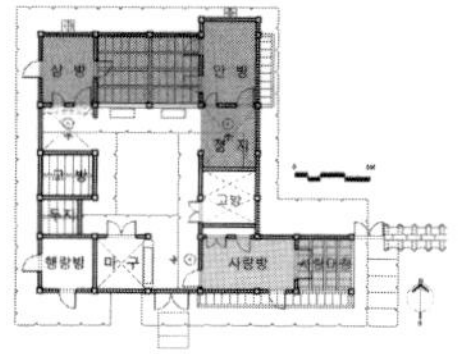
	5×4(13)안동시임하면	5×4(13.5) 영양군	6×4(14)안동시도산면	6×5(16)안동시풍산면
	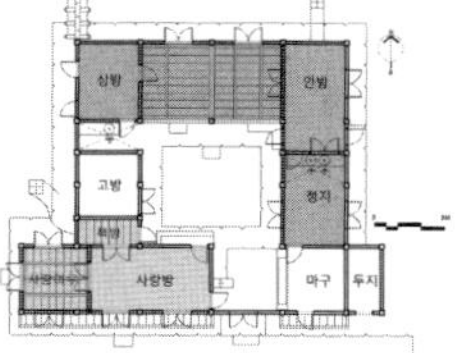	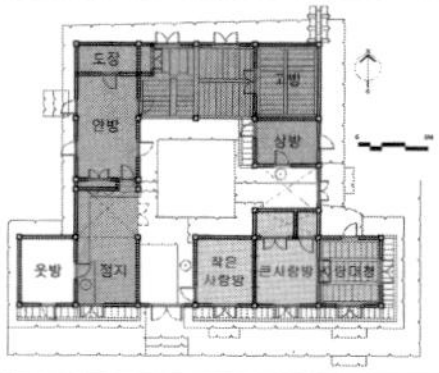	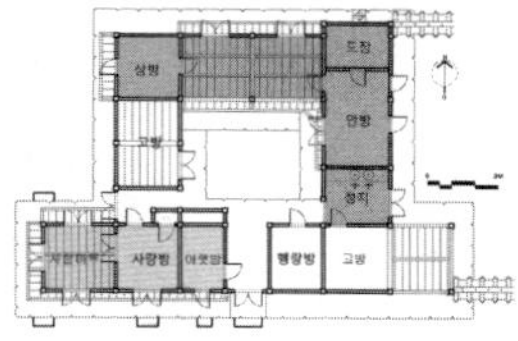	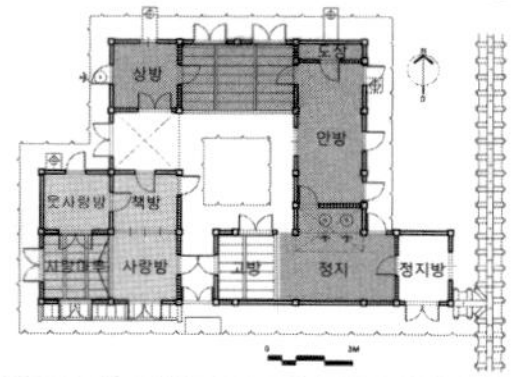
	5×4(12)울진군근남면	4×4(12)안동시북후면	7×4(15)영양군영양읍	5×4(14..5) 안동시
	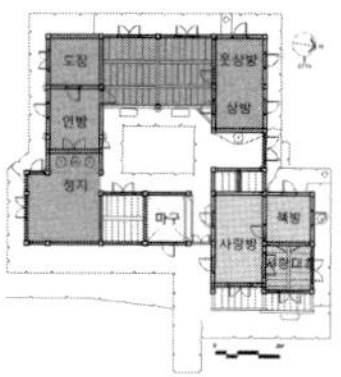	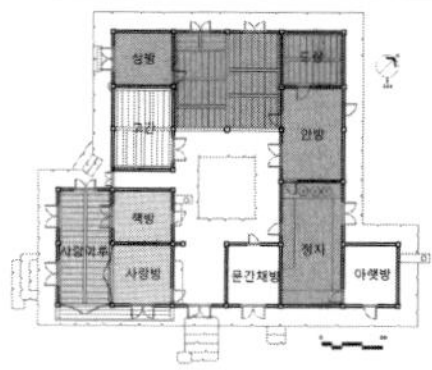		
	5×5(15.5) 안동시	6×5(15.5)안동시풍산읍		
특수형	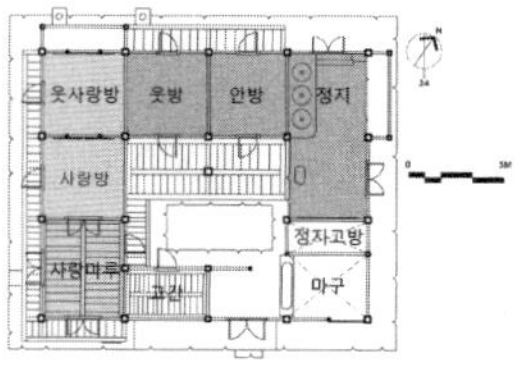	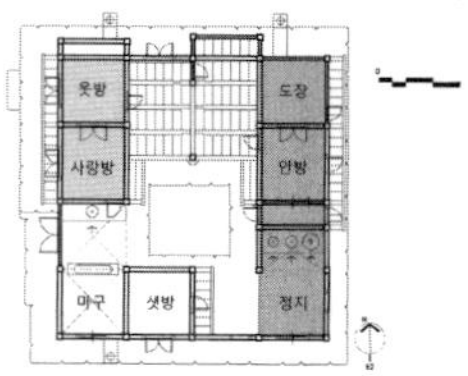	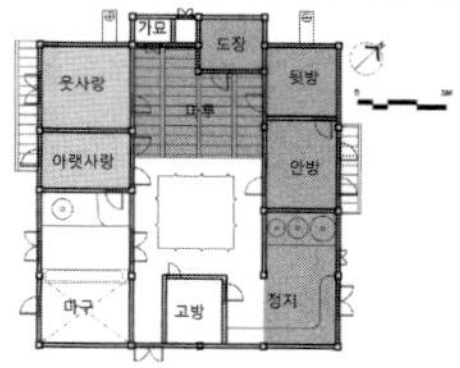	
	4×3(12)울진시근남면	4×4(13)울진군울진읍	4×4(13.5)삼척 마평리	4×6(14) 청송군청운리
	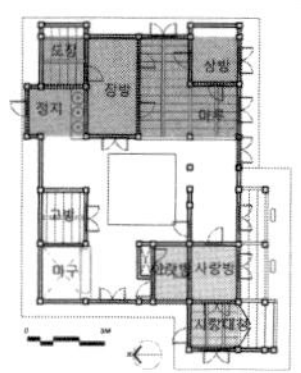	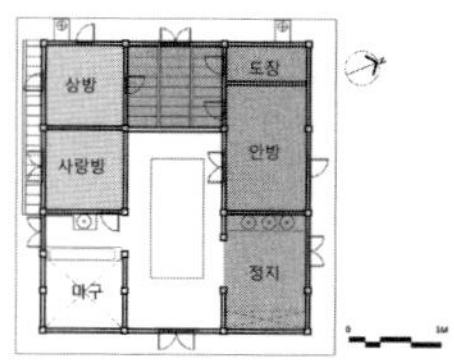	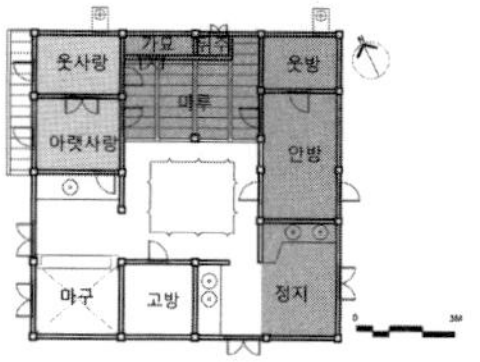	
	6×4(17)영덕군영해면	3×4.5(13.5) 영양군석보면	4×4(12)삼척읍미로면	4×4(11.5) 청송군 청송읍

주) 도면 하단부 칸 내부 숫자는 조사 번호, 외연부 가로 칸수x세로 칸수, 전체 칸수, 주소지 순서로 표기. 1, 29, 33 도면은 표7.참조

일에 필요한 고방과 마구가 있어 민가형에 가까운 형태를 유지하고 있다.

또한 부농층이 양반으로 대거 편입된 조선 후기에 재지사족(在地士族)이 이미 정착한 안동과 달리 태백산간지역이나 동해안변지역에서 규모가 크고 신분을 반영할 수 있는 소규모 형식의 뜰집 유형이 성립된 것으로 추정된다. 이는 뜰집의 안채 부분에 두렁집의 형태인 마루를 사이에 두고 안방과 사랑방이 마주하고 있어 기존의 영동형, 서울 · 중부형, 영남형 등 지역 뜰집과 달리 민가의 안채영역이 유지되고 있다. 이러한 뜰집 유형은 태백산맥 산간지역의 속초에서 영덕에 이르는 동해안 지역에 분포되고 있는데, 기존의 영동형 뜰집과 차별화되는 '민가형' 뜰집이라 볼 수 있다.

6.5 민가형 뜰집의 주거문화적 의미

전통주택에 관한 논의들은 대부분 지역성이나 계층성에 근거하여 이루어져왔다. 그러나 동질적인 주거문화권 내에 있어서도 계층적 기본 주거형태는 유지하고 있지만 공간계획적 내용면에서 계층적 구분이 애매한 주거형태를 지닌 다수의 주거 유구에 대한 의문점은 남아 있었다. 그래서 강원도 남부에서 경북북부에 이르는 지역에 분포하는 전통주택 중에서 집중식 주거형을 대상으로 중점적으로 살펴보았다.

그 결과, 반가인 〈뜰집〉과 민가인 〈여칸집〉은 '상류 주거' 와 '민가' 라는 계층적 구조를 기본적으로 갖고 있으나 계층성을 넘나드는 여러 변용된 주거형태가 조사 · 채집됨으로써 계층간의 절충적인 주거형태인 '민가형 뜰집' 과 '반가형 여칸집' 으로 볼 수 있는 유구를 발견할 수 있었다.

'민가형 뜰집'은 〈뜰집〉의 주거형태를 기본으로 경제적 여건 때문에 살림 규모를 축소시킬 때 익사나 마루의 칸수를 줄여 여칸집 민가와 유사한 규모로 축소 건축하거나 또는 신축 초기에 ㄷ자 등의 형태의 주택규모로 시작하여 시차적으로 ㅁ자형태의 뜰집으로 증축시킨 사례를 보였다. 또 사랑공간을 안방 건너편에 두고 동선의 편리함을 위하여 측입문을 도입하고 이 지역 민가형인 〈여칸집〉과 유사하게 공간배치를 조정한 사례도 볼 수 있었다. 따라서 '민가형 뜰집'은 〈뜰집〉이라는 반가의 틀 속에 〈여칸집〉이라는 민가의 주거양식을 도입함으로써 주택형태를 실용화시켰다.

반면 '반가형 여칸집'은 민가에서 경제적 여력이 생겨날 경우, 규모를 확대시키거나 채를 시차적으로 추가시켜 주거 기능을 분담시킨 사례를 찾을 수 있었다. 즉 민가인 〈여칸집〉의 경우 간 규모를 키워 주거생활의 관리와 편리를 도모하거나 안채에 비례해 볼 때 비교적 큰 규모의 사랑채를 담장이나 대문간과 연결시켜 확장한 '반가형 여칸집'으로 조정하여 반가에서 이상적으로 추구하고 있는 내외법을 구현시켰다.

이러한 내용은 조선 후기 사회이동 현상이 활발했던 것과 더불어 주거문화에서 계층적인 한계에서 탈피하여 서로의 건축공간 계획상의 장점을 취함으로써 계층 간 주문화적 교류를 하였음을 보여준다. 지역의 자연환경에 주로 적응하여 완성된 민가인 〈여칸집〉은 반가의 위용을 모방하여 유교이념이나 신념을 수용하는 내용으로 진화하였고, 양반들의 이상실현이 주된 대상이 되는 반가인 뜰집은 민가의 실용성과 환경을 극복하기 위한 계획적 요소를 적극 채용하여 발전한 것이다.

나아가, 조선 후기 주거문화의 계층간 교류가 반가나 민가 중심의 일방적인 진화론이나 발전된 결과라 보기에는 무리가 따른다. 이보다는 주거건축의 계층성과 실용성을 넘보는 사회구성원들의 문화접촉에 의한 자연스런 결과라 볼 수 있을 것이다.

참고문헌

- 김일진, 『옛 집에 담긴 생각』, 도서출판 향토, 1996
- 박경립, 『한국의 건축문화재 -강원편-』, 기문당, 1999
- 이경구, 『조선후기 安東 金門 연구』, 일지사, 2007
- 이규대, 『조선시기 향촌사회 연구』, 신구문화사, 2009
- 임덕순, 『문화지리학』, 법문사, 1996.8
- 장정용, 『강원도 민속연구』, 국학자료원, 2002
- 김경희, 「주문화권 중첩지역의 민가형에 관한 연구」, 부산대 박사학위논문, 2000.2
- 김화봉, 「안동문화권 뜰집에 관한 연구」, 부산대 박사학위논문, 1999.
- 윤덕희, 「보수적 퇴계의 주리론과 진보적 율곡의 주기론에 관한 연구」, 한국교원대 석사학위논문, 2000.
- 이영, 「문화적 배경에 따른 주거공간의 비교연구」, 서울대 석사학위논문, 1980
- 김경희, 「민가의 평면계획과정에서 지역목수의 역할」, 대한건축학회논문집, 15권 11호, 1999. 11
- 김미령, 조성기, 「영남 및 호남 부농층 전통주거의 특성 연구」, 대한건축학회논문집, 17권, 2001. 6
- 김정현, 김하나, 전봉희, 「조선시대 주택 꺾음부의 유형에 관한 연구」, 대한건축학회논문집, 25권 6호, 2009. 6
- 김화봉, 「안동문화권 "뜰집"의 건축시차에 관한 연구」, 대한건축학회논문집, 14권 4호, 1998. 4
- 서경태, 「집중식 평면의 전통주거에 관한 연구」, 부산여대 논문집 제 31집, 1991
- 서경태, 「삼척지방의 민가에 관한 연구」, 대한건축학회논문집, 1984. 4
- 이규목, 「인간과 환경의 관계에 대한 현상학적 접근방법연구」, 대한건축학회논문집, 1988. 2
- 이명선, 김봉렬, 임충신,「강릉 선교장의 변화과정에 관한 연구」, 대한건축학회 학술발표논문집 17권 2호, 1997. 10
- 이성수, 「전통사상을 통한 공간구성방법도출에 관한 연구 -율곡 이이의 사상중심으로-」, 대한건축학회논문집, 제23권 12호 2007. 12
- 임상규, 「삼척지방 동서간 민가변화에 관한 연구」, 대한건축학회논문집, 21권 11호, 2005. 11
- 임상규, 서상우,「삼척지방 민가에 관한 연구」, 대한건축학회논문집, 11권 6호, 1995. 6
- 조성기, 「태백산간지역의 민가형식에 관한 연구」, 대한건축학회논문집, 15권 1호 1999. 1
- 최장순, 홍대형,「동해 북평지역 뜰집의 공간특성에 관한 연구」, 대한건축학회논문집 12권 9호 1999. 6
- 최장순, 「태백산간 여칸집과 두렁집의 공간확장에 따른 주거공간 구성 비교연구」,대한건축학회논문집 19권 10호. 2003. 10
- 李鎬澈, [地主制論], 『韓國史 認識과 歷史倫理』, 지식산업사, 1997
- 金泰永, 『實學의 國家改革論』, 서울대학교출판부, 1998
- 김화봉, '조선시대 안동문화권의 뜰집에 관한 연구', 부산대박론, 1999
- 장성준, '안동토계동 주택유형에 관한 연구', 건축, 1978.4
- 송인호, 'ㅁ자형 전통주거건축에 관한 연구, 서울대석론, 1982
- 서경태, '삼척지방의 민가에 관한 연구(II)', 대한건축학회논문집, 1987.12
- 문세영, 'ㅁ자형 전통주거의 평면구성에 관한 연구', 대한건축학회논문집, 1987.4,
- 김화봉, 조성기, '안동문화권 '뜰집'의 구조적 특성에 관한 연구', 대한건축학회논문집, 1998.11
- 조성기, '태백산간지역의 민가형식에 관한 연구', 대한건축학회논문집, 1999.1
- 김미령, 조성기, '영남 및 호남지역 부농층 전통주거의 특성 연구, 대한건축학회논문집, 2001.6
- 최장순, '태백산간 여칸집과 두렁집의 공간확장에 따른 주거공간 구성 비교 연구', 대한건축학회논문집, 2003.10
- 김경희, 유재우, 김미나, '전통주거의 계층간 주문화 교류에 따른 평면변화에 관한 연구', 대한건축학회논문집, 2010.6
- 유기원, 'ㅁ자형 주거를 중심으로 본 영남지역 주거문화 특성', 한국주거학회 학회지, 2010.10
- 김경희, 유재우, 김미나, 김화봉, '영동문화권 뜰집의 평면구성 특성에 관한 연구', 대한건축학회논문집, 2011.1
- 김미나, 김경희, 유재우, '안동문화권내 일체형 뜰집의 평면특성에 관한 연구', 대한건축학회논문집, 2012.2

7장 뜰집의 계획성

뜰집을 평면적으로 보았을 때 폐쇄적이지만, 입체적으로 보면 안마당 상부가 개방되어 있다. 이와 같이 독특한 뜰집의 형태는 주거환경에 유리한 점이 있는가? 불리한 점도 있는 것인가? 유리한 점이라면 발전시키고 극대화시켜야 하나 불리한 점은 지혜를 짜서 개선시키고 극복해야 한다. 그 가운데 주목되는 점은 태양고도와의 관계에 관한 부분이다. 그 이유는 뜰집 형태가 폐쇄적인 ㅁ자형이므로 태양의 위치에 따라 일조환경이 민감하게 주거공간에 영향을 주기 때문이다.

이를 극복하기 위한 건축적 대안이 뜰집의 각 요소에 반영되어 있다. 이러한 맥락에서 본다면 특히 영동지방에 자생하는 4량집(四梁家)의 대안은 창조적으로 돋보인다.

여름 낮 뜰집 대청에 앉아 있으면 처마 그늘 아래로 시원한 바람이 들어온다. 대청 뒤로 열린 문으로는 시원한 초록빛 대밭이나 녹음을 활용한 환경조절적인 지혜가 뜰집[123]에 스며들어 있다. 외부에 대해 폐쇄된 안뜰을 가진 경상북도 북부지역의 뜰집의 경우 구조적인 특성으로 일자형 홑집과 달리 일조나 통풍환경이 상대적으로 불리한 주택 구조이다. 따라서 뜰집의 경우 지역적인 기후환경뿐만 아니라 주택의 배치나 구조에 따라 발생되는 국지적인 미세기후 환경을 활용할 필요가 있었을 것이다. 개별 주택 주변의 국지적인 미세기후[124] 조건에 대한 이해와 건축계획적 대응[125] 과정에서 더욱 쾌적한 거주환경을 조성하고자 하였고, 이러한 노력은 주택 내에서 다양하고 세부적으로 반영된다.

123) 주택은 사람을 둘러싸고 있는 일차적인 환경이므로 외부로부터 보호받는 쉘터(shelter)라 불리워 왔다. 사람들은 예로부터 이러한 지역적 기후를 지역 마다 독특한 건조 환경을 조성하기 위한 독특한 각종 자연적인 기후 조절 방법이 가능한 주택을 갖기 위해 노력해 왔다. 건강한 온열환경 유지에는 자연적인 조절 방법이 중요하다. 이러한 지혜가 쌓아 기후조건을 자신의 쾌적대로 느낄 수 있는 실내조건을 고려해 지역마다의 독특한 주거문화를 꽃피워 왔다.

124) 미세기후란 보편적인 지역 기후와 같은 대기후와 달리, 다른 한 채의 주택이나 주택군 주변에 나타나는 즉각적인 기후환경이라 할 수 있다. 이는 주변 조경이나 그늘, 바람길, 주변 축열체 기능을 하게 되는 지질이나 지형 등에 영향을 받는다. 미세기후는 사람이 체험하는 키 높이 이하의 접지기층에서 일어나며, 실외에서 보다는 실내에서 더 민감하게 체험된다. 이는 수 분 또는 수 시간 내에 짧은 시간과 한정된 공간에서 발생될 수 있는 특수 환경에 해당되므로 거주자가 일상생활 속에서 직접적으로 체감된다.

125) 미세기후 조절을 위한 일반적인 건축계획적 특성으로는 좌택 방법으로 자연에 순응하는 자연적인 지형을 그대로 이용할 수 있도록 택지를 쓰고 등, 친환경적인 주택 계획 방법이 녹아들어 있다. 주택을 지을 때에는 배산임수 개념과 같이 기후와 생리를 고려하였다. 또한 주택 주변에 교목이나 관목 그리고 상록수와 활엽수를 배치하고, 마당이나 처마를 이용한 계획적 방법을 통해 여름철에 실내에 빛을 차단시키거나, 그늘을 이용한 기압 차이에 의한 자연 통풍을 유도하였다. 과거 우리의 주거는 자연환경과 생활이 빚어낸 삶이 반영되어 있다. 현대의 주거 방식에 대한 반성에 따라 환경 친화적인 생활을 추구하려는 상황에서, 옛 주거형에 내재된 자연환경에 대한 순응이나 조절 방법을 살펴 새롭게 접목시킬 수 있는 지혜가 필요하다.

7.1 뜰집의 일조환경

뜰집은 안뜰이 채로 둘러싸인 ㅁ자형태[126]의 폐쇄적인 형태이다. 안뜰을 에워싼 방형의 공간구조를 가짐으로써 평면적으로 폐쇄되어 있고, 입체적으로 마당 상부가 개방된 형태를 가지고 있다. 일반적인 남부지역의 一자형이나 ㄱ자형의 민가형인 경우 안채와 사랑채를 연결하는 익랑이 없으며, 일부분이 떨어져 있기 때문에 태양빛의 유입 경로면에서 유리하다.

이에 반해 네 모서리가 닫혀 있는 뜰집은 폐쇄(閉鎖)적인 형태로 내부의 주거활동을 은폐하는 구성으로 되어 있어, 여성의 주생활공간인 안채는 안마당을 통해서만 일조를 확보하게 된다. 전면에 배치되어 있는 남성의 공간인 사랑채는 一자형집의 일조환경과 유사한 환경을 가지는 반면, 여성의 공간인 안방은 좌우 익랑채와 결합되어 있고, 전면으로는 사랑채에 가려져 있으므로 불가피하게 안마당의 뜰을 통하여 일조가 이루어지는 것이다.[127] 더욱이 대청과 여기에 인접된 방에는 대청을 남향 좌향인 경우에도 좌 · 우 익랑채의 존재는 실내채광 등의 일조환경에 부정적인 영향을 주고 있다. 따라서 사랑채와 안채의 이격거리를 대청의 폭 혹은 그 이상의 간격을 두며, 좌 · 우 익랑채의 간격도 대청 크기와 같은 간격을 확보해야 한다. 즉 뜰집의 좌우 익랑의 존재는 대청과 그 주변에 배치되는 주거공간의 일조환경에 불리하게 작용된다.

126) 남성생활 공간의 사랑채는 전면에 배치되고, 여성생활 공간인 안채는 후면에 배치되고 상호간은 익랑으로 서로 일정한 거리를 유지하며 채가 일체로 연결되어 있다.

127) 대청은 가신(家神)이나 조상의 의례를 보시고 안방은 자손이 태어나고 안주인이 기거하는 위계가 높고 상징적인 공간이다. 배산임수를 배치원칙으로 하는 전통주거에서 남향한다는 것은 쉬운 일이 아니었다. 주택의 여러 부분 중 기능적으로 중요시되는 공간을 모두 남향으로 배치하기는 어려웠을 것이다. 뜰집에서는 안채가 배산임수에 맞추어 임의의 향을 취하더라도, 단지 사랑채의 주요 공간은 남향에 가깝게 배치 할 수 있었다.

이런 의미에서 뜰집은 폐쇄적인 형태로 일조환경에 대해 불리한 여건을 가지고 있기 때문에 태양의 고도와 관련된 안대청으로의 일조유입을 유리하게 조정하기 위해 일조환경을 더욱 적극적으로 활용하려고 하였을 것이다.

7.2 뜰집의 수직 구조와 일조환경

태양고도각이 가장 높은 하지에는 대청 상부의 지붕이 차양 역할을 하여 일조를 차단하고, 태양의 고도각이 가장 낮아 일조시간이 가장 짧은 동지 때에는 태양의 직사광선에 의한 열을 대청 실내로 깊이 받아들이고 있다. 이를 위해서는 사랑채와의 적정한 간격을 유지해야 한다. 특히 대청상부의 지붕과 서까래의 처마선은 실내 일조환경에 큰 영향을 주는데, 태양빛의 유입과 차단이라는 두 가지 방법이 가능하다.

안동지역의 경우 예를 들면, 북위 36° 위치하고 있어, 여름철 하지의 12시 정시에는 태양 남중고도(南中高度)는 약 77° 이다. 태양볕이 강한 낮시간에는 처마가 차양(遮陽)이 되어 대청으로 쬐는 태양볕을 차단하고, 안마당의 더운 공기와 대청의 시원한 공기가 기류를 일으키게 된다. 겨울에는 태양의 남중고도가 약 31° 로 태양볕이 실내로 깊숙이 들어온다. 처마밑 등 대청 주변의 데워진 공기가 신선한 공기에 밀려 실내 상부로 상승하고 앞으로 숙인 처마로 인해 보온장치의 역할을 하는 것이다. 이 외에도 태양의 직사광선은 안마당을 통해 벽면들을 통한 태양빛의 반사로 간접조명 형태로 실내채광이 이루어진다.

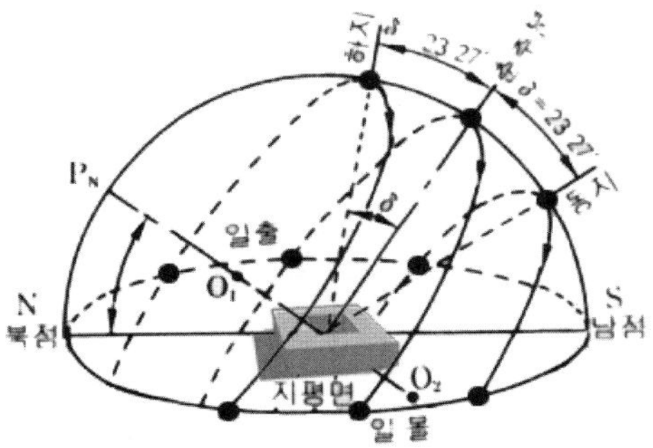

그림 7-1 뜰집의 일조환경

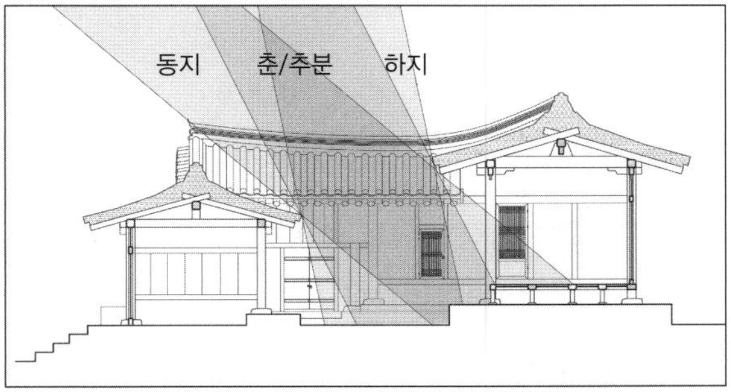

그림 7-2 뜰집의 절기별 12시의 일조환경

7.3 뜰집의 유형별 일조환경 조절

뜰집에서 건축계획적인 일조환경 조절은 크게 3가지 방법[128]으로 구분된다.

첫째는 안방의 위치, 익랑과 안뜰의 크기를 조정하는 평면적인 방법이다. 둘째는 안채 부분의 상향배치 등 단면적인 방법이다. 셋째는 안뜰에 면한 처마의 구조와 형상을 조정하는 방법이다.[129]

128) 일조환경 특성을 알아보기 위해 기초조사 단계에서 채집된 총 117호의 뜰집 중 안동, 울진, 영덕, 봉화 등 24채를 실측 조사해 일조음영 시뮬레이션 테스트를 하였다.

129) 경북 북부지역의 주거유형에는 다양한 주거 유형이 존재한다. ㅁ자형 뜰집 중에서도 안동문화권인 봉화 · 안동 · 영덕 · 영양 · 영주 · 예천 · 의성 · 청송지역과 영동문화권인 울진 · 삼척 · 강릉지역의 안동문화권에는 삼량과 오량구조로 구성된 뜰집이 분포하고 있고 영동문화권에는 삼량과 오량 구조로 구성된 뜰집과 더불어 사량(四樑)구조로 구성된 뜰집도 분포하고 있다. 이 중에 봉화 · 안동 · 영덕지역의 완결형 뜰집을 대상으로 일조환경을 살펴볼 수 있다.

7.3.1 평면적 조절 방법

첫째, 뜰집 안채 영역에서 안방 위치 조절에 따른 일조환경의 차이를 살펴볼 수 있다. 뜰집의 안채에서 안방이 안뜰 방향으로 돌출된 중부형이 영남형 보다 안방 내 일조환경이 유리하고, 중부형 중에서도 안방 내측에 도장을 넣어 안방을 안뜰에 접하도록 조정[130]될 수 있다.

김영락家의 경우 일영이 대청의 깊은 곳에 위치하는 도장에까지 도달하지 않았지만, 안방머리에 도장을 배치하여 안방의 위치를 동쪽 익랑으로 2.7m이동시켜 시뮬레이션 비교를 하였을 때, 안방 벽면에 직사광선이 도달되었다. 안방 벽면 일영도에서 안방의 위치를 이동한 경우와 이동하지 않았을 경우의 벽면일영 효과를 시뮬레이션(8시 50분부터 13시 20분까지의 일조상태를 10분 단위표현) 비교[131]해 보면, 현재 면적(2.3㎡, 23.5%)보다 벽면 일영면적(6.4㎡, 63.5%)이 약 2.8배가 넓어지는 효과가 나타났다.

둘째, 뜰집[132]의 행랑의 칸수 증대시켜 안뜰을 크게 확보해 안뜰에 접한 안채영역의 일조환경을 개선시킬 수 있다.

안마당의 크기와 형태는 태양빛을 받아들이는 일조유입면의 크기를 의미한다고 할 수

130) 조사한 뜰집에서 안방머리에 도장이나 상방이 배치된 뜰집은 67戶이다. 중부형 뜰집의 경우 92戶 중 62戶, 영남형 뜰집의 경우 25戶 중에서 5戶가 안방머리에 도장이나 상방을 두고 있다. 안방의 위치는 도장방 반 칸의 경우는 평균 1.4m 정도, 1칸의 경우는 평균 2.54m 정도를 이동 조정효과가 있다.

131) 안방이 이동하였을 때의 벽면일영도는 9시 50분에서 15시 20분까지의 일조 상태를 10분 단위로 표시하고 있다. 벽면일영도에서 태양빛을 받는 면적은 6.4㎡으로 전체 벽면적(9.8㎡)의 65.3%가 직사광선을 받고 있다. 이에 반해 안방이 이동되지 않았다고 가정했을 때의 벽면일영도에서는 태양빛을 받는 면적은 2.3㎡으로 전체 벽면적의 23.5%만이 직사광선을 받고 있다.

132) 기초조사 된 뜰집에서 종축으로 연장된 뜰집은 총 29戶이다. 구체적으로 대청의 전면 폭이 5칸인 뜰집은 나타나지 않으며 대청의 전면 폭이 4칸인 뜰집에서는 1戶가 나타나며, 대청 3칸인 뜰집에서는 7戶, 대청 2칸인 뜰집에서는 19戶로 가장 많이 나타났으며, 대청의 폭이 가장 적은 대청 1칸에서도 2戶가 나타났다.

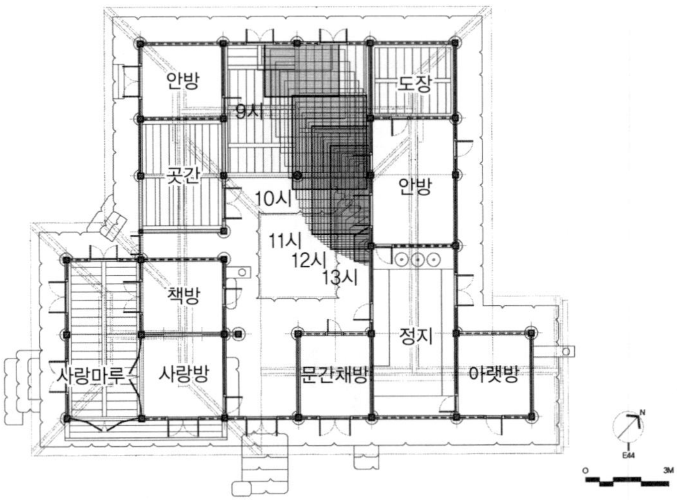

그림 7-3 안동 김재선 주택

있다. 안마당의 크기를 크게 하면 안마당 상부의 각 지붕 처마선이 이루고 있는 개방된 면적의 크기도 커지는 것이며, 안마당 상부의 개방된 면적의 크기가 커지면 받아들이는 일조량도 그만큼 많아지게 된다.

대청의 전면 규모를 한정지어 살펴볼 때, 안마당의 크기가 종축으로 연장된 형태를 볼 수 있다. 이는 안마당의 크기를 크게 하기 위해서는 안채와 사랑채를 연결하고 있는 행랑의 칸 수를 늘려 결과적으로 일조면적을 넓히고자 한 것으로 볼 수 있다. 뜰집 안뜰의 형태는 방형의 형태와 방형을 기준으로 횡축으로 연장된 형태(행간확장형), 종축으로 연장된 형태(열간확장형)로 나타난다.

표 7-1 행랑 칸수 연장에 따른 안뜰의 면적 확장

구분	단면도
기본형	
행랑 간(間) 연장형	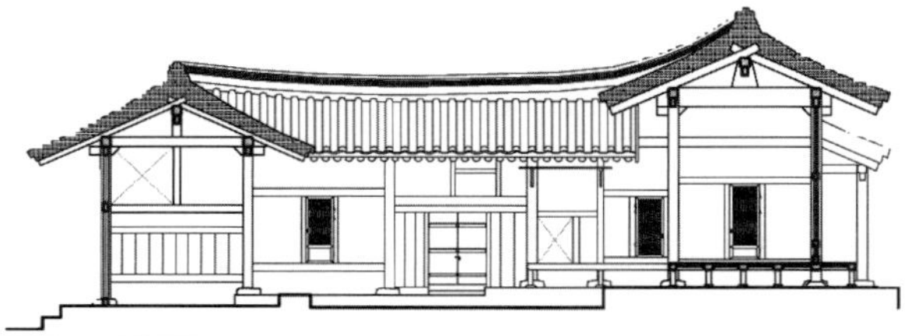

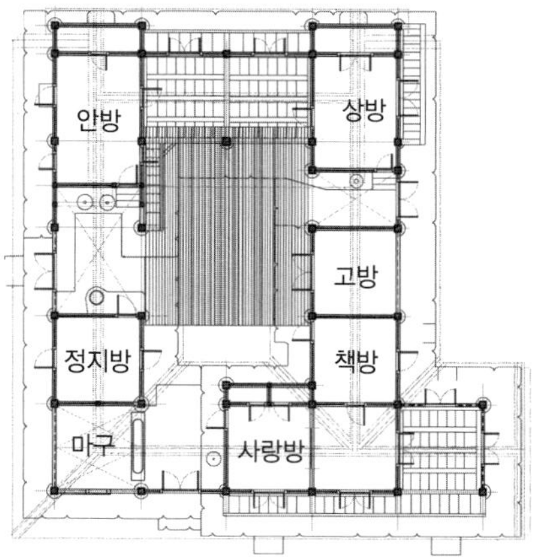

그림 7-4 안동시 풍산읍 오미리 김대현家 준분 일영도

그림 7-5 안동시 예안면 부포리 금창업家 춘분 일영도

김대현 주택(안동시 풍산읍 오미리)은 2칸대청 · 3칸익랑 뜰집이고 금창업 주택(안동시 예안면 부포리)는 2칸대청 · 2칸익랑 뜰집이다. 금창업 주택에 비해 김대현 주택은 익랑의 칸수가 1칸이 연장된 형태이다. 동 · 서 익랑이 종축으로 연장된 김대현 주택은 안마당 상부의 개방된 면적이 약 16.7m^2이고, 기본 방형의 안마당을 가지는 금창업 주택는 약 10.4m^2이다. 춘분과 추분 때 두 뜰집의 안마당에서 받는 일조면적도 차이는 각각 약 32.6m^2와 약 18.9m^2으로 김대현 주택이 유리하다. 즉 익랑이 길어질수록 안방 등 안채 영역의 일조환경이 유리하게 나타났다.

7.3.2 지붕의 형태와 단면적인 조절 방법

첫째는 방위를 고려한 지붕 높이 조절 사례이다.

우산각 뜰집의 경우 각 채(棟)들의 지붕선 높이가 차이나지 않고, 서산각집에서는 채가 모두 부분적으로 지붕의 높이 차이가 난다. 따라서 남좌향 서산각 뜰집의 안채를 높게 하고, 안채를 제외한 익랑을 동일한 높이로 구성하여, 안채의 대청과 침방공간에 오전과 오후에 동일한 일조유입을 유도하도록 구성될 수 있다. 그러나 좌향이 바뀌게 되면 일조여건에 변화가 생기게 되어 일조량이 줄어들게 된다. 따라서 지붕을 복합적인 방법으로 변형하여 다양한 형태를 취해야 한다.

즉 방위가 남동향으로 향한 뜰집에서는 전면에 위치하는 남행랑과 동익랑의 높이를 낮게 구성하고 뒤쪽에 면하고 있는 안채와 서익랑의 높이를 높게 구성한다. 반면 남서향으로 향한 뜰집에서는 앞쪽에 면하고 있는 남행랑과 서익랑의 높이를 낮게 구성하고 뒤쪽에 면하고 있는 안채와 동익랑의 높이를 높게 구성한 유형들이 나타난다. 이는 안채의 대청과 안방공간으로 하여금 일조유입이 유리한 형태를 구성하고 있는 것으로 볼 수 있다. 이는 방위에 따라 평면

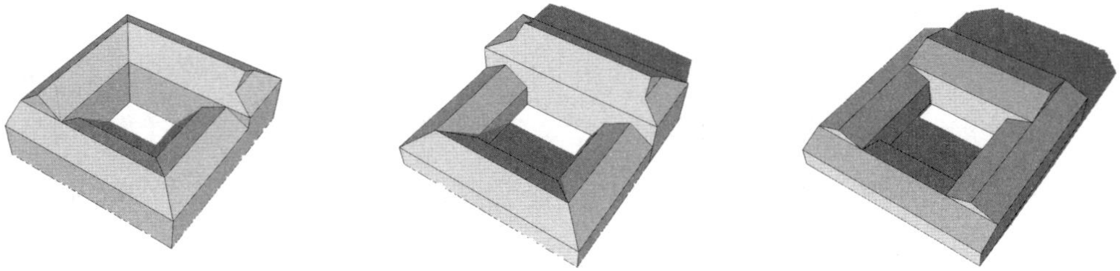

안채 서익랑 무단차형　　안채단차형　　서산각집 무사랑형

그림 7-6 뜰집 지붕 형태

의 구성을 고려하여 부분적으로 안대청과 안방이 있는 익랑의 높이를 높게 한 형태로 일조유입을 유리하게 하는 조정할 수 있는 방법[133]이라 볼 수 있다.

예를 들면, 김성도 주택(법전면 소천리 옥천터)의 경우는 동행랑채와 남행랑채의 높이를 동일하게 유지하고 안채 및 서행랑채가 이에 비해 높은 형태이다. 김성도家의 방위는 남서향으로 좌향하고 있다. 안채와 서행랑채의 지붕연결은 팔작지붕과 맞배지붕으로 연결되고 있으며, 이와 순차적으로 단차를 가지는 동행랑채와 남행랑채는 각각 팔작지붕과 문간채 맞배지붕으로 구성되고 있다. 무고주 5량으로 안채를 구성하고 있다.

남서향으로 좌향한 뜰집은 정면을 기준으로 바라볼 때 안채 좌측에 안방을 위치시켜 일조가 유리한 형태이다. 이와 연관하여 북쪽에 있는 안채와 서익랑의 높이를 높여 일조유입을 유입시킬 수 있다. 결국 남서향의 김성도주택은 평면상으로는 북쪽에 해당하는 안채의 좌측에

133) 기초조사 된 뜰집 자료에서 동행랑과 남행랑의 높이를 동일하게 유지하고 안채 및 서행랑이 이에 비해 높은 형태나 그 반대의 형태를 취하는 복합형 지붕의 뜰집은 7戶로서 매우 적은 비율로 나타나고 있으나, 방위에 따른 뜰집의 높이를 조절하여 일조유입을 용이하게 하기위한 형태로 볼 수 있다. 즉, 뜰집에서 남쪽에 면하여 있는 부분의 높이를 낮게 구성하는 것이다.

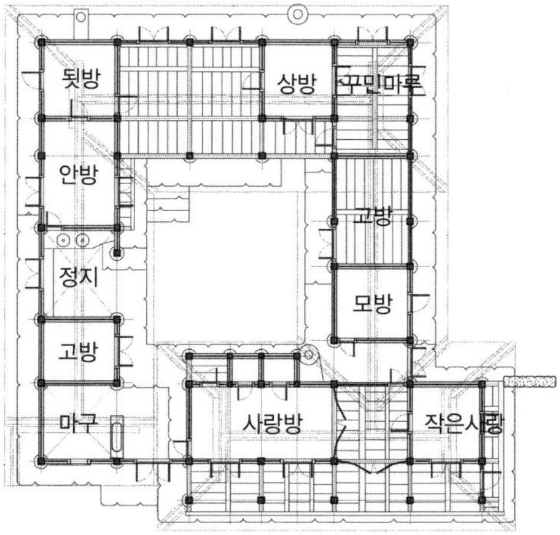

그림 7-7 법전면 소천리 옥천터 김성도 주택 평면도

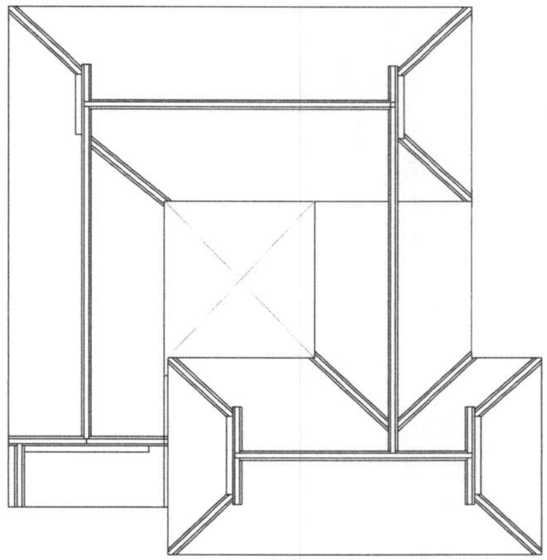

그림 7-8 법전면 소천리 옥천터 김성도 주택 지붕도

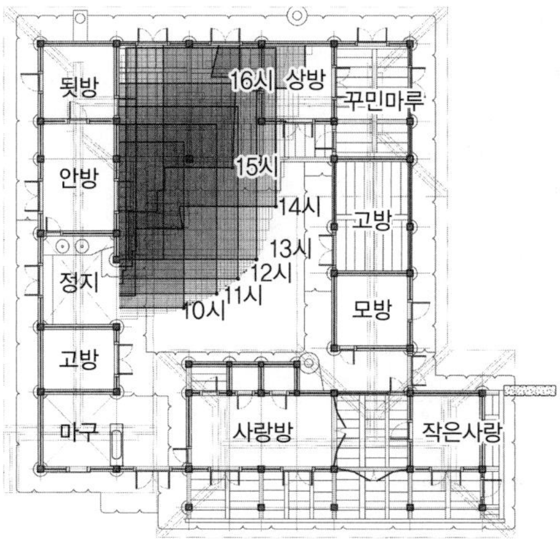

그림 7-9 법전면 소천리 옥천터 김성도 주택 일영도(동지)

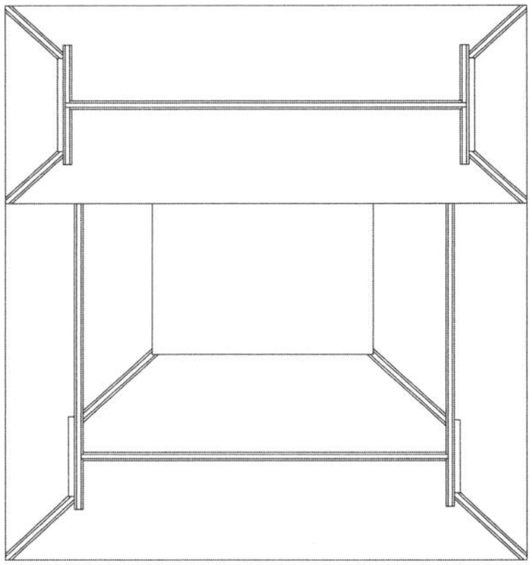

그림 7-10 봉화군 상운면 구천리 전경우 주택

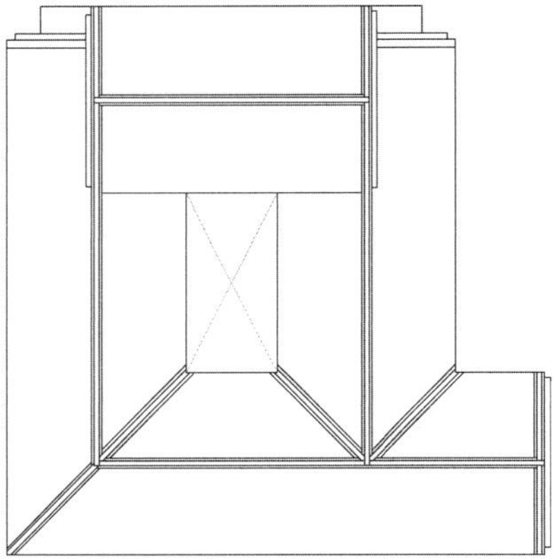

그림 7-11 안동시 풍산읍 오미리 김대현 주택

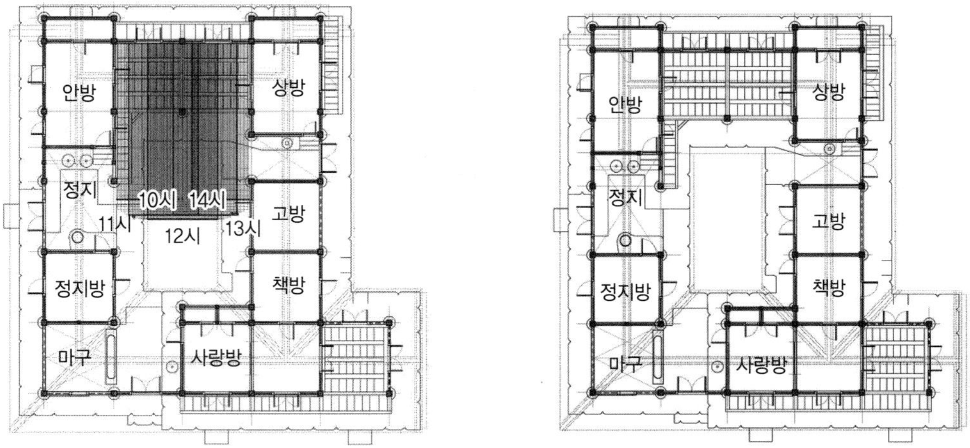

그림 7-12 안동시 풍산읍 오미리 김대현 주택 일영도(동지)

안방으로 배치하고 안채와 서익랑의 높이를 높여 대청과 안방공간의 일조를 충분히 확보하고 있다. 남좌향 뜰집에서는 안채의 지붕만 높게 구성하고 상대적으로 동 · 서익랑 및 남행랑의 높이를 낮게 지붕형태[134]를 구성한다.

김대현 주택과 전경우 주택처럼 안채지붕의 형태가 서산각지붕과 팔작지붕으로도 나타나며, 동 · 서익랑과 남행랑은 우산각지붕의 형태를 취하고 있다. 김대현 주택은 평면적으로 동 · 서익랑의 칸수를 늘려 구성되었다. 남쪽으로 향하고 평면적으로 일조유입을 확보하기 위한 안마당의 크기를 넓히고 있다. 입면상에서 안채의 높이를 행랑채에 비해 높게 함으로써 평면의 형태와 더불어 채광조절에 유리하게 한 것으로 볼 수 있다.

둘째는 익랑 칸수 증감과 함께 남(南)행랑의 높이를 조절하는 방법이 있다.

평면적으로 대청 전면규모를 한정지어 볼 때, 종축으로 칸수가 늘어난 뜰집은 칸수가 늘어나지 않고 방형을 취하는 방법보다 일조면적이 늘어나는 것을 알 수 있었다. 그러나 거주자의 경제적인 여건이나 지형의 여건 등의 요인으로 측면의 간수를 늘리지 않은 뜰집에서는 안채, 동 · 서 행랑채, 남행랑채가 순차적으로 낮게 구성하고 있다. 그 경우에도 대규모에서부터 소규모에 이르기까지 다양하지만 소규모의 뜰집에서 더욱 빈번하게 나타난다.

이들 유형은 서산각집의 무사랑지붕형을 기본형으로 하여 전면의 서측에 사랑지붕이 형성된 서사랑지붕형과 전면 동측에 사랑지붕이 형성된 동사랑지붕형으로 나타나는 것으로 고찰하였다. 이들은 그 형태에 있어서 다소 상이하게 나타난다고 하더라도 공통적으로 순차적인

134) 기초조사 된 뜰집자료 중에서 이와 같은 형태는 '안채단차형' 에서 보는 바와 같이 22戶로 비교적 많은 수가 조사되었다.

그림 7-13 안동시 예안면 부포리 금창업 주택 단면도

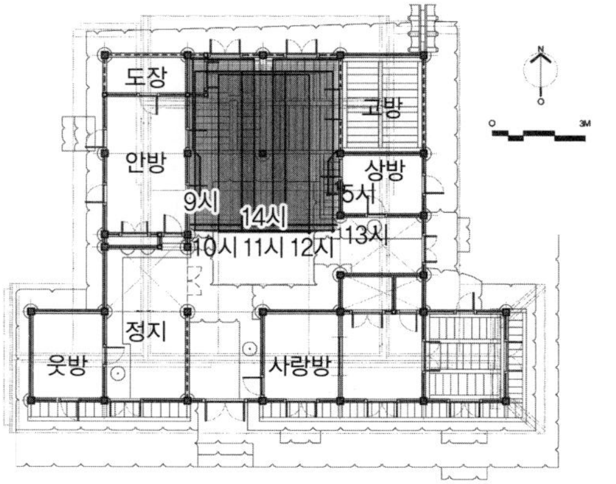

그림 7-14 안동시 예안면 부포리 금창업 주택 일영도(동지)

높이차를 가지는 것으로 볼 수 있다. 안채와 동 · 서 익랑, 행랑(사랑채)을 맞배지붕으로 구성하고 있다.[135]

뜰집 사례를 통하여 살펴보면 다음과 같다.

금창업 주택은 남향이며, 전면 4칸, 측면 4칸의 규모를 가지는 뜰집이다. 안마당이 전면 2칸, 측면 2칸의 크기로 구성되어 있다. 금창업 주택(안동시 예안면 부포리)의 단면상에서 안채와 서행랑채는 0.82m의 높이차를 가지고 있으며, 서행랑채와 남행랑채는 0.54m의 높이차[136]가 있다. 단면도에서 행랑이 동 · 서 익랑의 높이와 동일하다면 안마당 크기는 동일하나 안

135) 조사한 뜰집 중에서 이와 같은 형태를 구성하고 있는 뜰집은 62戶로서 조사대상의 전체에서 가장 많은 비율을 차지하고 있다. 주로 소규모로 조영된 뜰집에서 많이 나타나는 형태로 안마당의 크기를 종축방향으로 연장하지 않고 전면 행랑의 높이를 낮추어 일조유입을 용이하게 하는 것으로 볼 수 있다.

136) 실측조사 된 뜰집에서 이와 동일한 유형은 8戶로 채집되었는데, 이들이 가지고 있는 각 채의 높이차는 같으며 안채와 동 · 서 익랑은 평균 0.82m의 높이차를 가지고, 동 · 서 익랑과 행랑은 평균 0.65m의 높이차를 가지고 있다.

채의 지붕과 행랑이 형성하는 일조 유입 면적은 축소된다. 그러나 행랑이 동 · 서 익랑의 높이와 동일하다고 가정할 경우 일조면적을 비교하면, 대청의 일조면적에서는 차이가 없으며, 전체 일조면적이 다소 넓어지는 차이(23.64m^2에서 26.49m^2로 증가)가 발생된다.

이는 안마당의 일조면적이 축소되어 안마당에서의 일조반사가 감소하여 결국 간접 채광의 효과가 감소한다는 것으로 볼 수 있다. 수치적으로는 적으나 소규모의 뜰집에서 채광에 민감한 것을 감안한다면 행랑의 높이가 낮은 것도 일조환경을 유리하게 하는 중요한 방법이라 할 수 있다.

7.4 울진지역 4량 뜰집의 일조조절

7.4.1 4량 뜰집의 지붕구조와 일조조절

지붕형태를 통한 일조환경을 개선하기 위한 조정방법으로는 지붕형태를 구축하는 구조재의 결구법과 관계가 깊다. 대개의 뜰집 지붕은 3량이나 5량으로 구성된다. 이와는 달리 주로 울진지역에 분포하고 있는 4량 뜰집[137]과 비교를 통해 일조환경을 조정한 사례를 살펴볼 수 있다.

137) 4량 뜰집은 경북북부 울진지역에 주로 분포한다.

표 7-2 4량가의 대청기둥 결구 방식

구분	평주+동자주(1고주형식)	방주	원주
외관			
단면도	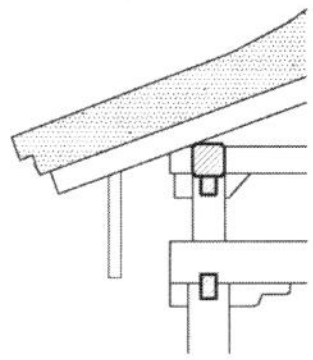	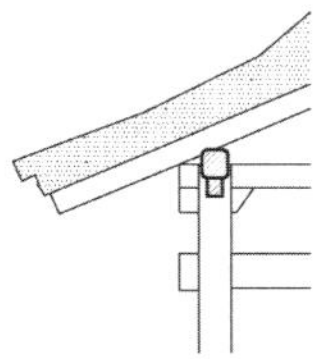	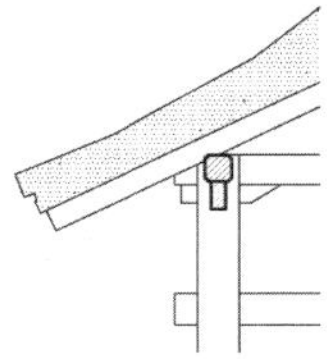
사례	울진읍 고성2리 장근덕 주택	근남면 행곡2리 장용중 주택	원남면 매화2리 신태의 주택

울진지역 4량가의 단면은 안채 전면의 대청 기둥을 고주나 고주형식으로 구성하고 후면의 주심도리를 평주(平柱) 높이로 구성한 다음 후면의 평주와 전면의 고주(高柱)에 평주 높이만큼 높이 차가 나게 보를 연결한 형태이다. 다시 후면의 평주로부터 보의 길이방향 좌우측 끝에서 1/3지점이나 1/4지점에 동자주를 올리고 5량의 중보를 전면의 고주 위에 건 다음 중보에 동자주를 올려 중보의 1/2지점에 종도리를 다시 걸어 전체적으로는 4량 지붕으로 구성된다.

이때 3량이나 5량과 달리 전면에 장연을 얹고, 후면에는 5량과 같이 종도리와 중도리에는 단연을 얹고, 중도리와 주심도리에 장연(長椽)을 올려 지붕형태를 완성된 4량 뜰집 지붕형태이다. 4량 뜰집 대청 전면의 기둥은 방주(方柱)나 원주(圓柱)를 고주(高柱)로 구성하거나 또는 평주 위에 대들보를 걸치고 대들보 위에 또다시 동자주를 올려 고주 형식으로 결구시키는 방식으로 구분된다.

4량 뜰집은 기둥과 기둥의 간격이 대청 2칸을 구성하는 5량의 깊이 보다는 적고 일반적인 깊이의 3량 보다 깊은 1.5칸 구성을 갖는 가구법이 가능해진다. 4량 뜰집의 지붕은 그 구성의 형태에 의해서 전면의 처마가 후면의 처마보다 높은 위치에 있는 비대칭의 형태를 가지게 된다.[138] 4량의 지붕 안채에 양익랑이 연결되고 양행랑에는 사랑채가 연결되어 네 모서리가 닫힌 완결형 뜰집이 성립된다.

이러한 이유 때문에 3량과 5량에서는 안채 전면과 안채 후면의 기둥을 모두 고주로 구성하여 일조를 확보한다. 4량 구조의 뜰집은 전면의 기둥만을 고주나 고주형식으로 구성하고 있다.

이로써 안채 전면부 지붕이 서산각집의 형식으로 양익랑채의 지붕보다 높은 위치에서 결구되므로 직사광선이 대청으로 유입시키는 과정에서 안채 전면의 지붕으로 인해 일사 유입 경로를 방해하지 않도록 개선한 형태가 된다. 4량 뜰집은 대청의 전면 기둥과 짝을 이루는 후면 평주의 높이에서 대들보를 걸친 후, 전면을 기준으로 대들보의 양단부 2/3지점에 동자주를 세우고 전면기둥의 주두와 동자주를 연결하는 종보를 걸친 다음 다시 종보의 중앙에 대공을 세워 종도리를 받고 있다. 그 결과 울진지역 4량가(架)는 단면적으로 전면의 지붕과 후면의 지붕이 비대칭의 형태를 갖게 된다. 형태상 보게 되면 1고주 5량의 지붕형태에서 전면의 주심도리를 소거(消去)한 형태이다.

138) 4량가(架)는 대청의 전면 기둥과 짝을 이루는 후면 평주(平柱)의 높이에서 대들보를 걸친 후, 전면을 기준으로 대들보의 2/3 지점에 동자주를 세우고 전면기둥의 주두와 동자주를 연결하는 종보를 걸친 다음 다시 종보의 중앙에 대공을 세워 종도리를 받고 있다. 때문에 단면적으로 전면의 지붕과 후면의 지붕이 비대칭의 형태를 가진다. 4량가(架) 가구법으로 보면 1고주 5량 형태에서 전면부의 주심도리를 소거한 형태라 볼 수 있다.

결국 4량 뜰집은 대청 전면 처마를 높여 입단면을 구성되어 있어, 3량가(架)에 비해 동일한 대청면적을 갖고 안마당 측의 처마를 높여 실내의 일조환경을 양호하게 개선시킬 수 있는 단면 형태가 된다. 즉 울진지역 4량가(架)는 지붕형태를 비대칭으로 취하여 전면의 처마 높이를 높인 이유는 지붕 가구 구성을 충분히 이해하고 적용한 기술력과 함께 지역환경을 반영한 사례라 해석할 수 있다. 결과적으로 안채 지붕형태에 따른 일조환경 개선을 위해 안채 전면 지붕에 서산각형식을 채용하였다고 볼 수 있다.

7.4.2 울진지역 4량가의 직교도리 구조를 통한 일조조정 특성

4량 뜰집에서는 안채와 양익랑채의 연결부에 불규칙한 기둥배열을 갖는 뜰집에서 나타나는 직교도리[139] 구조가 채택되고 있다. 직교도리는 채가 ㄱ자형을 이루는 부분의 지붕가구 구성시 행간과 열간 깊이가 서로 다름으로 인하여 생기는 특수한 구성방법이다.

울진지역 4량 뜰집은 직교도리 구조를 적용하여 다음과 같이 여러 가지 불리한 일조환경을 개선한 사례이다.

첫째, 소규모 뜰집의 경우 지붕가구법이 복잡하므로 행간과 열간의 폭이 다른 경우가 생기거나 살림 규모에 비해 고가의 큰 재목을 구할 수 없었던 경제적 어려움이 많았다고 짐작할 수 있다. 4량에 직교도리 구조를 적용하여 행간(行間)과 열간(列間) 폭을 다르게 조영할 경

139) 이 방법은 행간(行間)의 도리가 열간(列間)의 도리에 결합시키기 위해 안채 전면부에는 기둥을 받치지 않게 결구한 지붕 구조이다. 4량 뜰집은 행간의 주심도리와 열간(列間)의 주심도리가 직교하여 결합될 때에 모서리 안쪽의 기둥에서 결구되는 직교도리를 채용하고 있다. 김화봉, 「안동문화권 뜰집의 '직교도리'구조에 관한 연구」, 건축역사연구 논문집, 제9권 2호, 2009.9, pp7~17

표 7-3 4량 지붕 직교도리 가구결구 모식도

구분	4량 직교도리 개념도	지붕도
결구도	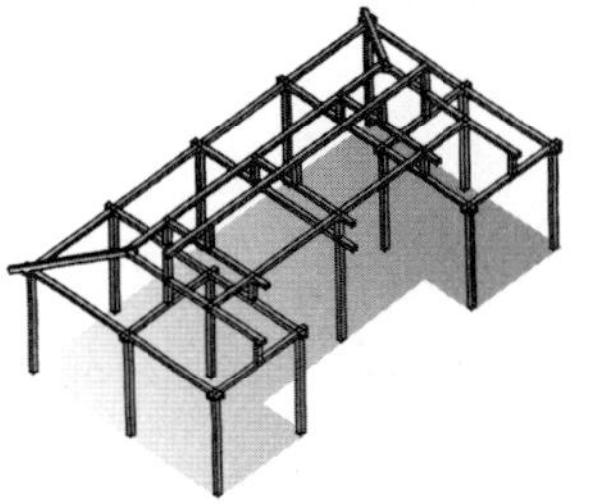	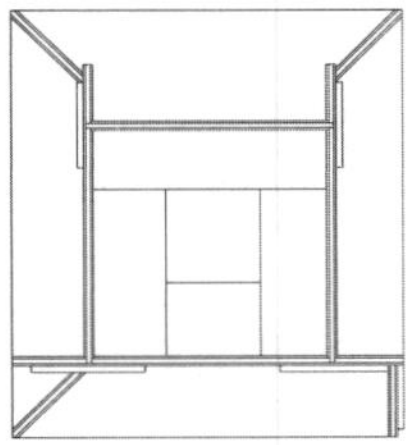 장근덕 주택 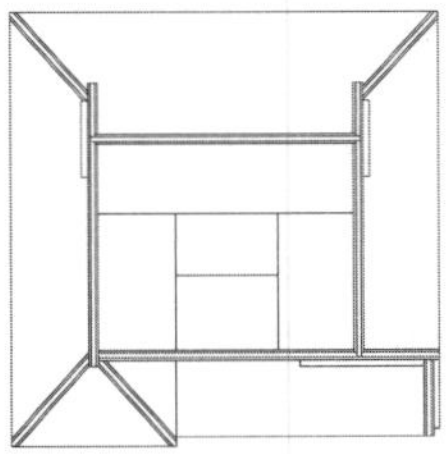 장덕중 주택
입면도	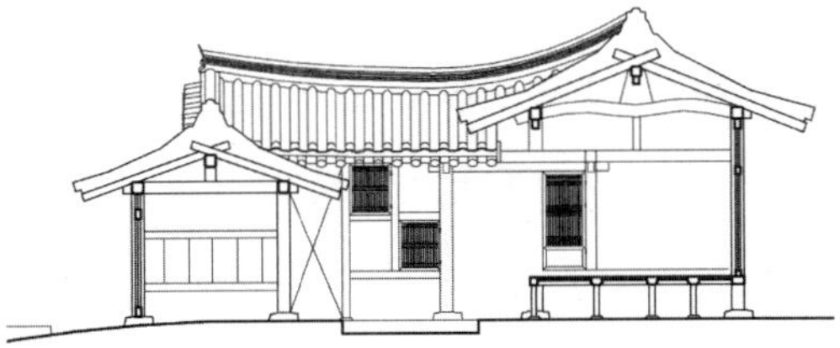	

우에 행간의 도리가 열간의 도리에 결합시켜 공간적 · 구조적인 문제점을 해결할 수 있는 경제적인 구조방법을 고안하게 되었다. 결국 직교도리 가구법은 규모가 작고 불규칙적으로 기둥이 배열된 상황에서도 내부공간을 효율적으로 조율하는데 활용되었다고 볼 수 있다.

둘째, 일조환경에 불리한 가옥 전체의 규모와 협소한 안마당에도 불구하고 4량 뜰집은 직교도리구조를 적용하여 대청의 내부공간을 반겹집으로 구성하면서 일조를 대청 내부까지 들 수 있도록 효과적으로 확보할 수 있는 가구법을 성립시켰다고 볼 수 있다.

결과적으로 울진지역의 4량구조 뜰집의 직교도리 가구법은 평면 공간에 경제적으로 지붕구조를 안착시키는 교두보 역할을 하였고, 이 지역에서 내부 일조환경을 유지하는 효과적인 가구법으로 인식되었다고 볼 수 있다. 결국 실내공간을 조율하기 위해 직교도리 구조를 적용하여 폐쇄적인 뜰집의 실내 일조환경을 개선시켰다고 볼 수 있다.

7.4.3 안채 지붕의 구성에 따른 일조환경 조정

4량 뜰집의 지붕 가구결구는 우산각형과 서산각형이 내외부에서 변형되어 결합된 형태이다. 즉 양익랑채와 안채의 결합에 있어 내부는 서산각집으로 구성하고, 외부는 우산각집으로 구성된 복합형 지붕으로 분류할 수 있다.

4량 뜰집 가구법은 전면 사랑채의 종도리에 양익랑채의 주심도리가 사랑채의 보 방향으로 올려지고, 다시 양익랑채의 종도리 위에 양익랑채의 보방향으로 안채 주심도리를 올린 지붕구조이다. 결국 4량 뜰집의 후면 내부는 전형적인 서산각집의 특징을 나타내게 된다. 반면 안채의 후면 외부 모서리에는 서산각집과 미묘한 차이가 발견된다. 그 차이점은 안채 후면의 주심도리와 양익랑채의 주심도리가 연결되어 있다는 것이다. 이는 안채 후면의 중도리를 양익랑채의 종도리에 올려, 안채의 주심도리와 양익랑채의 주심도리가 안채의 중도리에 연결된 추녀와 연결시키고 있어 안채의 후면 중 양익랑의 외부면은 우산각집이 되는 구조적 특징을 나타내게 된다.

뜰집의 일조환경은 일차적으로는 좌향 방위와 뜰집 내부에 확보할 수 있는 뜰의 규모에 따라 건축계획적 사항이 결정될 수 있다. 뜰의 규모 증가는 대청이나 측면 행랑채의 칸수 증대와 관련되므로 특히 규모가 작은 뜰집에서는 평면적으로 일조유입을 위한 충분한 공간 확보가 곤란해진다.

하지만 4량뜰집은 평지형 기단을 사용할 수밖에 없는 평지에 조영됨으로써 야기되는

표 7-4 뜰집의 지붕 구조별 일조 조정 특성 비교

구분	일조 개선 단면 개념도	일조 조정 방법
3량 및 5량 뜰집	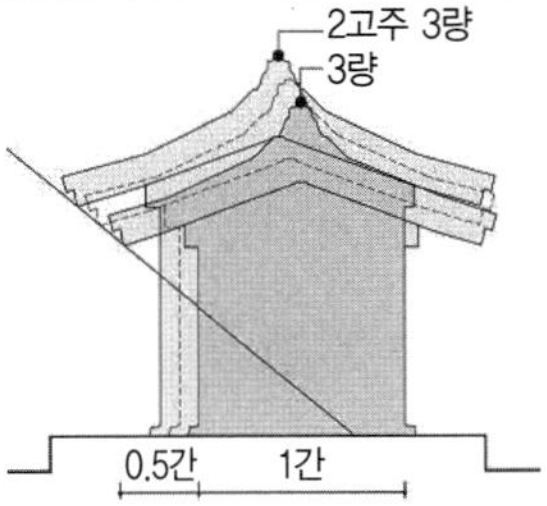	기둥이 평주의 높이를 유지하고 있는 뜰집과 고주의 높이로 구성된 뜰집을 비교할 때, 대칭적인 지붕형태로 인해 전면과 후면 주심도리까지 지붕 전체를 높여 서산각집으로 조영하여 실내 일조를 확보함
4량 뜰집	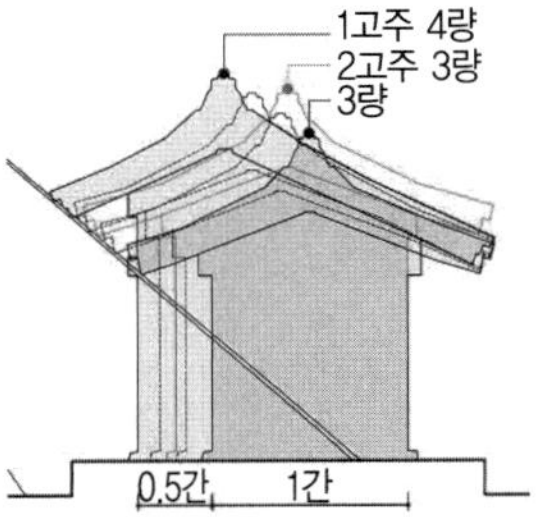	삼량 구조의 안채 지붕에 비해 직교도리구조의 적용으로 안마당 쪽으로 대청이 확대되고, 전면 기둥만이 고주의 높이와 동일하게 유지된다. 대청 내에 유입되는 일조를 차단하지 않으면서 안채 깊이를 확대에도 불구하고 효과적으로 일조면적을 넓게 확보할 수 있다.

문제들을 기술력으로 극복한 형태이다. 즉 평면적으로 생활공간 확보가 불리하고 입면상으로는 평지 지형의 단점을 극복할 수 있는 가구법이다. 앞의 사례처럼 4량 뜰집은 3고주 5량집에 비해 일조면적은 동일하면서 도리의 수를 줄이고, 안채 전면의 기둥만을 고주로 하거나 또는 고주형식으로 구성하고 다른 기둥은 평주로 하여 고주를 단주로 대체시킬 수 있는 효과를 갖는다.

결국 울진지역의 4량 뜰집은 경사지 기단으로 구성할 수 없었던 평지형 뜰집에서 안채의 지붕을 모두 고주로 구성시켜 대칭적인 지붕 구조를 유지하기 위한 부담감을 덜어 줄 수 있는 경제적인 구조이다.

7.5 주생활적 합리성

ㅁ자형 뜰집은 지붕과 실들의 배치가 안마당을 중심으로 하여 이루어져 있고, 외부에 대해 폐쇄적인 공간구조를 가지고 있어 일조유입에 불리한 한계를 갖는다. 그러나 평면계획적으로는 안채의 안방 위치나 대청 깊이에 따른 조정, 동서행랑채의 칸수를 조정하는 방법을 활용해 불리한 일조환경을 극복하였다. 단면계획적으로는 방위에 따른 지붕 높이 조정익랑 칸수 조정에 따른 남행랑부의 높이조절을 위한 가구법을 통해 지혜롭게 일조환경을 개선해 생활해 왔다.

특히 울진지역의 4량 뜰집은 소규모이지만 독특한 가구법과 기술적인 계획 방법들이 집약되어 있고, 경제성과 친환경성을 겸비한 지혜가 담긴 울진지역의 독특한 주택 사례이다.즉 규모가 작은 경북 울진지역의 4량 뜰집의 경우 건축계획적 조절을 통해 불리한 일조환경을 개선하고 있다.

첫째, 단면적으로 평지 기단에서 소규모로 조영된 울진지역의 4량가(架)는 안채 전면부에 고주를 사용하지 않고 4량가의 평주나 단주로서도 복잡한 지붕 결구 방법을 해결할 수 있고 살림 규모를 반영할 수 있는 경제적인 가구법을 성립시켰다.

둘째, 안채 지붕의 4량 가구법과 안채 내부의 전면 기둥과 양 행랑채의 결구시킬 수 있는 직교도리를 함께 적용하여 안채의 실내공간을 넓게 확보하고 일조환경 개선효과를 거둘 수 있는 가구법을 성립시켰다. 즉 안채 내부 전면부는 서산각집이고 후면부는 우산각집 형태가 비대칭으로 결구된 지붕을 갖추게 되었다고 볼 수 있다.

참고문헌

- 경상북도사편찬회, 『경상북도사 上, 中, 下』, 1983.
- 김홍식, 『한국의 민가 제1권, 제2권』, 한길사, 1992.
- 조성기, 「울진 · 삼척지방의 'ㅁ' 자형집의 4량 구조」, 『대한건축학회 논문집』, 제11권 12호, 대한건축학회, 1995.
- 장보웅, 『한국민가의 지역적 전개』, 실음사, 1996.
- 남상환, 「조선시대 경북 북부지방 'ㅁ' 자형 주택 지붕의 유형 및 형태결정 요인에 대한 연구」, 부산대, 석사학위 논문, 1996.
- 김화봉, 조성기, 「안동문화권 '뜰집' 의 구조적 특성에 관한 연구」, 『대한건축학회 계획계 논문집』, 제14권 11호, 1998
- 김화봉, 「조선시대 안동문화권의 '뜰집'에 관한 연구」, 부산대, 박사학위 논문, 1998.
- 주남철, 『한국의 전통민가』, 아르케, 1999.
- 김양범, 「ㅁ자형 전통주거에서의 빛의 이용에 관한 연구」, 울산대, 석사학위 논문, 2002.
- 한국건축역사학회, 『한국건축사 연구 1,2』, 발언사, 2003 .
- 김곤, 구재오, 「경북북부지역 전통 양반가옥의 채광조절 기능에 관한 연구」, 『한국생태환경건축학회 논문집』, 제4권 3호, 한국생태환경건축학회, 2004.

다양한 뜰집 이야기

조선시대 상류주택은 단시일 안에 조영될 수 있는 규모는 아니다. 집을 짓기 위해서는 목재를 비롯해 필요한 여러 자재를 구입해야 하고, 경험이 많고 숙련된 목수를 모셔와야 하고, 또 많은 자금이 비축되어야 하는 등, 경제력이 없으면 불가능하다.[140] 이와 같이 건축에는 충분한 준비기간이 필요하므로 당연히 공사기간이 길어질 수밖에 없다. 어떤 경우에는 공사를 시작했으나 준비 부족으로 공사가 중단될 수 있고, 여의치 못하면 도중에 중단된 시간도 길어질 수 있다.

뜰집은 안채와 사랑채가 결합된 형태이다. 정확히 말하면 안채와 사랑채 이외에 행랑채에 있을 법한 고방이나 외양간, 그 밖에 예비 온돌방 등등, 특별히 그 집 사정에 따라 요긴한 공간이 여기에 더해져서 뜰집이 완성된다.

뜰집은 완공된 시기의 전체 그림이 용의주도하게 그려지지 않으면 많은 시행착오가 일어날 수 있다. 뜰집은 여러 채의 가옥이 연결되어 완성되기 때문에 마치 톱니바퀴처럼 연결부위와 구성부재가 치밀하게 짜여야 한다. 다시 말하면 一자형의 가옥에 비해 口자형의 가옥은 너무나 많은 변수가 도사리고 있어 조영계획이 부족하면 처음 의도했던 주거 모습은 기대하기 어렵다. 그 뿐만 아니라 예상되는 집안 사정에 따라 예컨대 새로운 식구를 맞이한다든가 아들의 분가가 계획되어 있다든지 하는 큰일을 준비하면서 건축이 계획되고 증 · 개축이 이루어지기도 하고, 혹은 가장의 사회적 신분이 상승에 맞추어 사랑채를 증 · 개축하기도 하는 등, 여러 가지 건축적 계기를 맞을 수도 있다.

140) 뜰집의 건축사례를 보면, 안동시 풍천면 갈전리의 이응한 씨의 경우(6.5칸 6칸)는 1934 년에 완공했는데, 현 주인의 고조부가 건축할 당시 봉화에서 벌목하여 낙동강으로 3년간 뗏목을 모았으며, 12년을 두어 말리고, 3년 동안 건축하였다는 것을 후손인 이대준 씨가 증언하고 있다.(김화봉, 「조선시대 안동문화권의 '뜰집'에 관한 연구, 부산대 박사학위 논문, p179)

일반적인 경우는 안채와 사랑채를 형식적이고 규범적인 수준으로 먼저 건축할 것이다. 이 때 안채는 지역적으로 몇몇 규범적인 정형이 있기 때문에 어떤 유형의 형태를 취할 수 있다. 하지만 행랑채와 사랑채는 그 집의 경제력이나 사회적 위상에 따라 상당한 수준의 차이가 있었을 것으로 보인다.

이와 같이 뜰집의 건축행위는 처음부터 계획을 세워 착공하면 일시에 완공에까지 가는 형태가 있을 것이고, 또 다르게는 연결형 뜰집과 같이 안채와 사랑채 등을 순차적으로 건축해갈 수도 있을 것이다. 이때 중요한 것은 이상적인 뜰집의 모형을 상정해 두고 단계적으로 추진해가지 않으면 처음 상상했던 모습을 얻기 보다는 곳곳에 시행착오로 인한 결함이 나타날 수 있다. 따라서 조영의 계획성이 얼마나 치밀하게 세워지느냐에 따라 뜰집의 건축적 차원은 크게 달라질 수 있다.

결론적으로 일체형 뜰집은 적어도 몇 채의 가옥이 口자형으로 연결해 완성되는 높은 수준의 건축행위이므로 창의력과 종합능력이 없으면 성공하기 어렵다. 따라서 채의 접속부, 즉 공간적인 절점(節点)이 되는 부위와 위치에 대한 용의주도한 계획이 필요하다. 주로 이들의 위치는 대개 안채와 사랑채가 접속하는 위치, 안채와 익랑채가 접속하는 위치 혹은 사랑채와 익랑채가 만나는 대문간 등이다. 이들은 주로 동선의 공간이므로 성격이 다른 인접공간을 완충시키기도 하고, 또 적절히 격리시키기도 하는 등, 상호간의 공간영역을 부드럽게 조정해 주고 있다.

"뜰집은 조선시대 최고이자 최대 규모의 수공예품이다."

[사례 1] 경북 영양군 석보면 원리리 698-1, 주곡(做谷) 고택

주곡 고택은 조선 주곡고택은 조선 중기 유학자인 이도(1636~1712)가 석보면 주남리에 건립했던 것을 후손들이 순조(純祖) 30년(1830)에 이곳으로 이건한 것이라 한다. 현재 경북 민속자료 제114호로 지정 · 보호되고 있다.

이 집은 口자 기본형의 뜰집인데, 안채의 중앙부에 정면 2칸의 안대청이 안마당을 가득 차지하였다. 즉 서울 · 중부형 안채유형이다. 안대청 왼쪽은 윗머리에 도장을 두어 안방을 밝은 마당쪽으로 밀어 내었으며, 연이어 정지와 마구를 부쳐 앞채의 대문간과 닿았다. 안대청의 오른쪽은 상방과 그 앞쪽에 툇마루를 두었는데, 흔히 보는 안대청 쪽 출입문은 툇마루쪽으로 돌렸다. 추측컨대 며느리방에 대한 큰 배려로 보인다.

사랑채 부분은 대문간 오른쪽의 사랑방과 사랑대청, 그리고 꺾어서 뒤쪽으로 감실방으로 구성된다. 사랑방과 대청의 쪽마루는 사랑공간의 출입에 편리하도록 시설되었고, 사랑방 뒤편은 벽장을 시설하여 안마당쪽 시선을 의도적으로 차단하였다. 안대청과 사랑대청은 모두 우물마루를 깔았고, 네모기둥 위에 들보를 사괘맞춤으로 얹었고 종보 위에 각대공을 세우는 등 간소한 결구를 보이고 있다. 안대청은 마당쪽으로 개방하였으나 사랑대청은 전면을 세살문으로, 측면을 판장문을 달았다.

이 집은 수장공간에 대한 배려를 많이 하고 있다. 그 위치는 고방 이외에도 안방과 상방, 그리고 정지와 마구 위에 다락을 설치하고 있다. 규모가 작은 만큼 공간의 집약적인 이용이 절실하다.

주곡 고택이 위치한 지형은 경사가 매우 완만하다. 그러나 집의 안채 부분과 양쪽 익랑과 사랑채 부분, 그리고 마구와 대문간 부분의 3부분이 도리높이를 달리한다. 즉 안채와 양쪽 익랑채와의 고저차가 0.8m, 그리고 왼쪽 익랑채와 마구 및 대문간채의 고저차가 0.9m이

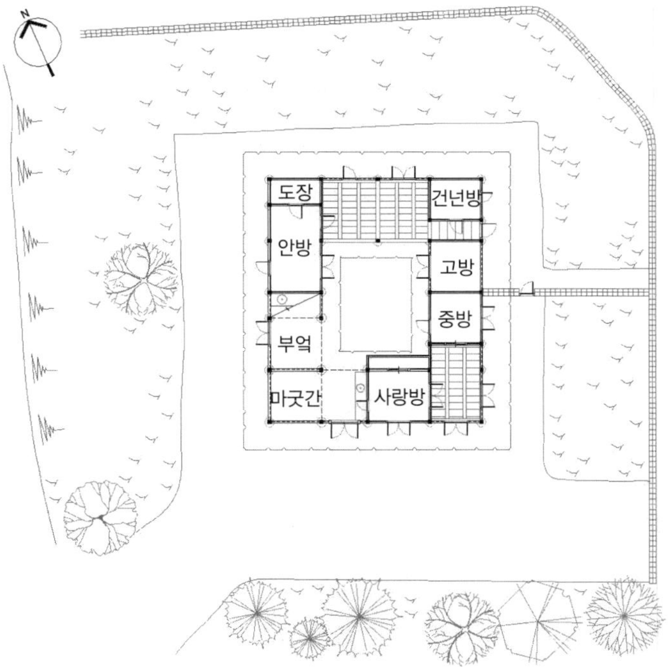

사례 1 경북 영양면 석보리 원리리 698-1, 주곡 고택

다. 다시 말하면, 안채의 처마도리는 양쪽 익랑채의 종도리 위에 있고, 익랑채의 처마도리는 대문간채 위에 있기 때문이다.

또 이러한 작업은 지형에 따라 기단 높이를 조절하기도 하였으나 최종적으로는 전체 뜰집의 지붕 형상에 대한 조형(造型)을 고려한 배려와 계산이다. 따라서 안채와 익랑채 사이의 고저차로 인해 안채 양 측면에 삼각형의 박공이 생겼으며, 마구 전면 위와 사랑채 측면에도 박공이 등장한 것이다.

[사례 2] 안동시 풍산읍 소산동, 김천익 주택

김천익(金千謚) 주택은 조선 성종 때 김영수(金永洙, 1446~1502)가 건립했다고 전해지는 집이다. 현재 지방 민속자료 제25호로 지정되어 있으며, 안동 김씨 종택이다. 이 집은 영남형 안채의 뜰집으로서 가로방향 6칸, 세로방향 7칸이며 오른쪽으로 2칸 날개가 돌출되었다.

이 집의 전면은 날개를 포함하여 8칸이 되며, 안마당은 가로 4칸, 세로 3.5칸이다. 안채는 영남형의 형식 그대로 一자형 겹집을 이루고 있으며, 그 경계도 양쪽으로 통래간을 두어 명확하게 나타난다. 왼쪽부터 2칸부엌, 앞퇴를 둔 3칸 안방, 4칸 대청, 그리고 앞뒤를 골방과 건넌방이 배열된다. 부엌 위는 다락이 있고 안방 뒤에는 벽장을 넣었다. 부엌의 다락은 벽장 안에서 계단으로 연결되고 골방 위의 다락은 마루에서 출입된다. 사랑채는 대문간에서 오른쪽으로 2칸 사랑방이 있고 이어서 2칸 대청은 날개 형태처럼 돌출되었다. 모두 앞퇴를 대문간보다 돌출시켰으며, 사랑방 뒤편으로 책방을 넣었다. 책방 뒤의 2칸 온돌방은 마당쪽을 차단하고 사당마당쪽으로 쪽마루를 내어 출입하는 것으로 보아, 종가에 찾아 온 유숙객을 위한 예비 침실로 보인다. 사랑대청에서 전면 툇마루쪽, 그리고 사랑방 사이에는 4분합들문이 시설되었으며 사랑방에서 안마당쪽 벽면은 차단되었고 벽장은 대문간 아궁이 상부에 달아매었다.

김씨 집의 사당은 이 집의 동북쪽에 있으며 넓은 사랑마당을 두고 퇴 있는 맞배 3칸이다. 그 밖에 안채 정지 앞 모방은 안사랑으로, 그리고 외양간 옆 온돌방은 행랑방으로 사용된 듯하다.

안채의 구조는 납도리집이고 5량 홑처마집이다. 안채의 전면 기둥은 두리기둥이며, 기둥머리에는 첨차와 소로받침을 끼워서 보머리와 장혀를 받고 있다. 사랑채의 구조는 안채와 같이 납도리이고 5량 홑처마집이다. 앞퇴 기둥은 두리기둥이며 머리 위에는 주두를 얹고 보를 받았으며 창방과 장혀 사이에 접시받침을 고였고, 또 대청 상부에는 충량보를 걸치고, 합각 아

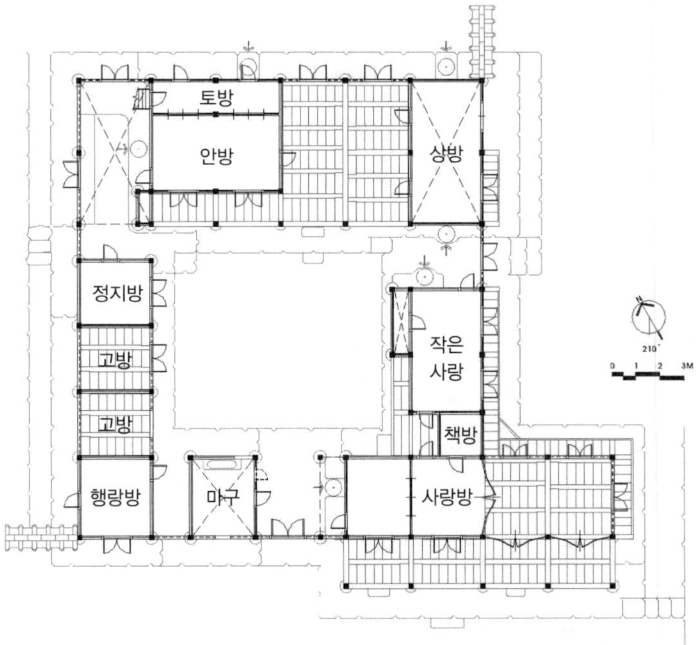

사례 2 안동시 풍산읍 소산동, 김천익 주택
(출처: 「'뜰집'에 관한 연구」, 김화봉, 부산대학교. 1999. p273)

래는 선자연으로 마감하였다.

김씨 주택의 지붕형태를 주택의 단면을 통해 살펴보면, 먼저 안채는 0.8m 기단과 여기에서 0.55m 위에 대청이 있다. 또 안채의 처마도리는 대청바닥에서 2.6m이다. 양 익랑채는 안채보다 1.0m 아래에 있다. 안채의 지붕은 팔작지붕으로 지붕선이 잘 드러나 있다. 그 이유는 익랑채의 지붕면이 아래로 경사지고, 안채의 지붕선은 반대로 상향(上向)곡선을 그리기 때문이다. 한편 왼쪽 익랑채와 대문간채는 처마도리가 동일선상(線上)에 있으므로 마당 안쪽 모서리에는 회첨골이 생기지만 익랑채와 대문간채가 만나는 쪽으로 용마루를 위쪽으로 들었으므로 대문채의 전면에는 조그마한 박공이 생긴다. 또 사랑채의 처마도리 높이는 안채와 같고 평면은 4칸×1.5칸이다. 여기에 사랑채는 대문채보다 반 칸 앞으로 돌출되고 날개형식으로 2칸이 돌출되었으므로 사랑채의 팔작지붕은 독립된 가옥의 지붕처럼 뚜렷한 팔작지붕의 곡선미를 과시하고 있다.

김씨 집은 뜰집 중에서 보기 드물게 안채가 팔작지붕을 보여주는 경우이다. 팔작지붕은 독립된 형태이면서 익랑채의 용마루가 팔작지붕면 속으로 관입되어 인접 지붕과도 시각적인 연계성이 깊다. 그러면서 사랑채와 안채의 팔작지붕은 매스와 높이, 그리고 아름다운 지붕선이 전체적으로 훌륭하게 조화되고 있다.

[사례 3] 안동시 풍천면 가곡리, 권태응 주택

권태응(權泰應) 주택은 정확한 건축년도를 알 수 없으나, 건축양식으로 보아 1800년대 후반에 건축된 것으로 추정된다. 현재 중요민속자료 제202호로 지정되어 있다.

이 집은 영남형 안채형식을 보여주는 뜰집으로서, 가로방향 7칸에 2칸의 한쪽 날개가 있어, 전면 9칸 측면 6칸의 규모이다. 안마당의 가로방향은 안방 2칸, 대청 2칸에 상방 한 칸을 더하여 일반적인 영남형 뜰집보다 큰 5칸이다. 권씨 집의 전체적인 공간배치는 중앙 대문간을 들어서면 안방계열이 뜰집의 가로방향을 차지하고, 상방계열이 오른쪽 모서리에 영역을 이루고 있다. 또 사랑방계열은 안방의 대각선 방향에 있고 대문간 왼쪽으로 고방을 비롯한 행랑이 배열되었다. 그 밖에 이 집에는 전면 3칸, 측면 2칸의 사랑채가 있다.

안채의 부엌은 3칸에 이르며, 안방과 대청은 각각 2칸이며 앞퇴를 두었다. 상방과 모

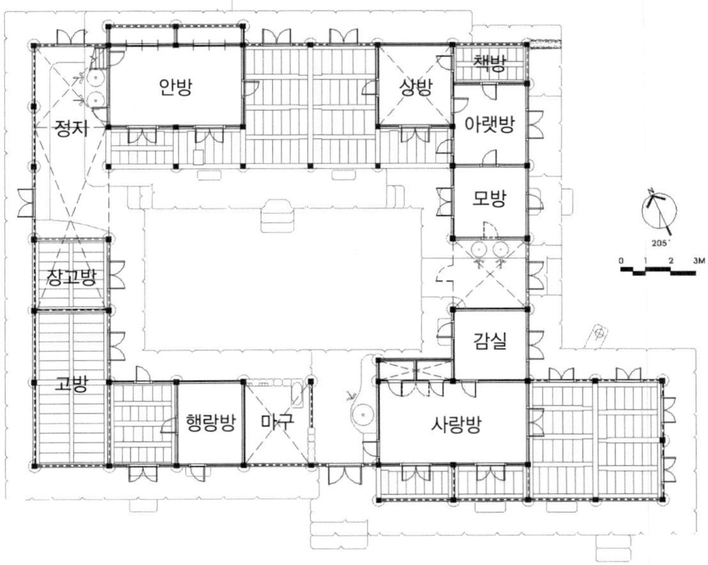

사례 3 안동시 풍천면 가곡리, 권태응 주택
(출처: 「'뜰집' 에 관한 연구」, 김화봉, 부산대학교. 1999. p280)

방 사이에는 윗머리에 골방을 두고 그 앞에 상방마루를 두어 상방과 모방에서 이용된다. 상방 앞 툇마루는 누마루형식이 되어 그 아래에 아궁이를 두었다. 다시 모방 앞에는 모방부엌이 있어 외부로 통하는 통래간을 겸하고 사랑채 영역과 격리되었다. 따라서 상방과 모방 영역은 독립된 하나의 생활영역으로서 손색이 없다. 이 집의 사랑채는 중문간 오른쪽으로 2칸의 사랑방과 안쪽으로 꺾어 책방이 배열되었으며, 여기에 2칸 대청이 날개형식으로 돌출되었다.

권씨 집은 수장공간에 대한 배려가 특별하다. 안채부엌 앞에는 3칸의 고방이 있을 뿐 아니라 특히 지붕 속 다락이 발달되어 있다. 먼저 부엌쪽 3칸 고방 중 2칸에 다락이 시설되었으며, 둘째로, 안방과 정지 위 4칸에 통간으로 된 다락이 있는데 안방에서 출입된다. 셋째는, 상방 위에도 다락이 있으며 전면 툇마루에서 출입된다. 네 번째는 모방 부엌과 책방 상부에도 다락을 시설하였다. 이들은 모두 9칸에 이르므로 대단한 용량을 담을 수 있는 수장공간이다. 수장공간의 환기를 위해 마당과 툇마루쪽에 널문을 내었다,

안채의 구조는 사랑채와 마찬가지로 전면에 두리기둥을 세우고 이중보를 건 5량구조이다. 원주의 기둥머리에는 주두를 얹고 익공을 끼웠으며 장혀와 창방 사이에 접시받침을 고였다. 사랑채 대청의 천장에는 중량보를 걸치고, 상부에 눈썹천장과 선자연으로 마감하였다. 권씨 집의 지붕형태를 단면구조에서 찾아보면, 1.0m 높이의 기단에서 0.52m 위에 대청이 있다. 처마도리는 대청에서 3.1m에 있으며 양쪽 익랑채는 여기에서 0.9m 아래에 있고, 익랑채의 기단높이는 안채보다 낮은 0.17m이다. 따라서 안채 처마도리는 익랑채의 종도리 위에 걸치게 된다. 또 왼쪽 익랑채와 대문간 채와의 관계는 대문간 채가 0.9m 낮으므로 대문간 채 전면 용마루 위에 익랑채의 박공이 고개를 내밀게 된다. 한편 오른쪽 익랑채와 사랑채는 처마도리 높이가 같고, 사랑채의 평면은 4칸×1.5칸이다. 여기에 사랑채 지붕은 팔작지붕이므로 사랑채와 익랑채가 만나는 모서리 지붕에는 회첨골이 생긴다. 사랑채는 대문간채 보다 0.5칸 앞으로 돌출되었고, 도리높이는 대문채가 사랑채보다 0.9m 낮다. 따라서 사랑채의 팔작지붕은 뜰집의 일부이면서 독립된 사랑채와 같은 지붕형태를 보여준다.

위와 같이 권씨 집은 영남형의 안채를 가진 뜰집에서는 보기 드물게 여유 있는 규모와 구조, 균형잡힌 공간의 배열과 표현 등, 사대부 주택의 규범적 주거로서 명품이 아닐 수 없다.

[사례 4] 안동시 풍산읍 오미 1동, 김원재 주택

김원재(金元在) 주택은 조선 선조 때 학자인 김대현(金大賢)이 명종 9년(1554)에 처음 건립하였으나 임진왜란 때 소실되었다가, 선조 33년(1600)에 학호(鶴湖) 김봉조(金奉祖)가 다시 건립한 것이다. 현재 풍산(豊山) 김씨 종택으로 사용되고 있으며, 경상북도 민속자료 제38호로 지정되어 있다.

김씨 집은 먼저 3칸의 대문채를 들어서면 넓은 사랑마당을 만나게 되고, 그 앞에 뜰집이 남향으로 앉았다. 살림채의 왼쪽에 별당채가 있으며, 살림채의 북동쪽에 사당이 있다. 중앙의 중문간을 들어서면, 영남형의 방 배열을 보게 된다. 왼쪽부터 2칸씩 정지와 안방, 그리고 대청이 배열되고 대청 옆에 상방이 자리한다. 정지에서 앞쪽으로 2칸 고방이 있고 여기에서 오른쪽으로 꺾어 마구가 중문간과 닿았다. 고방에는 주로 곡물을 수장하였다 한다. 다시 상방 앞쪽으로는 통래간을 겸한 상방 부엌이 있고, 이어서 작은 고방이 사랑채와 닿았다.

이 집의 사랑채는 중문간 오른쪽으로 앞퇴가 있는 2칸 사랑방과 책방이 직교되게 꺾었으며, 사랑대청은 날개형으로 돌출되었다. 김씨 집의 중문간에서 특징적인 것은 문간 앞에 차면(遮面)벽을 설치한 점이다. 흙벽에 기와를 얹는데, 폭 2.8m 높이 1.9m이며, 안경창(窓)은 0.2×0.3m이다. 이것은 안마당에서 활동하는 부녀자들을 시각적으로 보호해주려는 배려에서 문간 앞에 설치한 것이다. 안채에는 다락이 집중적으로 설치됐는데, 2칸 정지 중 머리쪽 1칸과 안방 중 정지쪽 1칸은 안방에서 사용하고, 정지방에서는 나머지 1칸의 부엌다락을 사용하도록 하였다.

안채의 구조는 납도리에 장혀받침의 5량구조이며, 홑처마의 간소한 구조이다. 사랑채는 아래 · 위 사랑방 사이에 4짝 미서기문을 두고, 사랑대청 사이에는 4분합들문을 설치했다.

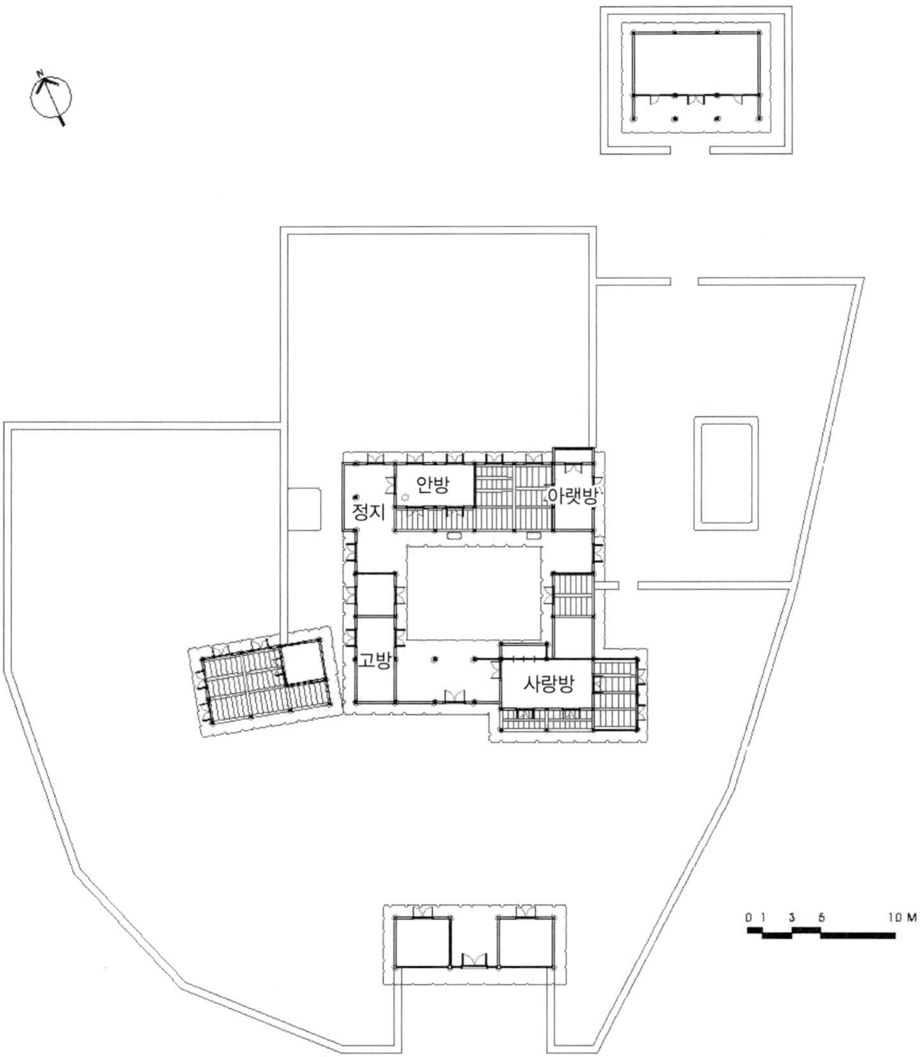

사례 4 안동시 풍산읍 오미 1동, 김원재 주택(출처: 「'뜰집' 에 관한 연구」, 김화봉, 부산대학교. 1999. p.280)

사랑방 뒷벽에는 벽장을 넣어 차단하였고, 배선구가 있는 중문간에도 차면벽이 있다. 사랑채의 전면 기둥은 0.3m 직경의 두리기둥이며, 납도리에 장혀받침의 5량 홑처마이다. 대청 상부에는 눈썹천장과 선자연이 설치되었다.

별당채는 안채에서 동쪽으로 비스듬하게 앉았으며, 전면 3칸, 측면 2칸의 팔작지붕이다. 왼쪽 4칸은 우물마루를 깔았으며, 오른쪽 2칸은 온돌방이고 앞쪽으로 쪽마루를 내었다. 별당형 사랑채는 문중(門中) 제사뿐 아니라 종회(宗會)를 중요기능으로 하는 등 제사(齊舍)형 별당이다.

김씨 종택의 안채를 단면적으로 보면, 0.6m 높이의 막돌쌓기식 기단이 있고, 여기에서 대청은 0.65m 위에 있다. 이 집의 처마도리는 마루에서 3.0m로 높은 편이며, 이는 안방 위 다락시설과도 관련이 있어 보인다. 양쪽 익랑채의 처마도리는 안채보다 0.9m 아래에 있으므로 안채의 처마도리는 익랑채의 종도리 위에 얹힌다. 또 대문채는 익랑채 보다 0.6m 아래에 있어 대문채의 종도리 위에 익랑채의 박공이 나타난다.

한편 사랑채의 평면은 3.2칸이며 오른쪽 익랑채와 사랑채는 처마도리 높이가 같다. 사랑채 지붕은 팔작지붕이므로 사랑채와 익랑채가 만나는 모서리 지붕에는 회첨골이 생긴다. 더욱이 사랑채는 대문채보다 2.1m 돌출되었고, 대문채는 사랑채보다 0.6m 낮으므로 앞에서 보는 사랑채의 팔작지붕은 그야말로 뚜렷한 윤곽을 창공에 그리게 되고 당당해 보인다.

[사례 5] 경북 안동시 풍산읍 하리 1동, 예안 이씨 종가

이 집은 예안(禮安) 이씨 16대 손(孫) 근제공(近齊公)의 둘째 아들 이홍인(李洪仁, 1528 ~1594)의 종택으로, 조선 중기의 건축으로 추정되고 있다. 이호인은 임진왜란 때 의병장으로 많은 전공을 올린 다음 진(陣) 중에서 순국하였다. 현재 국가 보물 제553호로 지정되어 있다. 작은 야산을 등지고 질펀한 풍산평야를 바라보며 자리잡은 이 집은 영남형 안채형식을 보여주는 기본형 뜰집이다. 이씨 종가는 뜰집의 전면 중앙에 대문간을 두고, 전면 6칸, 측면 5.5칸이며, 안마당은 전면 4칸, 측면 3칸 크기이다. 안방부분이 안채를 가득 메우고 대각선 방향이 아닌 안채의 앞쪽에 사랑채가 자리했고, 그 왼쪽에 별동의 쌍수당이 사랑채보다 전진해 앉았다. 대체로 이 지방 뜰집의 영남형은 전면 두 칸의 안방과 대청, 그리고 앞퇴를 가진 형식이 공통적이다. 이씨 종가의 안채도 이와 같은 구성으로 짜여졌으며, 대청 오른쪽에는 건넌방과 그 앞에 작은부엌이 있다.

대청 앞 전면기둥은 두리기둥이며, 상부 가구는 5량 가구로 짜여졌다. 또 원주의 기둥머리에는 주두를 얹고 익공을 끼웠으며 장혀 · 창방 사이에는 접시받침을 고였다. 사랑채는 대문간 왼쪽으로 1.5칸의 사랑방과 이어서 1.5칸의 사랑마루로 구성된다. 사랑방 뒷벽은 벽장으로 차단되었고, 앞쪽으로 쪽마루를 내었다. 사랑방과 마루 사이에는 폭이 다른 두 짝의 들문이 설치되어 편리하게 이용할 수 있고, 북쪽 벽에는 '충효당(忠孝堂)' 이란 편액이 걸렸다. 사랑마루와 안채 부엌 사이에는 두 칸의 곳간이 있었으나 지금은 온돌방으로 개조되었다. 안채의 건넌방 앞 부엌 사이에는 상부에 누마루가 있고 앞쪽 고방 상부의 다락과 통하도록 하였고, 두 칸 모두 마당쪽으로 개방됐다. 별당채인 쌍수당은 중층이며 팔작지붕을 얹었다. 평면은 전면 4칸, 측면 2칸이며 주위에 쪽마루를 돌리고 그 끝에 계자난간으로 막았다. 쌍수당은 막돌허튼층기단을 0.65m로 쌓고, 여기에서 1.55m 위에 떠 있다. 누마루 밑에는 동바리 기둥을 받쳤으며,

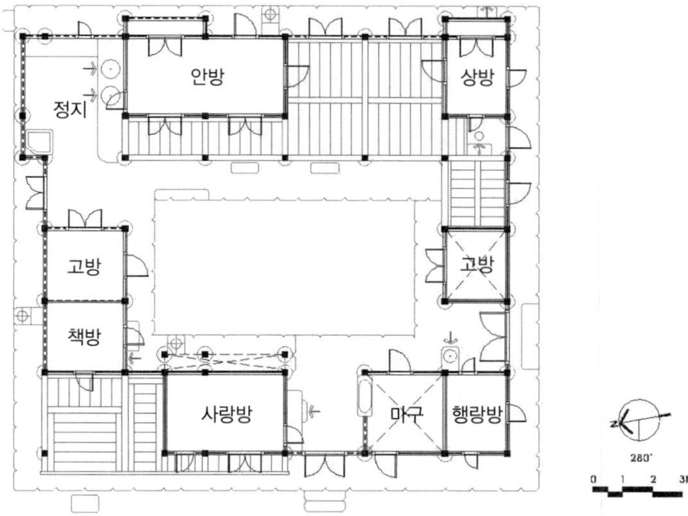

사례 5 경북 안동시 풍산읍 예안 이씨 종가(1999, 연구자 조사)

가운데 두 칸은 우물마루를 깔았고 왼쪽 두 칸의 온돌방, 오른쪽 한 칸의 온돌방을 들였다. 별당 앞에는 연지(蓮池)와 정자가 있어 하나의 점경(點景)을 이루고 있다.

이씨 종택의 안채 정면을 보면, 0.55m 높이의 막돌쌓기기단이며, 여기에서 대청은 0.65m 위에 있다. 처마도리는 대청에서 2.5m이므로 높은 편은 아니다. 그러나 익랑채는 안채 처마도리에서 0.7m 아래에 있어 안채의 양쪽 측면에 박공이 생겼다. 또 사랑채의 처마도리는 익랑채와 같은 높이이므로 이들이 만나는 안마당 쪽에는 회첨골이 생기고, 외부 추녀 위에는 우진각지붕이 된다. 따라서 이씨 종택을 앞에서 보면, 6칸 규모에 우진각지붕 형식을 보이는 가옥이다. 그러나 전면 기단이 1.3m 높이의 두벌대 기단 위에 조성되어 있으므로 결코 낮게 보이지 않고 그저 단아하게 앉아있는 모습이다. 오히려 사랑채 왼쪽의 쌍수당이 돌출되어 있는 듯 한 인상이다.

[사례 6] 경북 안동시 임하면 천전리, 김종승 주택

김종승(金鍾承) 주택은 구한말(舊韓末)에서 일제강점기까지 애국 계몽 및 조국 광복운동에 몸 바친 백하(白下) 김대락(金大洛, 1845~1914) 선생이 1885년에 건축한 집이다. 현재 경상북도 기념물 제137호로 지정되어 있다.

김씨 집은 서울 · 중부형의 안채에 속하며 전면 3칸 대청이 안마당을 가득 채우고 있으며, 양쪽으로 날개가 있는 뜰집이다. 이 집은 평지에 정남향으로 앉아 있으며, 기본형으로 보면 뒷면과 측면이 5칸이지만 양쪽 날개로 인하여 앞면이 8칸이 되어 전면에서 보는 가옥의 풍채가 당당하다. 대청을 중심으로 왼쪽에는 윗머리부터 2칸 안방과 2칸 정지가 대문채의 안사랑에 닿았다. 여기에서 왼쪽으로 고방을 대문간과 인접시켰고, 오른쪽으로 안사랑 마루가 날개로 돌출되어, 안사랑 공간이 하나의 영역을 이루었다. 다시 왼쪽 익랑에는 상방과 상방부엌을 겸한 통래간이 배열되었고, 이어서 고방이 사랑채와 닿았다.

사랑채는 대문간 왼쪽에 2칸 사랑방과 방향을 꺾어 책방을 두었다. 그리고 사랑방에 이어서 2칸 대청이 뜰집의 왼쪽 날개로 돌출됐다. 사랑채 전면에는 툇마루를 내었고 사랑방 앞쪽마루는 툇마루에 합해졌다. 사랑방과 대청 사이에는 분합들문이 있고 2칸 대청의 전면에도 분합들문을 설치하였다. 그리고 사랑방 뒷벽에는 벽장을 넣어 안마당쪽 시선을 차단했다.

김씨 집의 안대청은 전면 기둥이 직경 0.28m의 원주이며 상부구조는 3량집이다. 안채의 기단은 0.72m이고, 익랑의 기단은 0.46m, 대문채는 0.16m로 차츰 낮아지고 있다. 대청은 기단에서 0.62m에 있고, 처마도리는 대청에서 3.3m에 있어 대문간에서 보는 안대청은 넓고 당당하여 위압감마저 든다. 안채에 비해 양 익랑채는 처마도리가 0.9m 낮으며, 다시 익랑채에 비해 사랑채는 처마도리가 0.8m 낮다. 따라서 안채의 양쪽에는 박공이 생기며, 사랑채

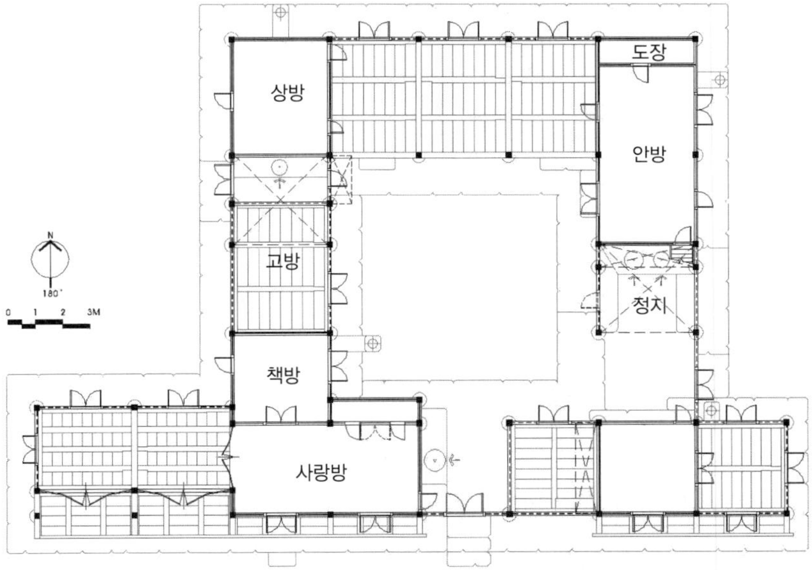

사례 6 경북 안동시 임하면 천전리, 김종승 주택
(출처: 「'뜰집'에 관한 연구」, 김화봉, 부산대학교. 1999. p270)

전면에는 양 익랑채의 박공이 고개를 내밀고 있다.

사랑마당에서 보는 김씨 집의 정면은 1.5m 가량의 두벌대 기단과 다시 0.5m 높이 위에 주거면이 형성되어 있다. 여기에서 사랑채는 처마도리 2.2m 높이이며, 수평으로 정면 8칸, 21.5m에 걸쳐 펼쳐지고 있다. 전면 사랑채의 상부에는 맞배지붕과 그 위에 양쪽에서 익랑채의 삼각형 박공이 고개를 내밀고 있다. 비록 팔작지붕과 같은 근엄하고 위압적인 이미지는 없지만 사대부 주택다운 기품과 단아함을 잃지 않으면서 또 다른 맛의 당당함이 보인다.

[사례 7] 경북 영덕군 영해읍 괴시 2리 583번지, 권기항 주택

권기항(權奇恒) 주택은 조선 효종 때 유학자인 권경(權璟, 1604~1666)의 셋째 아들의 집인데, 주택 건립은 18세기 말에 세운 것이다. 이 집은 서울 · 중부형의 안채가 전면 3칸 대청을 가진 뜰집이며, 사랑채의 오른쪽으로 날개가 돌출되었다. 대청을 중심으로 왼쪽 익랑에 안채가 자리잡았고, 오른쪽 대각선상 전면에 사랑채가 배치되었고 전면 중앙에 대문간이 있다. 그리고 뜰집의 동북쪽에 3칸의 사랑채가 있으며, 현재 경상북도 문화재 자료 제379호로 지정되어 있다.

권씨 집의 안채는 중앙의 6칸 대청이 안마당 폭을 가득 채웠으며, 전면 기둥에 원주를 사용하였고, 지붕은 3량 구조로 판대공을 세워 종도리를 받았다. 왼쪽 안방계열은 윗머리에 도장을 넣고 두 칸 안방을 밝은 마당으로 나오게 했으며, 이어서 2칸 정지와 여기에 두지를 부속시켜 앞채에 닿았다. 대청의 오른쪽에는 윗머리부터 상방과 통래간을 겸한 상방부엌이 있고, 안사랑의 역할을 하는 온돌방과 부속정지가 사랑채와 닿았다. 이 집의 사랑채는 대문간 오른쪽으로부터 책방, 2칸 사랑방이 있고 2칸 대청이 날개로 돌출되었다. 사랑채의 전면과 측면에는 쪽마루를 내어 출입을 유도하였고, 안마당쪽 뒷벽은 차단하였다.

권씨 집의 지붕형식을 살펴보기 위해 주택의 종단(縱斷)을 보자. 우선 안대청의 기단의 높이는 0.6m인데, 대문채의 기단과는 거의 0.6m 차이가 날 정도로 경사졌다. 대청은 기단에서 0.56m 위에 있고 마루에서 처마도리 높이는 2.6m이다. 양측 익랑채는 이 보다 0.8m 아래에 있으므로 안채의 처마도리는 익랑채의 종도리 위에 걸친 상태이다. 여기에서 왼쪽 익랑채와 대문채와의 관계는 대문채가 익랑채보다 0.8m 아래에 있으므로 익랑채의 처마도리가 대문채의 종도리 위에 있다. 이러한 종단구조를 통해 지붕형식을 보면, 안채의 용마루는 양쪽 측면에 생긴 박공마루를 타고 양쪽 익랑채의 용마루에 이어진다. 다시 왼쪽 익랑채의 용마루는 대

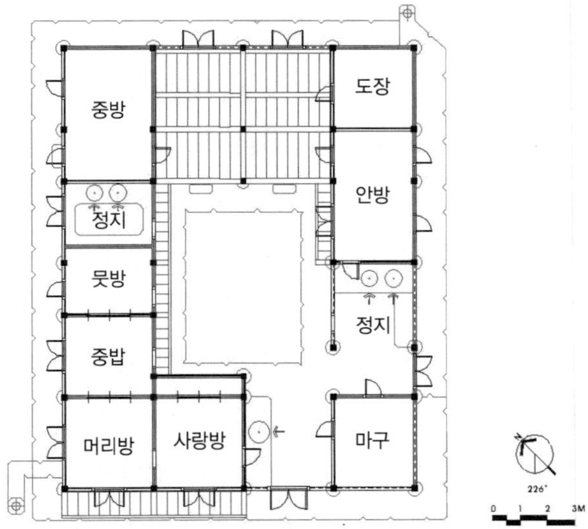

사례 7 경북 영덕군 영해읍 괴시 2리 583번지, 권기항 주택
(출처: 「'뜰집'에 관한 연구」, 김화봉, 부산대학교. 1999. p293)

문채 위에 생긴 박공마루를 따라 대문채의 용마루에 흘러내린다.

마지막으로 사랑채 부분의 종단을 보면, 오른쪽 익랑채와 사랑채의 처마도리 높이는 수평이다. 그런데 사랑채 부분의 2.2칸 크기이며, 팔작지붕의 형식을 취했으므로 사랑채의 양 측면에 박공이 생긴다. 그런데 대문채는 사랑채 처마도리보다 0.8m 낮으므로 사랑채의 팔작지붕은 정면에서 더욱 부각되어 나타난다. 위와 같이 권씨 집의 지붕형식은 뜰집의 일반적인 전형을 따르긴 하였으나 특히 사랑채의 위상을 높이기 위해 팔작지붕 형식을 취한 것으로 보이며, 그 과정에서 지나침이나 어색함이 없이 적절한 표현으로 가옥의 품격이 높아진 것으로 평가된다.

사례 8] 경북 안동시 풍산읍 오미 1동 248번지, 김윤 주택

김윤(金潤) 주택은 조선 중종 때 이조참판을 지낸 청백리 허백당(虛白堂)의 12대 손(孫)인 김중휴(金重休, 1797~1863)가 분가할 때 건립한 주택이다. 그 뒤 김중휴가 조산대부(朝散大夫), 제능참봉(齊陵參奉)을 지냈기 때문에 이 집을 참봉댁이라 부르고 있다. 이 집은 약간 경사진 터에 토담을 두루고 행랑채에 솟을대문을 내었다. 원래 다섯 간 이었으나, 오른쪽 두 칸은 허물어져 주초만 남았다. 현재 중요 민속자료 제179호로 지정되어 있었다.

이 집은 넓은 마당을 사이에 두고 서울 · 중부형의 안채가 전면 3칸 대청을 가진 뜰집이며 왼쪽 날개가 돌출되었다. 대청을 중심으로 오른쪽에 안채가 자리잡고, 왼쪽 대각선 방향에 사랑채가 있으며, 그 오른쪽에 중문간이 있다. 안방 부엌 상부에는 안방 쪽 한 칸에 다락을 설치하고 건넌방 부엌 상부에도 다락을 꾸며 마당 쪽으로 광창을 내었다.

사랑방은 1.5칸 크기인데 마당 쪽 퇴마루는 사랑대청보다 높여 누마루 형식이다. 돌출된 대청은 뒷벽 밖으로 벽감을 달아 메었고 대청의 전면은 개방되었다. 또 안방의 오른쪽에는 널벽을 친 4칸 곡간채가 안채와 나란하게 앉아있다. 이 밖에도 김씨 집에는 초당, 마구간 등이 있었다고 전하나 현재는 없다.

이 집의 안대청은 전면 기둥에 원주를 사용하였고, 상부는 3량구조로 동자주를 세워 종도리를 받고 있다. 대청은 높이 0.45m 기단 위에서 0.5m 높이에 있고, 대청의 처마도리는 마루 위 2.85m 높이이다. 양쪽 익랑채는 안채보다 0.75m 낮다. 따라서 안채의 처마도리는 익랑채의 종도리 위에 걸터 앉았다. 다시 오른쪽 익랑채와 중문간채와의 관계는 중문간채가 0.75m 낮다. 그러므로 오른쪽 익랑채의 처마도리는 중문간채의 종도리 위에 앉았다. 그러나 왼쪽 익랑채와 사랑채의 관계는 다르다. 즉 왼쪽 익랑채와 사랑채는 처마도리의 고저차 없이 같은 높이를 보인다. 그러므로 사랑채와 중문간채 사이에는 고저차가 발생하고 사랑채와 왼쪽

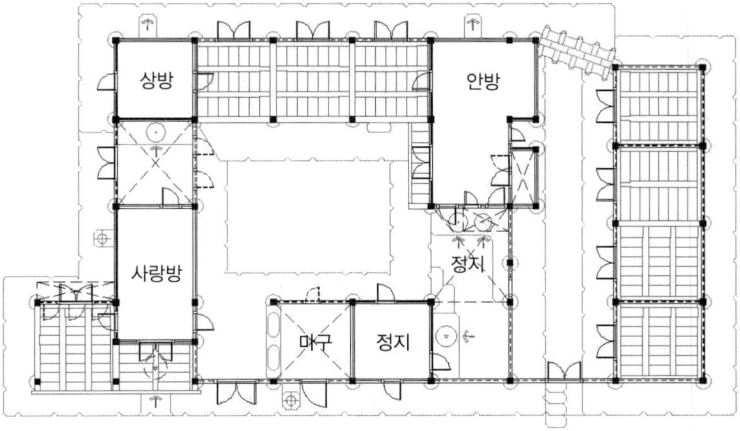

사례 8 경북 안동시 풍산읍 오미 1동 248번지, 김윤 주택
(출처: 「'뜰집' 에 관한 연구」, 김화봉, 부산대학교. 1999. p275)

익랑채 사이에는 사랑대청 모서리에서 회첨골이 발생한다.

김씨 집의 지붕형식은 안채의 용마루가 양측면에 생긴 박공마루를 타고 양쪽 익랑채의 용마루로 흘러내려 온다. 다시 오른쪽 익랑채의 용마루는 중문간 용마루 상부에 박공을 만들고 중문간채 용마루로 흐른다. 마지막으로 왼쪽 익랑채의 용마루는 사랑채 용마루를 T자형으로 만나고 중문간채와의 사이에서 단차를 보인다.

위와 같이 김씨 주택의 지붕형식은 뜰집의 일반적인 전형을 따르긴 하였으나 다만 사랑채의 층고만 일정높이를 유지하고자 이형(異形)을 보이고 있다. 전체적으로 김씨 집은 주거양식과 형식을 안동지방의 주거규범에 맞추려 하였으나 규모뿐 아니라 자재의 사용에 있어서도 소박하지만 힘에 부친 듯한 면면을 보여주고 있다.

[사례 9] 경북 월성군 강동면 양동리 223, 손동만 주택

이 집의 창건주는 손동만(孫東滿)씨의 19대 조(祖)인 손소(孫昭, 1433~1484) 선생이며, 손씨 집은 현재 중요 민속자료 제23호로 지정되어 있다. 손씨 집의 안채는 서울 · 중부형의 전면 3칸 대청을 가진 기본형이며, 안대청이 마당의 가로폭을 가득 채웠다. 이 집은 살림채 이외에도 몸채 아래의 행랑채와 사랑 후원 위쪽의 사랑채로 구성되어 있다. 엄밀히 말해 이 집은 안동문화권에서 벗어나 있으나 안동지방의 사대부 주택을 그대로 따르고 있으며 관리상태가 좋아 포함된 것이다. 손씨 집은 비교적 높은 산기슭에 서남형으로 앉아 있다. 비탈진 언덕에 잡석허튼층쌓기로 기단을 조성하고 口자형 뜰집을 세웠다. 몸채는 전면 5칸, 측면 6칸인데 6칸 대청을 중심으로 왼쪽에는 3칸 안방과 2칸 부엌, 그리고 찬마루가 윗머리부터 배열되었고, 안대문 옆 고방과 닿았다. 손씨 집의 사랑채는 안대문 오른쪽으로 큰사랑방과 대청, 그리고 여기에서 꺾어 작은사랑과 아랫방으로 구성된다. 큰사랑과 작은사랑은 서로 마주 보지 않게 방향을 꺾어 돌렸다. 사랑방과 대청은 높은 석단 위에 있고 대청 둘레에는 아자(亞字)난간을 돌렸다. 그리고 사랑대청에 면한 큰사랑과 작은사랑의 문은 방형 불발기창으로 꾸민 4분합 들문이다.

이 집의 사랑대청은 특히 정면과 측면이 개방되었고 남쪽으로 넓은 사랑후원(後苑)을 두었으며, 사당채 앞 가장자리에 수백 년 묵은 향나무가 시야에 들어온다. 따라서 누마루처럼 높은 사랑대청에서 후원을 바라보는 경관은 이 집의 독특한 가경(佳景)이다. 사랑방 뒷벽에는 벽장이 있어 안마당쪽 시선을 차단하였으나 작은사랑에서 안채로 통하는 쪽마루를 교묘하게 내었다. 이 집의 안채에는 안방과 부엌 한 칸 상부에 다락을 꾸며 대청으로 광창(光窓)을 내었고 건넌방 상부에도 다락이 시설되었다. 안대청은 6칸 규모지만 앞뒤 평주에 보를 건 3량구조이며, 앞 기둥 4개는 두리기둥이다.

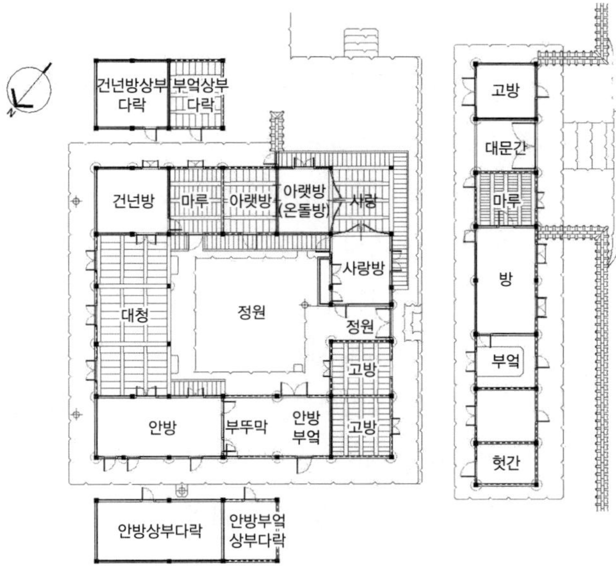

사례 9 경북 월성군 강동면 양동리 223, 손동만 주택

안채의 기단은 0.8m이지만 익랑채는 0.25m로 낮다. 안채의 기둥은 기단 위 0.53m에서 2.9m 위의 처마도리와 결구되었다. 여기에서 양익랑채는 0.9m 아래에 있고, 다시 익랑채 보다 사랑채는 0.73m 아래에 있다. 그러므로 사랑대청의 처마도리 높이는 겨우 2.05m에 머물고 있다. 이렇게 하여 손씨 집의 지붕형식은 안채의 양 측면에 박공이 생겨 안채의 용마루는 박공의 내림마루에 흘러내려 양 익랑채의 용마루로 이어진다. 다시 익랑채의 용마루는 사랑채 용마루 위에 박공을 만들고 용마루에 연결된다. 손씨 집의 대문채(행랑채)는 대문간을 포함하여 8칸이며 몸채의 축단(높이 1.2m) 아래에 낮춰져 있으므로 사랑채에서 보는 전면 시야에는 막힘이 없다.

[사례 10] 경북 영양군 일월면 주곡리, 옥천 종택

옥천 종택(玉川宗宅)은 17세기 말 안동지방 양반주택의 대표적인 사례로서, 한양 조(趙)씨 옥천 조덕린(趙德隣, 1658~1737) 선생의 고택이다.

이 집은 서울 · 중부형의 안채가 전면 3칸 대청을 가진 기본형 뜰집이며, 대청이 마당의 가로폭을 가득 채웠다. 이 집은 살림채 이외에도 글 읽는 별당 기능의 초당(草堂), 사랑채로 구성되어 있으며, 현재 경북 민속자료 제42호로 지정되어 있다.

뜰집의 평면구조를 보면, 가운데 대청을 중심으로 오른쪽에는 윗머리에 도장을 넣고, 그 앞으로 2칸 안방과 2칸 정지가 밝은 마당쪽으로 자리잡았다. 다시 정지에 이어 고방이 뜰집의 모서리를 이루며, 꺾어서 아랫방(옛 마구)과 대문간에 닿았다. 대청의 왼쪽에는 윗머리에 반칸 크기의 도장이 있고, 그 앞으로 상방과 상방정지가 배열되었으며, 다시 고방을 두어 사랑채와 닿았다.

옥천 종택의 사랑채는 대문간 왼쪽으로 전면 두 칸의 사랑방과 뒤쪽의 책방으로 구성되었다. 사랑방 앞쪽으로는 쪽마루를 내어 출입을 편하게 유도하였고, 사랑방 뒤쪽은 벽장을 넣어 안마당쪽 시선을 차단하였다. 옥천고택은 사당과 사랑채의 위치, 그리고 집의 향(向)을 두고 볼 때 안방과 사랑방의 위치가 바뀌었다는 지적이 있다.

이 집의 집터는 완만한 경사지이며, 안채의 기단을 맨 위로 하여 순차적으로 낮아지고 있다. 기단 위에 안대청이 있고, 우물마루를 깔았다. 양쪽 익랑채는 안채보다 낮아 안채의 처마도리는 익랑채의 종도리 위에 앉았다. 또 익랑채의 처마도리는 전면 사랑채 보다 낮은 위치에 있으므로 익랑채의 처마도리는 사랑채의 종도리 위에 걸쳤다. 이렇게 하여 안채의 양쪽 측면에는 박공이 형성되고 사랑채의 용마루 위에는 양쪽 익랑채의 박공이 형성된다. 안채의 용마루는

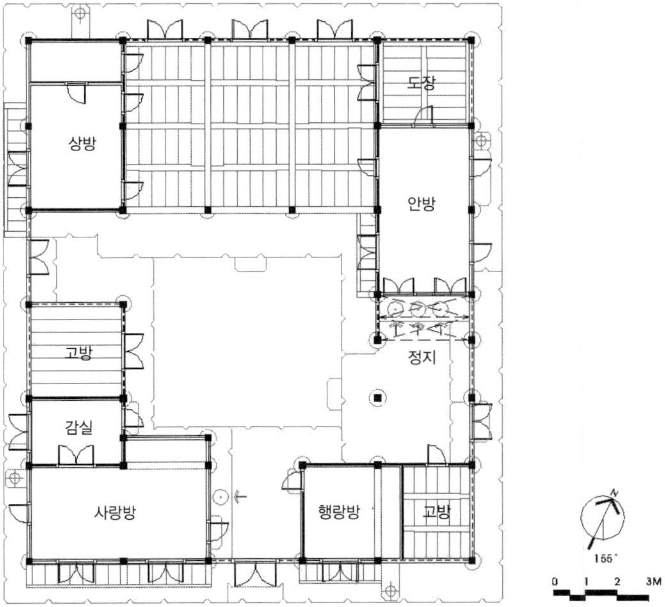

사례 9 경북 영양군 일월면 주곡리, 옥천 종택
(출처: 「'뜰집'에 관한 연구」, 김화봉, 부산대학교. 1999. p309)

양 측면의 박공마루를 통해 양 익랑채의 용마루에 이어지고 익랑채의 용마루는 전면 사랑채 위에 나타난 박공마루를 통해 사랑채 용마루에 흐른다.

옥천 종택의 별당인 초당은 사랑채에 인접해 있고 전면 3칸, 측면 1칸의 서당이다. 가운데 어간은 우물마루를 깐 마루이며 양쪽으로 온돌방을 배열하였다. 한편 사당은 살림채의 동북쪽에 있으며 전면 3칸, 측면 1.5칸이다.

[사례 11] 경북 봉화군 물야면 모록1리, 김명섭 주택

김명섭(金明燮) 주택은 상량문에 의하면 1910년에 건축된 뜰집이다. 이 집의 안채는 전면 2칸의 대청을 가진 서울 · 중부형이다. 그러나 안마당의 가로폭은 상방을 포함하여 3칸 뜰집으로 조성되었다.

평면구조를 살펴보면, 대청에서 왼쪽 윗머리에 도장을 밀어 넣고 앞으로 2칸 안방과 정지가 배열되고, 고방과 못방(행랑방)이 대문간 끝에 닿았다. 한편, 중앙 대청 옆 상방에는 상방마루가 부속되어 있어 독립된 생활영역이 조성되었으며, 앞쪽 툇마루는 대청보다 0.16m 높게 누마루 형식으로 조성되었고, 그 앞으로 통래간이 있어 시각적으로 여유 있는 공간이 되었다.

김씨 집의 사랑채는 앞쪽 대문간 옆으로 2칸 사랑방과 사랑대청이 있고, 뒤로 꺾어서 책방으로 구성된다. 사랑채 전면에는 머름대와 툇마루가 있어 집의 품격이 높아졌고 사랑대청의 전면은 들어열개문이 있어 편리하다. 사랑방 뒤쪽은 벽장으로 차단하였고 그 오른쪽으로 면벽(面壁)이 있는 배선구가 교묘하게 나있다. 또 사랑방에서 대문간 안으로 봉창(0.43×0.43m)을 낸 것을 보면 사랑채 공간의 '차단과 소통'을 위해 애쓴 흔적을 볼 수 있다.

김씨 집의 안대청은 평지에 높이 0.26m의 기단을 조성한 후 직경 0.3m 원주를 세웠는데 처마도리 높이 2.9미터에 맞추었다. 이 집의 처마도리는 모두 수평을 유지하고 있으므로 안마당에서 보는 네 모서리의 지붕에는 회첨이 발생한다. 또 김씨 집의 지붕가구는 안채와 사랑채과 1.5칸 5량구조이며 양 익랑채는 1칸 3량구조이다.

김씨 집은 뜰집의 네 모서리에 추녀마루를 도입함으로써 양쪽 측면에는 안채와 사랑채의 박공이 발생하여 두 개의 박공이 있는 팔작지붕의 측면이 되었다. 또 뜰집의 전 · 후면은 팔작지붕의 정면이 되었다. 이렇게 하여 김씨 집의 정면의 규모가 크고 당당한 팔작지붕의 모

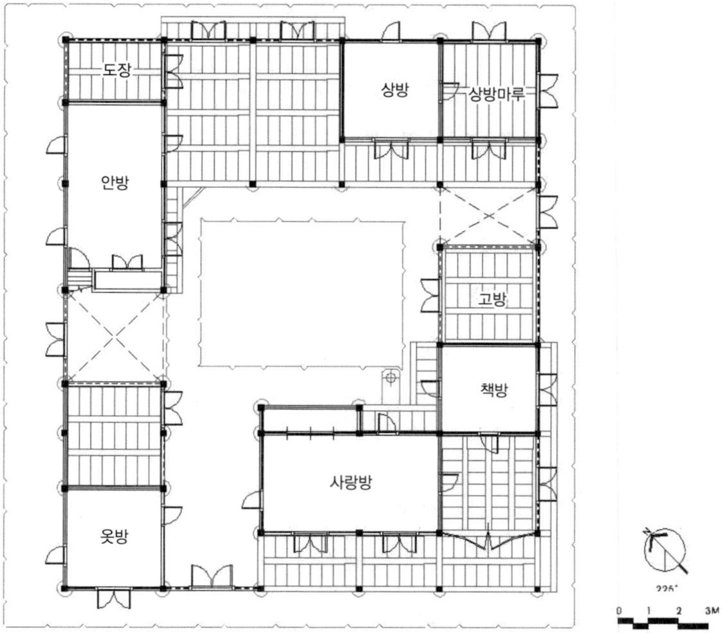

사례 11 경북 봉화군 물야면 모록 1리, 김명섭 주택
(출처: 「'뜰집'에 관한 연구」, 김화봉, 부산대학교. 1999. p229)

습이 되었고, 이때 사랑채의 툇마루는 열주(列柱)형식의 깊이감(感)이 있는 정면성을 얻게 되었다.

[사례 12] 경북 봉화군 봉성면 동양리 45번지, 홍승학 주택

홍승학(洪承學) 주택은 상량문에 의하면 1860년에 건축된 집이다. 이 집의 안채는 전면 2칸 대청을 가진 서울 · 중부형이지만, 안마당과의 관계를 보면 그렇게 분류하기가 어렵다. 그 이유는 안마당의 가로폭은 2칸 대청에 상방을 더한 폭이 되고 있기 때문이다. 따라서 홍씨 집은 3칸 대청의 규모와 같고 상방 옆에 골방을 배열하여 일체형의 뜰집을 조성하고 있다.

평면구조를 살펴보면, 중앙의 2칸 대청을 중심으로 왼쪽에는 2칸 안방과 정지가 있고 이어서 고방과 마구가 앞채에 닿았다. 또 대청의 오른쪽은 상방을 배치하고 뒤쪽으로 통로를 내어 골방을 배치하였다. 골방의 앞쪽은 통래간을 겸하여 작은정지를 배치하고 이어서 2칸 고방이 자리 잡았다.

홍씨 집의 사랑채는 안방의 대각선 위치에 사랑대청을 두고 대문간 옆으로부터 큰사랑, 중간사랑, 작은사랑을 두어 고방에 닿았다. 전면에는 계자난간을 두루고 대문간에서 반대쪽 측면으로 출입하도록 유도하고 있으나 문간 옆으로도 출입된다. 큰 사랑방에서는 안경창(0.4 0.4m)을 내어 방문객을 확인하도록 하고 있으며, 문간에는 배선을 위한 개구부를 내었으나 시선이 차단되도록 구조되어 있다. 홍씨 집의 마당 폭이 2칸 대청에 상방을 더한 크기인 것은 어떤 의도가 있어 보인다. 이는 뜰집의 규모뿐 아니라 마당을 크게 취함으로써 일조(日照)환경을 개선하는 데 유익하기 때문이다. 또 2칸 정지 중 마당쪽 전반을 개방한 것은 마당이 작업공간이 되어 흘러나오기 때문이다. 홍씨 집은 평지 위에 기단을 조성한 후 2.8m 높이에 맞추어 처마도리를 수평으로 돌렸다. 그리고 지붕가구는 안채와 사랑채만 5량 구조이며 나머지는 3량 구조이다. 또 안채의 측면은 1.5칸이며 익랑채는 1.0칸이다.

여기에서 이 집의 지붕형식을 보면 팔작지붕과 우진각지붕을 혼합한 형식이다. 안마당에 면하는 지붕은 처마도리 높이가 수평이므로 네 모서리에서 회첨이 발생한다. 안채에 추녀

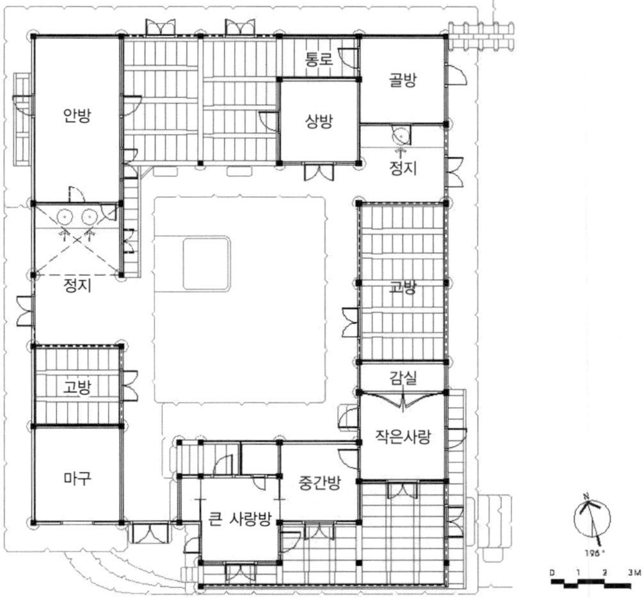

사례 12 경북 봉화군 봉성면 동양리 45번지, 홍승학 주택
(출처: 「'뜰집'에 관한 연구」, 김화봉, 부산대학교. 1999. p233)

마루를 도입하고 채의 깊이가 각각 다르므로 안채의 측면에는 작은 박공이 생겨 팔작지붕 형식이 된다. 또 전면 마구 위 추녀부분은 그대로 우진각지붕이다. 그러나 사랑채는 전면에 0.5칸을 돌출하였기 때문에 안채와 같이 팔작지붕이 되어 조그만 박공이 생긴다.

더욱이 홍씨 집의 지붕추녀는 부드럽게 살짝 들어주었기 때문에 지붕의 용마루와 추녀마루, 그리고 처마선이 아름다운 곡선으로 어우러져 한옥(韓屋)의 아름다운 곡선미(美)를 그대로 연출하고 있다.

[사례 13] 경북 영양군 입암면 연당리, 정수용 주택

정씨 집은 양쪽 날개가 있는 뜰집으로, 정면 2칸의 대청이 마당의 폭을 그대로 채웠다. 평면구조는 중앙의 대청을 중심으로 오른쪽 익랑에는 2칸 안방과 부엌이 배열되고, 이어서 고방과 외양간이 왼쪽으로 대문간에 닿았다. 또 왼쪽 익랑에는 2칸 상방과 통래간을 겸한 작은 정지가 고방 사이에 부쳐 넣었다.

사랑채는 전면 대문간 왼쪽으로 2칸 사랑방과 다시 꺾어서 책방을 두어 왼쪽 익랑의 고방에 닿았다. 이 집의 양 날개는 오른쪽에 행랑방, 왼쪽에 사랑대청을 돌출시켜 좌우대칭이 되게 하였다. 사랑채는 전면으로 쪽마루를 내고 계자난간을 돌렸으며, 전면에는 띠살문, 후면과 측면에는 판장문을 달았다.

정씨 집의 대지는 다소 경사진 지형인데, 안채 기단이 0.55m 높이이며, 여기에서 대청은 0.5m 높이에 있다. 안채의 지붕가구는 5량 구조이며, 네모 기둥 위에 들보를 얹었고, 대공 위에 종도리를 얹는 등, 간소한 결구를 보여주고 있다. 대청의 처마도리는 마루에서 3.2m이며, 여기에서 양 익랑채의 처마도리는 0.95m 아래에 있다. 따라서 안채의 처마도리는 자연스럽게 익랑채의 종도리에 얹히게 된다. 여기에서 정씨 집의 가구법은 다른 뜰집과는 좀 특이한 점이 있다. 오른쪽 익랑채와 대문간채는 처마도리 높이를 같이 유지함으로써 익랑채와 만나는 대문간채에는 양쪽 지붕에 회첨이 발생하고 있다. 그러나 왼쪽 익랑채와 만나는 사랑채는 오히려 익랑채보다 0.5m 높다. 이렇게 함으로써 사랑채는 1.2m 기단 위에서 0.75m 높이에 대청이 있다. 안채의 처마도리는 대청 바닥에서 2.6m 높이에 있다.

따라서 뜰집의 정면에서 보는 용마루는 문간채와 사랑채 사이에 단차가 생기지만 익랑채의 박공은 발생하지 않는다. 다시 말하면 안채의 용마루는 양 측면 박공의 내림마루를 타

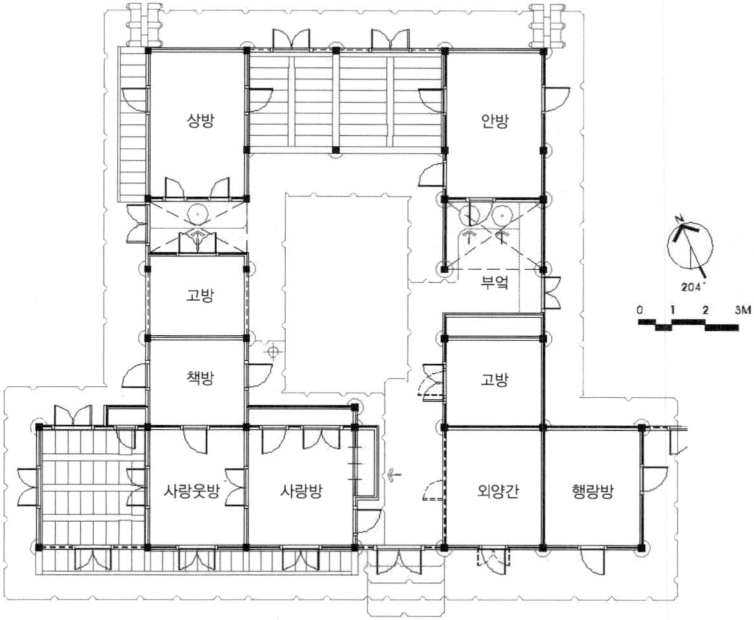

사례 13 경북 영양군 입암면 연당리, 정수용 주택
(출처: 「'뜰집'에 관한 연구」, 김화봉, 부산대학교. 1999. p310)

고 내려와 익랑채의 용마루로 이어져 오면서 전면 문간채와 사랑채의 용마루와의 사이에 박공 없이 이어져 있을 뿐이다. 이것이 전면 사랑채를 높게 보이려는 의도가 이러한 결과를 빚어 낸 원인이다.

[사례 14] 안동시 풍산읍 오미리 233번지, 김태연(金台淵) 주택

김씨 집은 한쪽 날개만 있는 뜰집으로 안채의 전면 2칸 대청이 안마당의 가로폭을 이루고 있다. 그러나 안마당의 세로폭이 깊은 뜰집이다.

뜰집의 대지는 평지이며 안채의 대청이 집의 중심을 이루고 있다. 대청의 왼쪽 익랑에는 윗머리부터 안방과 정지가 위치하고, 이어서 정지방과 마구가 앞채에 닿았다. 또 오른쪽 익랑은 상방이 안채 폭 크기로 위치하고, 이어서 작은 부엌이 통래간을 겸하고 있으며 고방에 닿았다.

사랑채는 전면 대문간에 인접하여 사랑방이 있고 방향을 돌려 책방을 두었으며, 사랑대청은 1칸 날개로 돌출시켰다. 안방과 상방에는 뒤쪽으로 벽장을 두었으며, 정지와 상방 앞 통래간 위에는 다락이 시설되었다. 또 사랑방 뒤편에는 벽장을 넣어 안마당쪽 시야를 차단시켰다.

안대청과 사랑대청은 모두 전면을 개방하고 사랑채 앞에는 쪽마루를 내어 출입을 편하게 유도하였다. 또 상방 측면과 안대청 뒤편에도 쪽마루를 내어 후원으로 통하는 출입을 유도하였다. 정지의 마당쪽 벽은 다른 뜰집과 같이 아예 없앴다. 이는 정지의 가사작업이 영역적인 경계 없이 마당 안으로 자연스럽게 넘쳐 흐르기 때문이다.

김씨 가옥은 평지에 세워졌는데, 안채 부분은 0.36m 기단 위에 0.46m 위로 우물마루를 깔았다. 대청의 상부 가구는 3량집인데 방주(方柱) 위에 들보를 사괘맞춤으로 얹었으며, 다시 사다리꼴 판대공을 세우는 등 간소한 결구를 보여준다.

대청의 처마도리는 마루 위 3.2m로 비교적 높다. 여기에서 양쪽 익랑채는 0.9m 낮게 처마도리가 위치하고 있어 나머지 공간의 처마도리는 모두 바닥에서 2.3m에 있다. 따라서 안채지붕의 용마루는 양쪽 박공의 내림마루를 통해 양쪽 익랑채의 용마루로 이어져 흐르고 있으

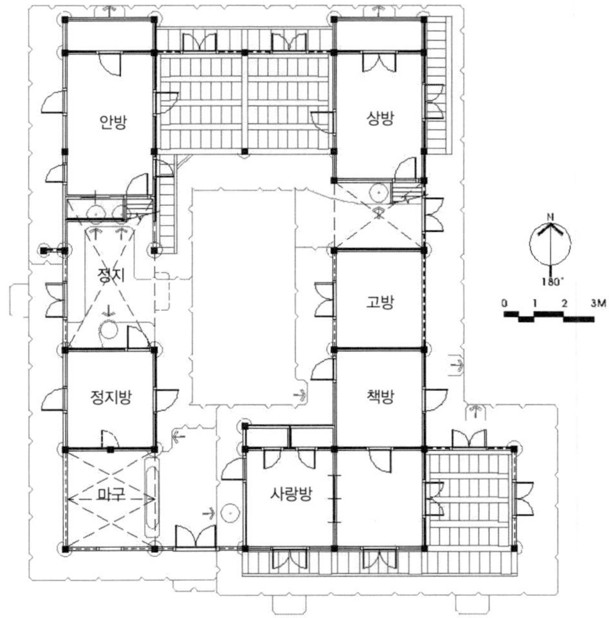

사례 14 안동시 풍산읍 오미리 233번지, 김태연(金台淵) 주택
(출처: 「'뜰집'에 관한 연구」, 김화봉, 부산대학교. 1999. p274)

며, 이는 대문간과 사랑채 용마루에 그대로 이어진다. 양쪽 익랑채와 사랑채는 같은 높이이므로 익랑채와 사랑채가 만나는 접점에는 지붕의 회첨골이 3개소에 생겼으며, 동시에 그 부분의 지붕형식은 모두 우진각지붕의 형식이다.

이와 같이 김씨 주택은 시각적으로 안채가 형태와 높이에서 중심가옥이 되고 나머지 공간은 종속적인 위치에 있다.

[사례 15] 안동군 도산면 서부동 195번지, 신정순 주택

신씨 집은 양쪽 날개가 있는 전면 2칸 대청의 뜰집인데, 현재 경상북도 지방 민속자료 4호로 지정되어 있다.

평면구조는 중앙의 대청을 중심으로 왼쪽 익랑에 골방을 윗머리에 넣고, 2칸 안방이 밝은 마당쪽으로 자리잡았고, 이어서 2칸 정지가 대문간에 부쳐 닿았다. 또 오른쪽 익랑은 상방이 마당쪽으로 고방과 인접되었다. 사랑채는 전면 중앙의 대문간에 부쳐 사랑방과 사랑대청, 그리고 뒤쪽으로 책방이 배열되었다. 뜰집의 양 날개에는 정지 왼쪽에 못방(안사랑방)이 돌출되었고, 오른쪽 날개는 사랑대청 2칸 중 1칸이 돌출되어 좌우대칭을 이루게 하였다.

사랑방과 못방에는 쪽마루를 내어 출입을 쉽게 하였고 상방에도 이를 도입하였다. 사랑방 뒤편은 안채가 보이지 않게 벽장을 넣어 차단시켰고, 대문간 쪽 배선구(配繕口)에서도 안마당이 보이지 않게 0.85m터 폭의 면벽(面壁)을 설치하였다.

또 사랑방과 사랑대청 사이에는 통간이 되도록 네짝 들어열개문으로 처리하였다. 그밖에 안방 쪽 정지 위에는 안방에서 이용되도록 다락이 설치되었고 고방 위에도 다락을 두었다.

신씨 집의 집터는 평지 위 0.5m에 기단을 조성하고, 다시 0.65m 위에 우물마루를 깔았다. 대청의 상부가구는 3량집이며 모기둥 위에 들보를 얹었다. 안채의 처마도리는 마루에서 3.25m로서 대체로 높은 편이다. 여기에서 양쪽 익랑채는 0.9m 아래에 있어 안채의 처마도리가 익랑채의 종도리 위에 얹혔다. 다시 대문간과 사랑채는 익랑채의 0.85m 아래에 있어 익랑채의 처마도리가 사랑채의 종도리 위에 얹혔다. 따라서 안채의 용마루는 양 측면의 박공 내림마루를 따라 양쪽 익랑채의 용마루로 이어지며, 사랑채 전면의 용마루 위에 익랑채의 박공이 고개를 내밀도록 얹혀 있다.

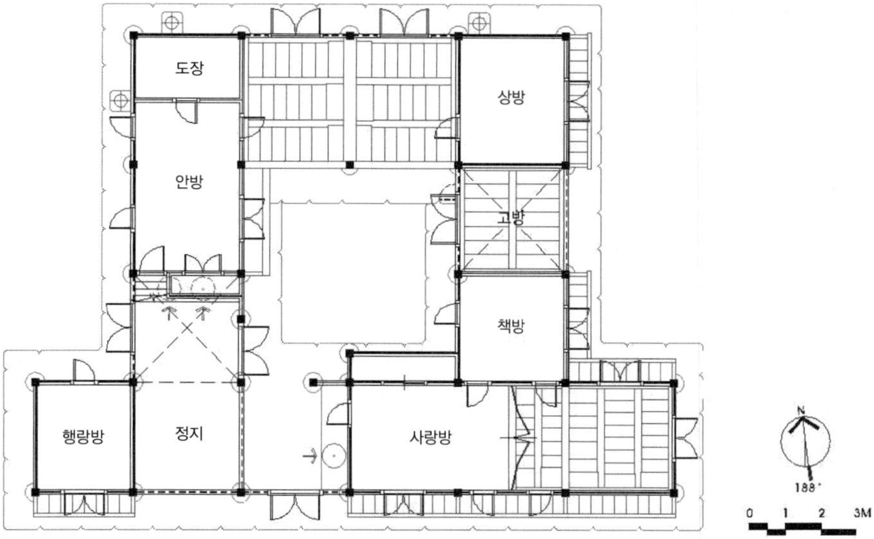

사례 15 안동군 도산면 서부동 195번지, 신정순 주택
(출처: 「'뜰집' 에 관한 연구」, 김화봉, 부산대학교. 1999. p.295)

뜰집 전면에 나타난 두 박공의 모습은 뜰집의 기본형이나 한쪽 날개의 경우와는 다르게 날개를 수평으로 여유 있게 뻗을 수 있어 마치 학의 날개와 같이 경쾌하면서 단아하고 기품 있는 이미지를 풍겨준다.

결국 신씨 집의 지붕형식은 맞배지붕 형식만으로 조성되어 있으나 안채와 익랑채, 그리고 사랑채가 새로운 채의 결합과 고저차를 달리하는 지붕의 융합, 그리고 기단의 적절한 조성 등으로 인해 수준 높은 주거공간의 조형세계를 열었다는 평가를 할 수 있다.

[사례 16] 경북 영덕군 영해면 원구 2리 726, 권종대 주택

권종대(權鍾大) 주택은 안동 권씨 권응주(1539~1610)가 분가(分家)하면서 1500년대에 처음 세운 뒤 1700년대에 다시 고쳤다 한다. 현재 경상북도 민속자료 제123호로 지정 · 보호되고 있는데, 날개가 한쪽만 있으며 2칸 대청이 마당의 폭을 가득 채웠다.

대청의 처마도리는 장혀와 창방 사이에 소로를 끼워 장식하였고, 가운데 기둥은 직경 0.27미터의 원주이며 주두(柱頭) 부분을 초익공으로 장식하였다. 가운데 대청을 중심으로 왼쪽 익량에는 2칸 안방이 윗머리쪽으로 도장을 밀어 넣어 마당쪽으로 자리잡았다. 연이어 정지를 두고 고방을 인접시켰으며 고방의 오른쪽에는 마구가 대문간에 닿았다. 다시 대청의 오른쪽 익랑에는 상방과 툇마루를 두었고 이어서 고방이 사랑채에 닿았다.

사랑채 부분은 2칸 사랑방이 고방에서 대문간에 부쳐 자리잡았고 1칸 사랑대청이 날개 형식으로 돌출하였다. 사랑방에는 위 · 아래로 벽장을 두었는데, 대문간의 아궁이 위와 사랑대청 뒤쪽에 각각 시설하였다. 이 밖에 이 집의 동쪽 끝에는 맞배지붕을 얹은 사당이 위치하고 있다.

권씨 집의 지형은 완만한 경사지를 평지로 조성한 후 안채부분의 기단을 0.6m 가량 막돌허튼쌓기로 높였다. 기단 위 0.52m 높이에 마루를 깔고 2.85m 높이에 안채의 처마도리를 걸어 안채가 뜰집의 중심이 되게 했다. 안채의 가구형식은 3고주 5량집이며 나머지는 3량집구조이다. 안채의 양쪽 익랑은 처마도리가 안채보다 0.85m 낮게 잡아 익랑채의 종도리 위에 안채의 처마도리가 걸터앉았다. 다시 대문채의 처마도리는 익랑채 보다 0.8m 낮게 잡아 대문채의 종도리 위에 익랑채의 처마도리를 얹었다. 이렇게 하여 안채와 양쪽 익랑채 그리고 대문채와 사랑채가 단계적으로 낮아짐으로써 안채의 박공이 익랑채의 측면 용마루 위에 생기고, 양

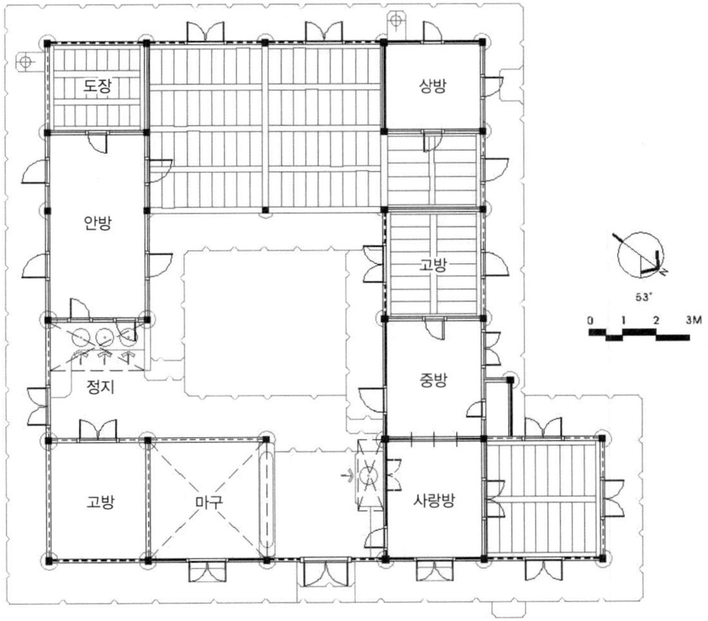

사례 16 경북 영덕군 영해면 원구 2리 726, 권종대 주택
(출처: 괴시마을 조사보고서, 울산대)

익랑채의 박공이 뜰집의 전면 용마루 위에 고개를 내밀고 있다.

이러한 지붕형식은 사실상 맞배지붕 형식의 지붕판 만으로 조성되어 있으므로 시각적으로 보이는 뜰집은 육중한 기와집의 느낌이라고는 들지 않는 경쾌한 맛을 풍긴다.

결국 권씨 집은 안채의 대청부분이 창방과 원기둥, 그리고 초익공의 장식으로 인해 높은 품격의 면모를 보여줄 뿐, 규모에 있어서나 사랑채의 조영에 있어서는 어떤 위광(威光)도 내세우려는 의도가 없어 보이는 조선시대 선비풍(風)의 뜰집이다.

[사례 17] 경북 영덕군 영해읍 괴시 1동, 남학순(확인) 주택

남(南)씨 가옥은 상량문에 의하면 1892년에 건축된 집이다. 평지에 앉은 이 집은 口자 기본형인데, 서울·중부형의 2칸 대청이 마당의 폭을 가득 채웠다. 일반적인 뜰집은 마당의 가로폭이 세로폭과 같거나 깊은데, 남씨 집은 세로폭이 깊은 마당 때문에 모양이 이채롭다.

대청은 기단높이 0.25m 위에서 0.5m 높이에 있으며, 우물마루를 깔았다. 대청의 들보는 직경 0.33m 원주 상에 얹었고, 장혀를 부친 처마도리는 마루에서 2.7m 위에 있어 비교적 높은 편이다. 대청의 가구(架構)는 2고주(高柱) 5량(樑) 집이지만 나머지는 3량구조로 가구되었고 비교적 간소한 구조이다.

중앙대청을 중심으로 왼쪽 익랑(翼廊)은 안방의 윗머리에 도장을 넣어 밝은 마당 쪽으로 자리 잡았고, 연이어 정지와 고방을 배열하여 마구와 대문간에 닿았다. 다시 대청의 오른쪽은 상방과 툇마루가 있는데 출입문의 위치를 며느리가 불편하지 않게 여러 모로 배려한 것을 알 수 있다. 이어서 익랑채에는 안고방과 통래간을 두어 사랑채 부분과 닿았다.

사랑채는 사랑마루를 가운데 모서리에 두고 양쪽으로 사랑방과 감실방, 그리고 책방을 연결시켰으며, 남쪽으로 쪽마루를 내어 사랑채 출입을 쉽게 유도하였다. 이렇게 해서 사랑채 영역은 왼쪽의 대문간에서 감실방 아래의 통래간을 경계로 그 영역이 명확해졌고 안마당쪽으로는 시선을 차단시켰다. 결국 이러한 공간의 배열은 안뜰의 가로폭보다 세로폭이 깊은 뜰집인데, 전면 2칸 대청의 한정된 공간을 넘어 다양한 공간을 넓게 확보할 수 있었다.

남씨 집은 평지에 세워지고 안채영역을 중심으로 가장 높게 층고(層高)를 잡았다. 여기에서 양쪽 익랑채는 0.9m 낮게 처마도리를 잡아 익랑채의 종도리 위에 안채의 처마도리를 얹도록 가구되었다. 따라서 안채의 양쪽 측면에는 박공이 생겨 안채의 용마루에서 박공의 내림

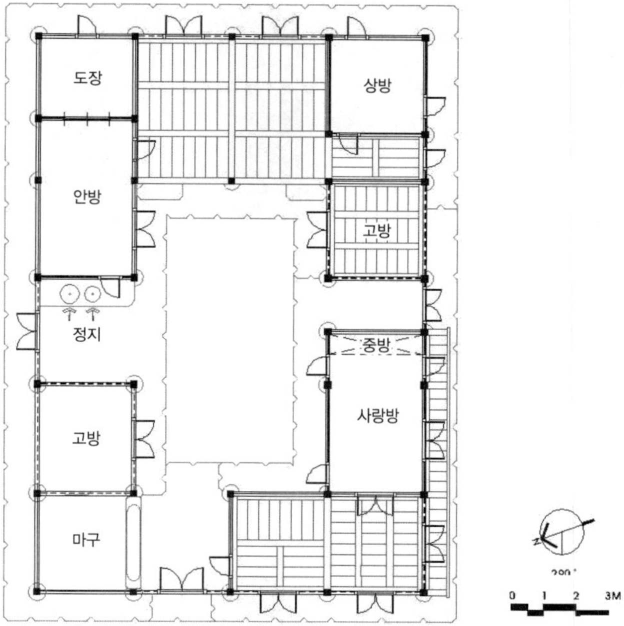

사례 17 경북 영덕군 영해읍 괴시 1동, 남학순 주택
(출처: 「'뜰집'에 관한 연구」, 김화봉, 부산대학교, 1999, p.292)

마루를 통해 익랑채의 용마루와 연결되었다.

왼쪽 익랑채는 용마루를 같은 높이로 사랑채 끝까지 보내 맞배지붕이 되었고, 왼쪽 익랑채로 용마루를 같은 높이로 사랑채 끝까지 보내고 다시 왼쪽으로 감아 대문간 위에서 끊었다. 이렇게 하여 모서리 사랑마루 위에서 우진각 지붕이 형성되었고 대문간은 도리높이를 살짝 낮추어 줌으로써 사랑채의 풍채가 살아나게 했다.

故 家民 조성기 선생을 다시 생각하며

학창 시절

가민 선생은 1936년 일본에서 나고, 초등학교 때 한국으로 나와 영도에 정착하였다. 어린 시절 영도의 가파른 언덕에 누워 푸른 하늘과 바다를 하염없이 바라보던 소년이었다 한다. 우리나라에 대학교육이 시작되기 전, 건설계의 고급인력을 양성해 왔던 부산공고를 졸업하고, 1956년 부산대학교 건축공학과에 입학하였다. 선생의 학창시절과 겹친 1950년대 후반기에는 한국전쟁 피난시절에 가설건물로 건립된 부산대의 아미동 시대가 마감되고, 장전캠퍼스가 열리던 시기였다. 그때 선생은 김중업 선생께서 세계적인 프랑스의 건축가인 르 꼬르뷔제(Le Corbusier)에게서 사사받고 귀국하여 처음으로 설계한 부산대 본관(현재 인문관)의 건설 과정을 지켜보는 기회를 갖게 되었다.

부산대 본관 건물은 학내에서는 위풍당당한 건축물에서 발산되는 건축적 에너지가 있었다. 선생은 한국전쟁 이후 피난도시 부산의 열악한 도시환경에서 당대 최고 수준의 건축물이 탄생되는 과정을 보며 꿈을 키워갔을 것이다.

교육 활동

1961년 대학 졸업 후 대학 2년 선배이자 해군시설장교로 복무하였던 건축가 강영기 건축사의 종합건축설계공사에서 실무를 수련하였다. 부산공업고등학교 부설고등기술학교 교사 재직 후 1964년부터 부산대학교 건축공학과 조교를 거쳐, 1966년부터 전임강사로 재직하며 연구와 교육에 종사하게 되었다. 가민 선생께서 1967년 부산대 건축공학과 교수를 시작할 즈음에 학과에는 은사인 도영주 교수와 김택진 교수가 계셨고, 또한 윤일주 교수와 김일진 교수는 한양대로 이직하였고, 안길수, 이용구, 김형전 교수 등이 있었다. 당시 광복 이후 대학 고등교육을 위한 기초적인 학문적 풍토가 마련되지 않았던 환경에서 스스로 학문의 길을 찾아 만들며 제자들을 이끌고 교육하였다.

첫 모교 출신 교수로서 선생은 교직 생활을 책임감을 가지고 성실하게 임하셨고, 스스로를 채찍질하였다. 새로운 학문과 교육의 시범을 만들고자 한결같이 강하게 매진하셨다. 학자로서 스스로 더욱 엄격하고 타협 없이 학문의 외로운 길을 걷기 원하셨고, 제자들에게도 학문의 자세에 대해 깊은 가르침을 주셨다.

민가 연구

개인사에 대해 말씀을 아끼시던 선생께서 민가연구를 하게 된 동기에 대해 이야기하셨다. 교직생활 초창기에 학생들과 거제도 답사를 가셨는데, 그곳에서 오래된 초가집을 목격하시고 큰 충격을 받으셨다고 한다. 옹기종기 초가집들이 숨을 쉬고 있다는 생경한 울림을 느꼈다 한다.

이후, 민가 답사의 길로 접어들게 되었다. 처음에는 민가 하나하나를 '채집' 조사를 하게 되었는데, 혼자서 10년간 전국 방방곡곡을 다녔다. 매학기 방학 때에 선생님은 승용차는 물론 포장도로가 없던 시절이라 버스를 타고 늘 전국의 산하를 드나들었다. 그러다가 간첩으로 오인받아 경찰에서 조사를 받은 적도 있었다. 안식년을 내어 서울대학교로 가서 중부지역까지 민가답사를 완료하셨다 한다. 조사한 자료는 선생의 철제 캐비닛 안에 차곡차곡 채워졌다.

마침내 1980년 그의 논문 '한국민가서설, 序說'로 민가연구를 향한 출사표를 던지고 곧장 한국의 민가에 대한 연구와 저술을 시작하였다. 1985년 박사학위 논문으로 '한국남부지방의 민가에 관한 연구'를 통해 민가 연구를 집대성하였다. 그 후에도 지역민가, 사랑채, 민가의 물리적 특성과 함께 계층성, 지역성, 문화접변 현상 등 사회 · 문화적인 측면에서 깊이 있는 연구의 결과로 얻게 된 것 중 하나가 '지역민가 지형도'이다.

당시 교과서에 실리고 있었던 지역민가형은 일제강점기 일본의 학자들이 철도변을 따라 간단하게 조사한 결과를 광복 이후 주남철 교수 등의 학자가 이어받아 만든 것인데, 당연히 선생께서 전국의 민가들을 직접 실제로 확인해 만든 세밀한 사실과는 다르다. 이 과정에서 안동지역에 전국의 민가형이 집중된 것을 알게 되었고, 정년 후에 이를 저서로 정리해 '한국의 민가'를 통해 민가연구를 집대성하게 되었다. 이어 동아시아의 중국과 일본의 주택과 달리 하늘과 세속으로 열린 뜰을 중심으로 조선 후기 유교문화와 선비정신의 결정체이며, 지붕의 조형성과 아름다움을 가진 뜰집에 대해 저술을 시작하게 되었는데, 그 중간에서 갑자기 불치의 병을 얻게 되었다. 뜰집은 중국의 대표적인 상류주택인 중정형 사합원(四合院)이나 일본의 외정형 무사(武士)주택과 다른 한국 유교문화의 결정체이며 최고의 자랑스런 생활 문화유산이다. 그 진가(眞價)를 세상에 알리고자 투병 중에도 책을 마무리하겠다는 일념에 필사적으로 집필하시다가 병환이 더욱 악화되었다. 나머지 작업은 제자들에게 과제를 남겼다. 작업을 진행하면서 한국의 뜰집에는 한국의 상류주거 특성과 문화뿐만 아니라 민가의 특성들이 겹쳐 있었음을 알 수 있었다.

오직 민가 생각만 하시던 선생은 당신의 욕심을 드러낼까 염려하며 허허 웃으시며 말씀하시기를, 시간이 되면 민가답사와 관련한 저서들을 만들기 희망하셨고, 한옥도 직접 짓고 싶어 하셨다. 평생의 경험을 통해 직접 설계하고 지어 '오래된 새로운 주거'를 지어 보고자 하는 열망을 간직하고 있었다고 짐작된다.

여가 시간

평소 깔끔하고 매사가 정확하고 엄격하시고, 잘못된 일에 대해서는 가차 없었던 선생님은 다행히 약주를 좋아하셨다. 과거 술값이 없었지만 술이 생각나는 날이면 남포동 길로 행차하였다. 이 길을 오락가락 하다보면 반가운

지인들이 어김없이 걸려들었다 한다. 만나면 곧장 술잔을 기울이며 작품과 세상사는 일들에 대해 이야기를 풀며 지인들과 소통하셨다 한다.

술자리에서는 제자나 후배들에게 평소에 하고 싶은 말을 따뜻하게 에둘러 충고해 주셨다. 술자리에는 새로운 영감들이 일어난다 하셨는데, 아마 술자리에서는 학교에서와 다른 모습으로 어려운 현실을 다스릴 수 있는 꿈과 감동을 주며 사람들과 어울리셨던 것으로 생각된다.

한 번은 권투선수의 파이터(fight)론을 말씀하신 적이 기억난다. 선수는 아무에게도 도움을 받을 수 없는 링에 올라야 한다. 선수는 평소 피나는 훈련에서 나오는 정신과 실력에 의해 파이터가 된다. 파이터의 링은 학자가 갖는 환경과 유사하다고 말씀하셨다. 허약한 파이터는 냉정하고 세찬 환경에서 존재할 수 없다고 생각하셨다. 환갑이 지난 연세에도 불구하고 홀로 매년 논문을 또박또박 내신 것을 보면, 선생께서는 정년까지 매년 링에 올라 파이팅하는 모습을 몸소 생생하게 보여주셨던 것 같다.

마지막 자리

퇴임 후에도 모교 근처 금정산이 보이는 곳에 마치 사각형 링과 흡사한 작업공간에 머물렀다. 그곳에서 생각하며, 음유하며 되돌아보며 살고자 희망하셨다. 그러나 몇년 되지 않아, 깊은 병환에서 퀭한 눈빛과 가냘픈 몸에서 나오는 마지막 투혼을 불살랐다. 그러나 죽음을 준비하시는 거의 마지막 자리에서 "우리나라의 옛집은 풍토와 생활 속에서 조상들의 지혜로 빚어진 수공예품(手工藝品)일 거야"라는 애정 깊은 말씀을 하시며 눈동자에서는 초가집의 숨결이 다시 일렁거렸다.

다재다능한 가민 선생께서는 한국의 첫 세대 교수로서 외롭고 힘든 길을 스스로 헤쳐나갔고, 몸소 길이 되셨다. 그래서 우리는 그 분을 스승이자 훌륭한 학자로서 기억한다.

너무 일찍 가셨지만, 그 분이 다듬어 놓은 '뜰'과 그 분이 지은 '집' 속에 우리가 산다.

조 성 기(前부산대 건축공학과 교수, 공학박사)
유 재 우(부산대학교 건축학과 교수, 공학박사)
김 경 희(부산과학기술대학교 교수, 공학박사)
김 미 나(부산과학기술대학교 시간강사, 공학박사)
박 윤 금(동주대학교 크루즈해양·인테리어과 교수, 공학박사)
권 영 민(경남정보대학교 건축과 교수, 공학박사)

한국의 뜰집

2013년 11월 25일 1판 1쇄 인쇄
2013년 11월 30일 1판 1쇄 발행

저 자 조성기 · 유재우 · 김경희 · 김미나 · 박윤금 · 권영민
발 행 인 강 해 작
발 행 처 기 문 당
주 소 서울시 성동구 무학봉 28길 4-1(왕십리동 966-22)
전 화 02) 2295-6171(代)~5
팩 스 02) 2296-8188
출판등록 1976. 10. 7(1-44)
홈페이지 http://기문당
http://www.kimoondang.com
I S B N 978-89-6225-548-5 03540

정 가 **20,000원**

검인생략

이 책은 한국출판문화산업진흥원의 2013년 〈우수저작 및 출판지원〉 사업 선정작입니다.

제자 최진원(버츄얼빌더스(주), 대표이사)께서 표지 사진을 위해 이인미 작가 초청과 증정용 도서를 협찬해 주었습니다.